세상을 바꾸는

# 그린에너지

최재우 저

문운당

# 머리말

이 책은 그린에너지의 공학적 원리와 이용방법 그리고 향후 개발전망에 관하여 정리한 것이다. 그린에너지는 지구 기후변화의 원인이 되는 온실가스나 공해물질의 배출이 없는 에너지이며 햇빛이나 바람, 물 등 자연의 순환작용을 이용하여 얻을 수 있는 재생에너지가 그 주축이다. 이런 고갈되지 않는 청정에너지는 화석연료에 의존하고 있는 우리의 현재 경제사회를 머지않은 장래에 크게 바꿀 것으로 본다.

이런 중요성 때문에 요즘 많은 사람들이 그린에너지에 대해 깊은 관심을 가지고 있다. 개인용 설비를 설치하기도 하고, 전문가로서 직업활동도 한다. 그러나, 그린에너지의 공학적 원리는 그 근원에 따라 매우 달라서 보통 각각 별도의 책에서 전문적인 수준으로 다뤄지고 있으며, 주로 공학계열 대학의 강의교재로 사용되고 있다.

그래서, 저자는 일반대중이 그린에너지의 기술적 원리와 그 이용방법에 대하여 쉽게 이해할 수 있도록 현재 활발히 개발 혹은 보급되고 있는 재생에너지 여섯 개 분야를 이 한 권의 책에서 다루었다. 또한, 그린에너지가 지역적, 시간적 한계를 극복하고 기존의 에너지 이용체계를 대체하려면 수소의 역할이 필수적이라고 보고 이 분야를 비교적 상세하게 정리하였다. 마지막 단원은 그린에너지가 탈탄소 미래사회를 지탱할 수 있는 주축이기 때문에 현재 범세계적으로 화두가 된 지속가능한 개발과 그 정책들에 관해서 정리했다.

이 책의 내용은 저자가 대학 강의를 위하여 교재로 정리한 학술적 내용을 토대로 하고 있으며, 세계 여러 곳에서 빠르게 개발되고 있는 기술과 활발한 보급정책을 고려하여 시사성 지식과 기술정보를 넓은 범위로 조사하여 추가했다. 따라서, 이 책의 전체 내용과 단원의 구성은 공과대학 3, 4학년 혹은 대학원의 한 학기 강의용으로도 적합하다고 본다.

책을 쓰면서 내내 마음에 걸렸던 점은 그린에너지의 종류에 따라 각기 다른 기술적 특성, 그리고 부분적으로는 좀 이해하기 어려운 과학적 원리를 한 권의 기술서적에 쉽게 정리한다는 것이 매우 어렵다는 것이었다. 그래서, 일반인이 자주 접하지 않는 전문용어나 과학적 원리는 필요한 곳에 주해를 달아서 이해를 돕고자 했으며 가능한 한 많은 도표와 그림을 인용, 삽입하였다.

끝으로, 내가 사랑하는 가족, 이 세상 모든 사람 그리고 그 뒤에 오는 사람들이 머지않은 장래에 지금보다 훨씬 더 깨끗하고 풍부한 환경에서 지구온난화로 인한 기후재앙이 없이 살 수 있기를 바란다, 또, 이 책이 많은 사람에게 에너지 전환시대의 방향과 기술에 관해 기초적 정보를 주고, 그 길에 동참하는 계기를 주는 데 작지만 좋은 도움이 되기를 바란다.

최 재우

# 목차

## Chapter 01
서론 및 기초개념



## Chapter 02
에너지의 수요와 공급

## Chapter 03
재생에너지와 지원정책



## Chapter 04
태양 에너지



## Chapter 05
풍력 에너지

## Chapter 06
수력 에너지



## Chapter 07
해양 에너지



## Chapter 08
지열 에너지

## Chapter 09

바이오에너지



## Chapter 10

수소 에너지



## Chapter 11

지속가능한 에너지

# Chapter 01

# 서론

- 에너지의 기능과 개념
- 에너지의 정의와 단위
- 에너지의 분류와 전환
- 그린에너지의 개념
- 에너지와 경제사회의 발달
- 세계 에너지 문제의 초점

## 1-1 에너지의 기능과 개념

에너지는 기술, 경제, 정치, 환경 등 여러 분야와 연관성을 갖고 있기 때문에 에너지를 다루는 범위도 상당히 넓고 연관된 각 분야별로 그 개념도 다를 수 있다. 예를 들어 기술적 개념에서는 에너지의 이용기술과 이용효율 등이 그 개념의 주가 되며, 경제적 개념에서는 에너지의 수요와 공급, 에너지자원, 에너지시장 등이 다루어지고, 정치적 개념에서는 자원독점, 군사적 이용, 자원외교 등과 연계되어 있고 그리고, 환경적 개념에서는 환경공해문제, 지구온난화 등이 중요한 문제로 다루어진다.

에너지는 모든 경제활동에 있어서 필수 불가결한 요소이기 때문에 그 수요와 공급(수급)을 안정적으로 유지하는 것은 세계 경제 및 한 국가의 경제성장에 미치는 효과가 매우 크며, 한 국가 정치의 핵심 요소가 된다. 풍부한 에너지자원을 보유하지 못한 국가는 막대한 에너지를 수입에 의존해야 하기 때문에 에너지수입원의 확보가 매우 중요하며, 국제적으로 거래되는 에너지가격은 수입국가의 경제성장 혹은 시장구조 및 물가에 매우 민감하게 작용한다.

에너지는 특히, 전력, 철강, 석유화학, 시멘트 산업 등 한 국가의 기간이 되는 전방산업에서 매우 큰 비중을 차지하여 이들 산업을 위한 안정된 에너지의 공급은 결국 후방산업 즉 자동차, 선박, 전기, 전자, 화공 산업 등에 큰 영향을 준다.

또한 에너지를 보유한 나라와 그렇지 못한 국가간의 갈등은 민감한 국제정치적 사안이 되며, 때로는 국가간에 분쟁을 초래한다(에너지분쟁). 그리고 에너지문제는 자원의 보유 여부에 따르는 자원에 대한 주도권 문제인 동시에 자원의 효율적 이용을 결정하는 기술적 문제이며 부의 분배와 환경공해에 따르는 사회적 문제로서 종합적으로 말하면 에너지 문제는 경제사회의 전분야에 영향을 미치는 매우 복합적인 문제이다.

**[그림 1-1]** 경제사회에서 에너지의 위치

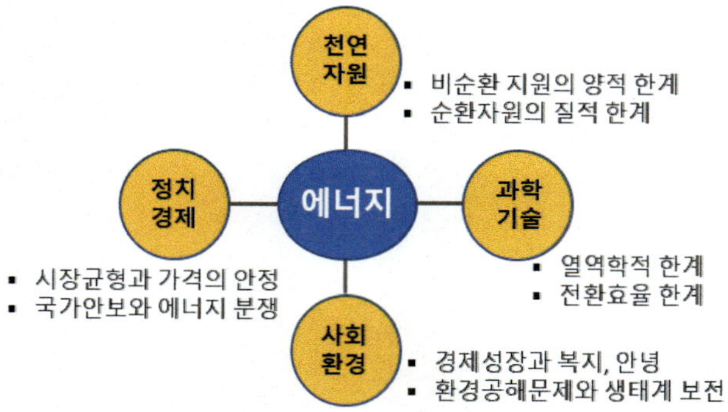

에너지는 원료, 자본, 노동력과 함께 거의 모든 산업, 경제활동에서 없어서는 안될 필수재 (industrial necessity)이다. 또한, 에너지는 에너지원(resources) 혹은 에너지 매체(carrier)를 통하여 매매할 수 있기 때문에 상업적 재화로 볼 수 있다. 에너지는 다음 그림과 같이 산업 제조 혹은 서비스 활동에 원료(원자재)와 함께 산업활동의 목적인 재화를 얻기 위하여 투입되며 재화의 생산과정에서 그 손실이 발생하여 유용하게 쓰이는 에너지(유효 에너지)는 투입되는 에너지의 양보다 항상 적다. 투입 에너지에 대한 유효 에너지의 비를 에너지 효율(energy efficiency)이라고 하고 에너지 효율은 항상 1보다 적다.

**[그림 1-2]** 산업활동을 위한 에너지의 투입과 효율

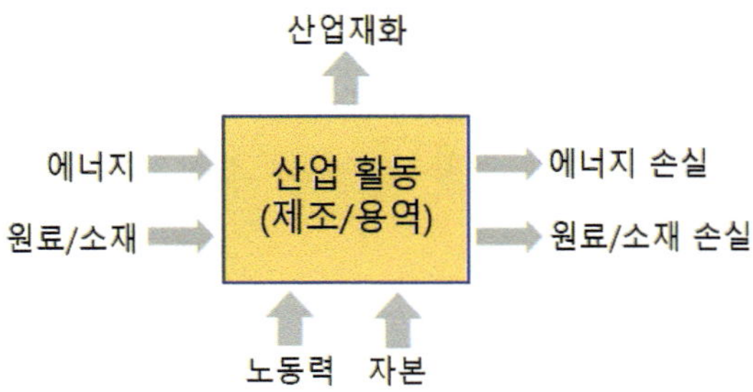


$$\text{에너지 효율} = \frac{\text{에너지 투입량 - 손실량}}{\text{에너지 투입량}}$$

에너지의 효율을 높이는 일은 산업생산 전반에 매우 중요한 목적이 되며 에너지 효율이 높다는 것은 그 만큼 생산 경쟁력, 시장 경쟁력이 높다는 것을 의미한다. 에너지 효율을 높인다는 것은 또한 일정한 재화(예: 일정한 양의 국내 소득)를 생산하는데 에너지를 최대한 적게 투입하는 것을 의미하며 따라서, 에너지의 효율성을 높이는 것은 에너지 이용의 가장 기본이 되며 그것을 목적으로 하는 기술을 '에너지 기술'이라고 한다.

산업생산에 있어서의 에너지 기술은 물질의 물리적, 화학적 변환을 다루는 화공기술과 소재를 가공하는 공작기술과 함께 산업활동의 효율성을 결정하는 매우 중요한 기술이며, 이들은 서로 연관되어 있어서 화공기술과 공작기술을 개발, 개선하는 것은 곧 에너지기술을 개선하는 것이 된다.

**[그림 1-3]** 에너지와 산업생산

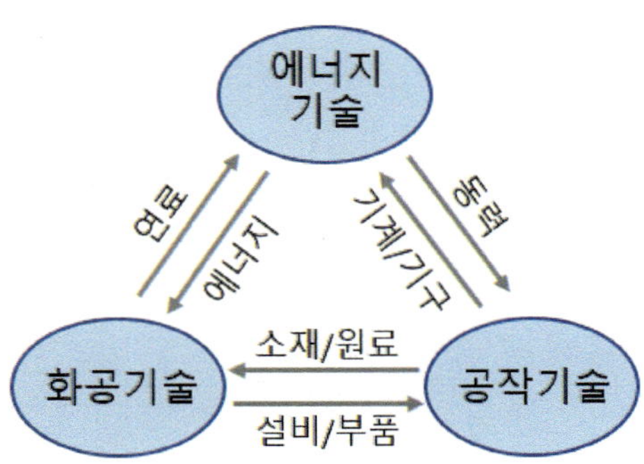


에너지는 그 기능에서 화폐(돈)와 같은 성격을 가지고 있다. 화폐는 외형으로는 하나의 종이조각에 불과하지만 그 종이에 적힌 구매능력에 관한 몇 가지의 정보에 의하여 산업제품

의 구매, 국제간 무역, 노동의 고용 등을 가능하게 하며 보유한 양에 따라 한 국가가 경제적 풍요를 누리기도 하고 그렇지 못하기도 한다. 화폐의 또 다른 특징은 이곳 저곳을 옮겨 다닐 수 있는 동적인 기능이 있다는 것인데 그래서 국내의 시장을 형성하고 국가간 경제적 교류를 가능하게 하며 개인의 여행도 가능하게 한다.

에너지의 기능도 이러한 화폐의 경우와 같이 한 곳에 저장되어 있기도 하지만 에너지 매체를 통하여 이곳 저곳을 이동할 수 있는 동적인 기능이 있고 시장활동을 가능하게 하는 교환성도 있다. 따라서 에너지는 '에너지가 무엇을 할 수 있는가' 라는 기능에 의하여 그 가치가 결정된다. 에너지가 할 수 있는 기능은 다음과 같은 것들이 있다.

- 인류의 의식주와 이동 및 정보 교류활동
- 산업생산과 재화의 분배활동
- 동력의 생산과 분배
- 도시의 건설과 사회 기반시설의 구축
- 비료생산과 농경활동
- 의료 및 건강증진 활동
- 개인의 생활수준 향상과 전체 사회의 번영

에너지는 그러나 다음과 같은 부정적 영향을 주기도 한다:

- 대규모 수력발전 설비로 인한 자연 생태계 및 거주생활에 대한 악영향
- 석유, 천연가스 등 에너지 매체의 원거리 수송에 의한 토지의 해손
- 대규모의 에너지 생산, 공급을 위한 막대한 투자
- 다량의 공해물질과 건강유해 물질의 발생
- 대규모 산업화와 자원활동에 의한 폐기물의 발생과 생태계 교란
- 지수적으로 증가되는 에너지 수요에 의한 자원의 급속한 고갈
- 과학기술적 한계에 의한 자원이용의 낮은 효율
- 에너지 공급국가의 지배권에 의한 수요국가와의 분쟁
- 에너지를 풍요롭게 가질 수 있는 개인과 그렇지 못한 개인의 경제적 격차

에너지 문제는 위와 같은 긍정적 기능과 부정적 영향 때문에 개인의 생활에 매우 중요한 역할을 하게 되고 한 국가의 번영을 결정하게 되는데, 따라서 에너지는 한 국가의 정치적 제도와 활동에 지대한 영향을 미치게 된다. 특히 에너지의 사용이 지역적 환경 뿐만 아니라 전 지구적 환경에 직접적으로 영향을 미치기 때문에 에너지는 여러가지 국제적 활동의 중심에 있다.

## 1-2 에너지의 정의와 단위

에너지(energy)는 그리스어에서 '일'을 뜻하는 'ergon'과 '안에' 라는 뜻의 접두사 'en'을 합쳐서 'energie'라는 프랑스어, 독일어로 변천하여 유래된 말이다. 즉, 어원으로 보면 '일을 할 수 있는 무엇이 그 안(en)에 내재된' 이라는 뜻이므로 에너지는 '일을 할 수 있는 능력(The ability for performing work)'을 말한다.

즉, 에너지 그 자체는 물질이 아니고 물리적 양이기 때문에 역학적 일을 기준으로 하여 어떤 물체나 물체로 이루어진 체계(시스템)가 가지고 있는 물리적 양도 에너지로 취급된다. 그래서 역학적 에너지(운동에너지 혹은 위치에너지) 뿐만 아니라 열에너지, 전자기 에너지, 질량 에너지 등 환산이 가능한 여러가지 다른 형태의 일을 할 수 있는 능력이 모두 에너지에 포함된다.

그리고 에너지를 저장하거나 운반하기 위해서는 에너지의 매체(energy carrier)가 필요하다. 에너지 매체란 각종 에너지를 전달하는 물질로서 자연계에서 얻어진 석탄, 석유 혹은 재생에너지 등 일차 에너지에서 최종 소비자가 원하는 형태로 변환되었거나 혹은 그 중간 단계의 에너지 물질을 말하며 전력, 석유제품, 연료가스, 화학에너지 물질 등이 있다.

에너지의 단위는 두 가지로 크게 나누어져 있는데 하나는 에너지의 형태와 관계가 없는 국제표준단위계[1] 에서 국제적으로 통일되어 일관성 있게 사용되고 있는 기본단위와 열, 전기 등 에너지의 형태에 따라 편의적으로 사용하는 유도단위가 있다. 여기에 추가하여 우리가 많이 사용하는 연료의 단위 열량에 기반을 둔 연료의 열당량도 대량의 에너지 양을 표시할 때 편의상 자주 사용하는 단위이다.

에너지는 일을 할 수 있는 능력이기 때문에 에너지의 크기는 물체가 할 수 있는 일의 양을 의미한다. 따라서, 에너지의 물리적 기본단위는 일의 단위와 동일하며 J(줄, Joule)을 사용하고 있으며, Joule은 또한 운동에너지가 한 일이다. 운동에너지 (mechanical energy)가 한 일 1J(Joule)은 지구 중력장에서 1kg의 질량을 가진 물건이 1m/s2의 가속도로 이동한 양이며 그 일을 할 때 필요한 힘 즉 지구 중력장의 힘을 1N(Newton)이라 하면 이 운동에너지가 한 일은 1J = 1Nm 이다. 또한, 지구중력의 가속도, g=9.81m/s2이므로 지구의 중력장에서 1kg의 질량이 갖는 위치 에너지는 9.80665N(약 9.81N)이며 이 질량이 1m의 높이에서 떨어질 때 한 일은 9.81 J 9.81J이 된다.

---

1) 국제단위계(International System Units, SI)는 전류, 온도, 시간, 길이, 질량, 광도, 물질량을 표시하는 국제적으로 표준화 된 도량형으로 KMS 단위계(Meter-Kilogram-Second) 혹은 미터법이라고도 부른다. 유도단위(coherent unit 혹은 derived unit)는 국제단위계의 일곱개 기본 단위를 조합해서 만들어진 단위이며 조립 단위 또는 도출 단위라고 부르기도 한다.

에너지의 유도단위 중에서 전기에너지와 열에너지를 나타내는 단위는 위의 기본단위 Joule과 함께 매우 자주 사용된다. 전기에너지(electrical energy)의 단위로 사용하는 Watt (W)는 1초 동안에 1J의 일을 할 수 있는 에너지의 양을 나타내는 단위이다. 따라서 1W의 전기 에너지 (보통 전력이라고 함)가 단위시간 동안에 한 일은 1W · s 즉 1J이며 이 단위가 너무 작은 양을 나타내므로 보통은 1 kW의 전기에너지가 1시간 동안에 한 일을 1kWh 혹은 더 큰 단위로 1MW가 한 일을 1MWh로 표시한다.

그리고, 열에너지는 보통 calorie라는 단위를 사용하는데 이는 1g의 순수한 물을 섭씨 13.5℃에서 14.5℃까지 올리는데 필요한 열량이다. 이 열에너지가 할 수 있는 일을 표시할 때는 열과 일의 비례관계를 나타내는 열의 일당량(mechanical equivalence of heat) 즉 1cal=4.187J의 관계를 이용하여 환산하여 사용한다. calorie는 에너지의 비유도 단위(non-metric incoherent units)중의 하나이며, 이것은 역학적인 일 또는 전기적인 일의 총량이 열로 변환되는 실험을 통하여 얻은 열과 일의 등가성이다. 또한, 영국에서는 1lb(파운드)의 물을 대기압 하에서 60.5°F에서 61.5°F로, 1°F 올리는데 필요한 열량으로 영국 열량단위(British thermal unit, Btu)을 사용하며 1Btu는 약 252cal로 환산할 수 있다.

에너지의 단위 중에는 미터법 단위가 아닌 파생된 응용단위가 사용되고 있는데 그 중에서 가장 많이 사용되고 있는 것은 석유를 거래하거나 통계용으로 사용할 때 쓰는 것이며 석유의 에너지 당량 혹은 '석유환산톤' 이라고 한다. 석유환산톤은 에너지 단위로 석유 1톤을 연소할 때 발생하는 발열량으로 표시한다. 석탄이나 천연가스를 포함하여 통상적으로 사용하는 모든 연료에 대해서도 위해서도 에너지 환산톤이 정해져 있다. 이와 같은 에너지 환산톤은 국가나 지역에 따라 서로 약간씩 다를 수가 있고 또 소수점 이하는 반올림하여 개략적인 환산치로 사용할 수도 있다. 에너지의 미터법 단위가 아닌 이런 연료의 단위 무게에 대한 발열량을 쓰는 목적은 우리가 에너지원으로 주로 석유나 석탄 혹은 천연가스를 사용하기 때문에 이런 천연자원의 양을 에너지의 양으로 나타낼 수 있는 실감있는 단위가 필요하기 때문이다.

연료의 에너지 환산톤은 보통 대량의 연료를 무게단위 혹은 부피단위로 사용하는데 예를 들어 '1배럴 오일' 혹은 '1톤 석탄' 등으로 표시한다. 그러나 석유나 석탄은 그것이 생산되는 지역이나 품질에 따라서 때로는 그 에너지 당량이 큰 폭으로 다르다. 그래서 특정 지역에서 생산되는 연료를 대표적으로 골라서 그 평균치를 사용하는 경우도 있다. 그리고 이런 연료의 부피나 무게 또한 국가나 지역에 따라 다른 단위로 사용하기 때문에 한 단위에서 다른 단위로 환산할 때는 주의를 기울여야 한다. 예를 들어 영국과 영연방 국가 그리고 미국에서는 현재도 SI단위를 쓰지 않고 영미 단위계 즉 야드파운드법을 사용한다.

IEA에서는 1톤 오일의 에너지 환산톤을 107kcal로 정하여 사용한다. 이것은 또한 에너지의 기본단위로는 41.868GJ에 해당되며 영국식으로는 39.68x106Btu(혹은 39.68MMBtu)와 같은 양이다. 석유는 또한 영국과 미국에서 사용하는 체적단위가 서로 다르기 때문에 환산할 경우 그 차이에 유의해야 한다. 미국에서 사용하는 미국식 배럴(bbl)은 159리터(litter)가 기준이고 환산톤은 5.9GJ인데 영국식 배럴(British bbl)은 163.5리터이고 환산톤은 6.1GJ이다.

석탄은 그 화학적 성상이 석유보다도 더 큰 폭으로 다른데 석탄의 종류에 따라 매우 다르고 또 생산되는 지역에 따라서도 크게 다르다. 또, 영미권에서 사용하는 석탄의 무게단위도 서로 다른데 이 단위는 현재 해당 국가들에서만 사용하고 있고 국제적으로는 거의 사용하지 않는다. Short ton은 미국에서 사용하는 단위이고 1 쇼트톤은 2,000lb 또는 약 907kg의 무게를 기준으로 한 양이다. Long ton은 영국과 그  연방국가에서 사용하는 단위이며 1롱톤은 2,240lb 또는 대략 1,016kg을 기준으로 한다. 현재 전세계에서 통상적으로 많이 사용하는 메트릭톤(Metric ton, Mton) 혹은 미터톤은 유럽을 비롯하여 우리나라를 포함한 대부분의 국가에서 사용되는 미터법 단위이며 1Mton은 1,000kg의 무게를 기준으로 한다. Mton은 국제표준 톤으로 보통 앞의 M을 생략하고 ton혹은 tonne으로 표기하기도 한다. IEA에서 정한 석탄 환산톤(ton of coal equivalent, TCE)는 29.3GJ이고, 천연가스 환산톤은 1,000m3를 기준 31.736GJ이다.[2)]

2) International Energy Agency(IEA)

## 1-3 에너지의 분류와 전환

에너지원이란 에너지로 사용 가능한 천연자원을 뜻하며, 화석연료나 핵분열 에너지(원자력) 그리고 자연의 순환작용으로 얻을 수 있는 재생에너지로써 수력발전, 태양 에너지, 풍력 에너지, 조력 에너지, 지열 에너지 등을 말하며 이들을 모두 1차 에너지라고 부른다. 1차 에너지로부터 우리가 최종적으로 이용하려고 하는 열, 빛, 운동에너지를 얻기 위해서는 천연 에너지 자원을 화학적, 물리적으로 그 형태를 전환해야 하며 그 방법은 에너지의 공급과 이용 단계, 물리학적 형태 및 에너지원의 종류에 따라 다르다.

에너지를 천연자원에서부터 최종 이용단계까지 그 흐름에 따라서 분류하면 1차 에너지, 2차 에너지(혹은 에너지 매체), 최종 에너지 등으로 나눌 수 있다. 1차 에너지는 자연계에서 취득 혹은 채굴한 에너지원으로서 크게 비순환 에너지자원과 순환 에너지자원(재생 에너지)으로 구분된다. 2차 에너지는 1차 에너지와 최종 에너지 사이의 중간단계의 모든 에너지 혹은 에너지 매체로서 적절한 에너지 전환장치를 통하여 저장과 수송을 위하여 보다 편리한 에너지 매체로 정제되거나 전환된 형태의 에너지를 말하는데 2차 에너지라는 용어는 통상적으로 사용하지 않는 경우도 많다.

그리고 최종 에너지는 산업, 수송, 가정, 상업, 공공부문에서 제품의 생산 또는 서비스 활동을 위해 연료용 또는 원료용(비 에너지)으로 편리하게 사용할 수 있도록 변환된 최종 형태의 에너지로서 에너지 사용기기에 의하여 소비자가 직접 사용할 수 있는 에너지이다. 에너지의 전환은 저장 혹은 사용을 편리하게 하기 위한 것이지만 에너지를 그 목적에 따라 형태를 전환하면 그 과정에서 반드시 손실이 일어나고 따라서 그 전환효율은 항상 1보다 적다. 즉, 1차 에너지에서 전환된 최종 에너지의 양은 전환되기 전 1차 에너지의 양보다 항상 적다.

**[그림 1-4]** 에너지의 이용단계에 의한 분류

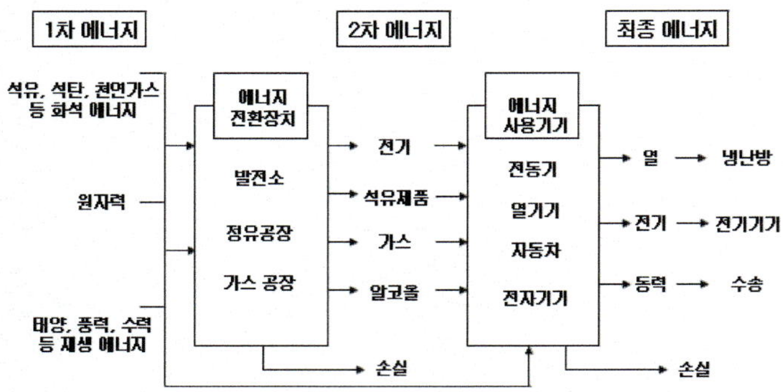

에너지를 그 자원의 종류에 따라 분류하면 크게 순환 에너지와 비순환 에너지로 나눌 수 있다. 비순환 에너지는 석탄, 원유, 천연가스, 우라늄 등 천연 지하자원에서 얻을 수 있는 화석에너지와 원자력에너지가 대표적이며, 이는 대량으로, 집중적으로 사용할 수 있으나 한 번 밖에 사용할 수 없는 고갈성 에너지이다. 비순환 에너지자원은 지구의 생성과정에서 오랜 시간을 두고 만들어 지고 축적된 것이며 대량으로 채굴하여 정제과정을 거친 후 비축, 분배체계를 통하여 수요가에게 공급되는데 대부분의 경우 전기, 열, 수송용 에너지 등 최종 에너지 형태로 전환되어 중앙공급식으로 수요가에게 공급된다.

화석에너지(fossil energy)는 석유, 석탄, 천연가스와 같은 지하자원에서 얻어지는 에너지이며 18세기 중반에서부터 19세기 초반까지 있었던 산업혁명 이후 인류의 경제사회 전체에서 가장 중요한 역할을 하고 있고, 가까운 미래에도 이러한 위치는 변하지 않을 것이다. 최근에는 이들 재래식 화석에너지 자원이 빠른 속도로 고갈되고 있어서 오일센드(oil sand), 오일세일(oil shale), 세일가스(shale gas) 등 비재래식 화석에너지 자원의 개발도 매우 활발하다.

원자력 에너지(nuclear energy) 는 핵분열(nuclear fission)과 핵융합(nuclear fusion)에 의해서 얻어지는 에너지를 말하며 역시 고갈성 자원이기는 하지만 우라늄(uranium)의 채굴가능 연한이 다른 어느 비순환 에너지 자원의 경우보다 길고 단위 질량당 에너지의 밀도가 월등히 높기 때문에 1970년대에 겪은 두 번의 석유파동 이후 석유 대체 에너지로서 절대적인 지위를 유지하고 있다.

원자력은 그러나 그 안정성과 폐기물의 처리문제 때문에 여러 국가에서 그 사용을 꺼리거나 심지어는 기존의 원자력 발전설비도 해체하는 정책을 쓰고 있다. 원자력은 이런 치명적인 문제에도 불구하고 최근에는 화석 에너지에 의한 온실가스 문제가 대두되면서 여러 국가에서 다시 친 원자력 정책을 쓰면서 소위 '원자력의 부활'을 맞이하고 있다.

비순환 에너지는 단위 토지 면적당 얻을 수 있는 에너지의 밀도(energy density)가 높아서 주거 및 산업활동이 집중된 오늘 날의 도시에 필요한 에너지를 공급할 수 있는 유일한 에너지이기는 하지만 한 번 밖에 사용할 수 없는 고갈성 에너지이며 순환 에너지에 비하여 환경공해 또는 안전문제를 일으킬 수 있는 단점이 있다.

순환 에너지는 태양에너지, 풍력, 조력, 지열, 바이오에너지 등 자연의 순환작용이나 지구의 자연활동에 의하여 태양계가 존재하는 한 영구적으로 얻을 수 있는 에너지 자원이다. 순환에너지는 따라서 재생에너지(renewable energy 혹은 regenerative energy)라고 부르며 비순환 에너지에 비하여 공해가 적기 때문에 청정 에너지(clean energy)라고도 불린다.

에너지는 또한 물리, 화학적 특성에 따라 여러 가지 형태를 가지고 있어서 다음과 같이 그 형태에 따라 분류한다. 한 가지 형태의 에너지는 또한 다른 형태의 에너지로 전환(conversion)될 수 있어서 여러 가지 형태의 에너지를 우리의 실생활에 필요한 보일러, 전열기 등 열을 필요로 할 때와 자동차, 기차, 선박 등 수송차량과 전동기, 기중기 등 운동에너지를 필요로 할 때 이용할 수 있다.

[그림 1-5] 에너지 형태의 전환과 그 효율

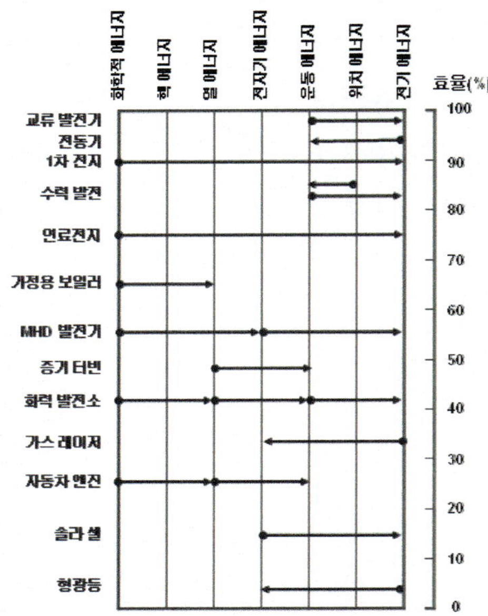


기계적 에너지(mechanical energy)란 물체의 운동 및 위치와 관계되는 에너지이며 운동 에너지(kinetic energy)와 위치에너지(potential energy)로 구성되어 있다. 질량 m을 가지고 속도로 움직이고 있는 물체는 $E=1/2m \cdot v^2$ 의 운동 에너지를 가지고 있으며 이 에너지는 다른 물체에 힘을 미쳐서 일을 할 수 있다. 또 지구의 중력장에서 높은 곳에 있는 물체는 그 높이에 상응하는 위치에너지(potential energy)를 가지고 있고, 그 양 $E=m \cdot g \cdot h$ (여기서 m은 질량, g는 지구중력의 가속도, h는 높이)이다. 이 물체가 지상으로 낙하하는 경우 높이가 점점 줄어들면서 위치 에너지는 감소하는 반면 물체의 낙하속도는 가속되어 운동에너지가 증가한다.

기계적 에너지는 또한 기체의 압축, 팽창에 의한 일 혹은 축(shaft)의 회전에 의한 일을 할 수 있다. 전자의 경우는 자동차 피스톤의 왕복운동에서, 후자의 경우는 증기터빈 축의 회전에서 찾아볼 수 있다. 열기관은 열에너지를 기계적 에너지로 변환시키는 장치이며 자동차, 증기기관, 가스터빈 및 증기터빈 등은 모두 열기관들이다.

화학 에너지(chemical energy)란 물질을 구성하고 있는 분자 내 원자 간의 결합 에너지를 말한다. 석탄, 석유, 천연가스 등을 비롯한 각종 물질은 그 분자를 구성하는 원자의 종류와 결합구조에 따라서 각기 다른 화학 에너지를 가지고 있다. 화학 에너지는 연소(combustion) 또는 다른 화학반응을 통하여 에너지 수준이 높은 물질에서 낮은 물질로 변화하면서 그 차이에 해당하는 에너지를 열 에너지의 형태로 방출한다. 자동차, 항공기, 로

켓 등은 연료의 화학 에너지로부터 열 에너지를 얻고 이 열 에너지를 또 기계적 에너지로 변환하여 그 추진력을 이용하는 기기들이다.

핵에너지(nuclear energy)는 원자의 핵을 구성하는 양자(proton), 중성자(neutron)등 입자간 결합력의 형태로 저장되어 있는 물리적 에너지로써 이는 핵분열 또는 핵융합 과정을 통하여 열 혹은 운동에너지의 형태로 변환된다.우라늄과 같이 원자의 무게가 무겁고 불안정한 하나의 원자핵이 중성자와의 충돌에 의하여 두 개의 다른 원자핵으로 쪼개지면서 수반되는 질량결손에 해당하는 막대한 에너지(E=$\Delta$m · c2 : 여기서, $\Delta$m은 질량결손, c는 빛의 속도)를 방출하는 것을 핵분열(nuclear fission)이라 한다. 반면에 핵융합(nuclear fusion)은 두 개의 가벼운 원자핵이 융합하여 더 무거운 하나의 원자핵으로 변하는 것으로, 이 과정에서 역시 질량결손이 생기면서 막대한 열에너지가 방출된다.

전기에너지 (electric energy 혹은 electric potential energy)는 전자(electron)의 이동을 통해 일을 하거나 다른 에너지를 발생시킬 수 있는 에너지이며, 전하 주위에 전기장을 형성시킴으로써 발생된다. 단위는 일의 단위와 같은 Joule(J)이며, 전류를 Ampere(A), 전압을 Volt(V), 시간을 초(s)로 표시하면 J = V· A· s로 정의된다. 전기 에너지는 전력(electric power)이라고 부르며 전력의 단위는 와트(W)=V · A이다.

전기에너지는 주로 발전소의 발전기처럼 운동에너지를 변환해서 발생시키는데, 화력발전소에서는 연료를 연소시킬 때 나오는 열에너지로 물을 끓여 증기를 발생시키고, 이 증기가 높은 압력에서 낮은 압력으로 팽창될 때 터빈을 돌려 발전기를 회전시킨다. 수력발전소에서는 물의 흐름을 이용하여 발전기를 회전시켜 발전하므로 물의 위치 에너지가 전기 에너지로 변환되는 것이다.

열에너지(thermal energy) 혹은 열(heat)은 온도차이가 있는 두 물체 사이에서 이동되는 에너지로, 뜨거운 물체에서 차가운 물체로 전달되는 때에만 존재한다. 기체나 수증기의 팽창특성을 이용하면 열을 기계적 에너지로 변환시킬 수 있다. 가스터빈이나 증기터빈은 열에너지를 기계적 에너지로 변환시키는 장치의 예이다.

전자기 에너지(electromagnetic energy) 즉 전자기파(Electromagnetic radiation, EMR)는 전기장과 자기장의 두 가지 성분으로 구성된 파동으로, 공간을 광속으로 전파한다. 전자기파는 광자를 매개로 전달되며 파장에 따라 전파, 적외선, 가시광선, 자외선, X선, 감마선 등으로 나뉜다. 인간의 눈에서 인지하는 빛은 가시광선(visible ray)이며, 가시광선을 비롯한 여러 파장의 빛(광 에너지, photon energy)은 전자기파의 일부이다.

## 1-4 그린에너지의 개념

그린에너지(green energy는 청정 에너지(clean energy)와 같은 뜻의 용어로 사용되며 일반적으로 석탄, 석유 등 화석 에너지(fossil energy)에 비하여 환경공해가 적은 에너지를 말한다. 화석 에너지의 채굴이나 사용으로 인하여 발생되는 공해 중에서 대표적인 것은 토양오염을 비롯하여 아황산 가스(sulfur oxides), 질산 가스(nitrogen oxides) 등의 공기오염물질, 그리고 인체의 건강을 해치는 다른 유기물질 등을 들 수 있는데 이런 종류의 화학적 반응에 따른 오염물질은 아니지만 지구 온난화 현상을 일으키는 이산화탄소($CO_2$)도 화석 에너지의 이용에 따른 환경문제이다.

따라서 그린에너지는 이런 종류의 공해를 유발하지 않는 에너지원을 말하며 자연의 순환작용으로 인하여 얻어질 수 있고 고갈되지 않는 태양 에너지, 풍력, 수력, 지열, 해양에너지 그리고 식물성(biological) 에너지 등 재생에너지(renewable energy)가 그 대표이다. 그린 에너지를 좀 더 넓은 범위로 이해하면 이산화탄소를 비롯한 화학적 공해물질을 발생시키지 않는 원자력(nuclear power)도 포함시키는 경우가 있다. 또, 도시나 가정, 산업체에서 발생되는 폐기물을 소각(waste incineration)시켜서 얻을 수 있는 에너지도 포함시키는 경우가 있다.

최근 유럽의회에서 원자력발전을 지속가능한 녹색분류체계인 텍소노미(Taxonomy)에 포함하는 방안이 가결되어 친환경 그린에너지로 인정받게 되었다.[3] 또, 전력이나 열을 생산할 때 이산화탄소의 발생여부를 기준으로 분류할 때 원자력은 재생에너지와 함께 '저탄소 에너지'에 포함시키는 경우가 있다. 그러나, 원자력은 방사능 물질의 영향과 원자력 발전소에서 사고가 발생했을 때 생태계 혹은 인체에 주는 영향을 고려하면 청정 에너지로 인정하기 어렵다는 대중적 인식이 강해서 아직 논란의 여지가 있고, 폐기물은 소각될 때 중금속이나 발암물질 등 여러 가지 공해물질이 발생되기 때문에 그린에너지로 분류하는데에는 찬반의 논란이 있다. 이런 관점에서 보면 그린에너지는 사회의 통념상 재생에너지와 동일한 개념으로 인식되고 있다.

화석에너지를 이용할 때 발생되는 문제들을 해결하기 위하여 개발된 혹은 미래에 개발될 에너지를 구분하기 위하여 그린에너지와 함께 대체에너지(alternative energy) 혹은 지속가능한 에너지(sustainable energy)등의 용어도 사용되고 있다.

---

3) SCHEER review of the JRC report on Technical assessment of nuclear energy with respect to the 'do no significant harm' criteria of Regulation (EU) 2020/852 ('Taxonomy Regulation')

대체에너지란 기본적으로 "기존에 이용하는 에너지의 환경공해와 같은 악영향을 피하기 위하여 그런 에너지를 대체하는 다른 에너지" 라는 총괄적인 용어이다. 1970년대에 일어난 석유파동이 직접적 계기가 되어 '화석연료를 대체한다'는 의미에서 사용된 용어로서 고갈되지 않는 재생에너지나 원자력 혹은 석유보다 가채연한이 월등히 긴 석탄을 친환경적으로 이용하는 청정 석탄 이용 기술을 그 범주에 넣어서 사용한 용어이다. 그러나 원자력 에너지의 부정적 문제가 부각되면서 이를 대체 에너지에 포함시키고 있지 않기 때문에 최근에는 대체 에너지를 재생에너지와 같은 뜻으로 보는 경우가 있다.

우리나라에서는 '신 에너지 및 재생에너지 개발 · 이용 · 보급 촉진법'에 의하여 신에너지 및 재생에너지(신 · 재생에너지)를 전체 11가지로 구분하고 있는데 신 에너지는 '기존의 화석연료를 전환시켜 이용하거나 수소나 산소를 이용하여 화학 반응을 통하여 전기 또는 열을 이용하는 에너지'이며, 수소에너지, 연료전지, 석탄을 액화 · 가스화 한 에너지, 그리고 중질 잔사유를 가스화 한 에너지 등 4가지가 여기에 속한다.[4] 신 에너지 중에서 앞의 두가지를 제외하고 석탄이나 중질유를 전환하여 액체 연료나 기체 연료로 사용하는 것은 고체 연료를 수송이 편리한 액/기체 연료로 전환하고 또 그 성분을 개질하여 공해물질을 적게 함유하고 단위 무게 당 열량을 높이는 것이 목적이지만 전환과정과 전환 후 사용과정에서 이산화탄소의 발생을 막을 수 없기 때문에 친환경 에너지라고 인정하지 않는 경향이 있다.

재생에너지는 '햇빛 · 물 · 지열(地熱) · 강수(降水) · 생물유기체 등을 포함하는 재생 가능한 에너지를 변환시켜 이용하는 에너지'라고 규정하고 있고 태양광 에너지, 태양열 에너지, 풍력, 수력, 해양에너지, 지열에너지, 생물자원을 변환시켜 이용하는 바이오에너지 등 7가지로 구분되어 있다.

위에서 말하는 대체 에너지, 그린에너지와 유사한 개념으로 '지속가능한 에너지(sustainable energy)' 라는 용어도 사용되고 있는데 이는 최근 유엔을 비롯한 여러 국제기관이나 국가에서 미래의 새로운 경제사회 개발방향으로 제시한 '지속가능한 개발(Sustainable Development)'[5]을 바탕으로 하는 개념에서 '미래 세대의 욕구를 충족시킬 수 있는 가능성을 저해하지 않으면서 현세대의 욕구를 충족시키는, 그리고 지속적으로 공급 가능한 에너지'를 말한다.

---

4) 신에너지 및 재생에너지 개발 · 이용 · 보급 촉진법, 법률 제12296호, 2014년도 시행

5) 용어 '지속가능한 개발'은 1987년에 발표된 유엔의 브룬트란트 위원회 보고서에서 "미래 세대의 필요를 충족 시킬 능력을 저해하지 않으면서 현재 세대의 필요를 충족시키는 발전 (Development that meets the needs of the present generation without compromising the ability of future generations to meet their own needs)" 으로 정의되었다.

지속가능한 에너지는 위에서 말한 재생에너지가 기본이 되며 에너지의 이용효율을 획기적으로 개선할 수 있는 에너지 이용기술도 포함하고 있다. 따라서, 지속가능한 에너지는 재생에너지와 고효율 에너지라는 두 개의 축을 가지고 있으며, 에너지의 '지속적인 공급'에 초점이 있기 때문에 대체 에너지와 그린에너지와는 구별되는 용어이다. 지속가능한 에너지는 에너지 자원의 공급을 획기적으로 늘릴 수 있는 한 최소한의 환경공해를 감수할 수 있는 에너지를 말한다. 유엔의 지속가능한 개발 개념에 근거한 '지속가능한 에너지'는 다음과 같이 정의하고 있다.[6)]

- 지속적으로 사용해도 자원이 급속히 고갈되지 않는 에너지
- 환경을 파괴하는 공해물질이 많이 발생되지 않는 에너지
- 인류의 건강을 해치거나 사회적 공평성을 해치지 않는 에너지

그린에너지 혹은 지속가능한 에너지와 함께 또 다른 유사한 개념으로 '저탄소 에너지(l owcarbon energy)'라는 용어를 사용하고 있다. 이는 이산화탄소(CO2)를 적게 발생시키는 에너지 자원이나 에너지의 이용방법을 말한다. 이산화탄소는 대기 중의 농도가 점차적으로 증가되어 지구온난화의 원인이 되는 여러 가지 온실가스(greenhouse gases) 중에서 가장 그 영향이 큰 기체이며 따라서 저탄소 에너지란 대기 중으로 이산화탄소를 적게 배출하는 모든 종류의 에너지와 혹은 에너지의 이용방법을 말한다.

저탄소 에너지 체계의 목적은 저탄소 에너지 자원과 이용방법을 제조산업이나 농업, 수송 그리고 전력생산 등 모든 산업분야에 적용하는 것이며 이들 분야에서 온실가스를 적게 발생시키는 제품과 산업소재를 생산하는 기술을 개발하는 것이다. 따라서 저탄소 에너지 기술은 우리의 생활, 건물, 산업 생산설비 등 모든 분야에서 에너지와 소재의 사용효율을 높이는 것이며 폐기 처분하는 물질을 줄이는 것이다.

그린에너지를 위에서 정리한 청정 에너지, 대체 에너지, 지속가능한 에너지 그리고 저탄소 에너지 등의 포괄적인 개념으로 보면 지속가능한 사회를 만드는 그린에너지 체계의 3대 축은 저탄소 에너지, 재생에너지 그리고 고효율의 에너지로 정리할 수 있으며 세부적으로는 다음과 같은 활동을 포함한다.

---

6) G. Boyle, Renewable Energy, Oxford University Press, 2004)

- 에너지 수급체계에서 기후변화 문제를 우선으로 반영하는 길
- 경제체계에 온실가스 발생에 대한 정당한 시장 형성, 가격을 적용하는 길
- 현재의 화석 에너지 수급체계를 저탄소 에너지로 전환하는 길
- 모든 산업기반시설과 수송, 토지의 이용 등을 저탄소 체계로 하는 길
- 국토 내에서 가능한 많은 재생 에너지를 개발하고 그의 보급을 저해하는 경제적 혹은 시장 요소를 제거하는 길
- 모든 산업생산 설비의 에너지 이용효율을 높이는 길
- 사회의 모든 서비스 활동, 소비생활에서 에너지를 절감하는 길

## 1-5 에너지와 경제사회의 발달

에너지가 현대의 경제사회 체계에서 어떤 역할을 하고 있고 어떤 영향을 주고 있는지는 다음의 그림에서 잘 설명되고 있다.[7] 경제사회의 기본 목적은 개발된 사회를 만들고 인류의 복리를 추구하는데 있는데 이는 고급수준의 의식주를 해결하는 부의 창조와 사회 질서 그리고 새로운 지식과 정보를 창조하는 것이다.

**[그림 1-6]** 경제사회 체계와 에너지

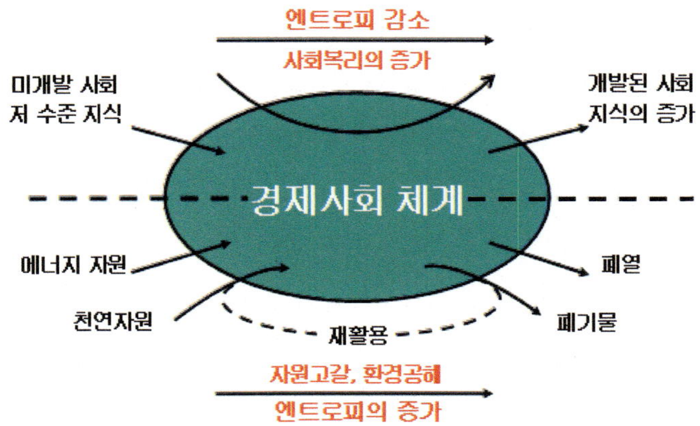


7) J. H. Krenz, Energy conversion and utilization, Allyn and Bacon, Inc., 1984)

이는 앞 그림의 점선 위 부분에 해당되는 방향이며 이 방향이 나타내는 변화는 열역학에 의존해서 해석하면 엔트로피(entropy)[8] 를 감소하는 방향으로 가는 변화이다. 이러한 경제사회는 그림의 아래 부분에서 나타내는 것과 같이 에너지 자원과 천연자원의 투입이 없이는 이루어지지 않는다. 그런데 오늘날 우리가 이용하고 있는 에너지자원과 천연자원은 모두 오랜 세월에 걸쳐서 자연계에 저장된 자원이고 우리가 원하는 최종적인 형태를 갖추고 있지 않기 때문에 이를 채굴하여 정제된 자원을 얻기 위해서는 기존 자연질서를 파괴해야 한다. 또한, 정제된 자원을 이용하는 과정에서도 우리의 물리적 세계는 이런 자원을 부정적인 잔류물이 없이 사용하는 것을 허락하지 않고 반드시 우리가 원치 않는 폐열이나 폐기물을 발생시키고 공해를 유발한다.

그림의 아래 부분에서 나타내는 변화는 물리학에서 정리하고 있는 엔트로피를 증가시키는 변화이며 이는 위 부분의 목적 즉, 엔트로피의 감소를 달성하기 위하여 필연적으로 발생되는 자연의 법칙이다. 따라서 우리의 경제사회 체계는 질서와 무질서가 공존하는 세계이며 자원 이용의 효율과 원하는 것과 원하지 않는 것의 균형이 요구되는 체계라고 할 수 있다.

이러한 원리를 우리가 자동차를 수송수단에 이용하는 것에 비교하면 이해하기가 쉽다. 휘발유를 태워서 그 에너지로 자동차를 운행하면 목적지까지 우리를 운송해 주는 유효한 일을 하지만 이 유효한 일보다 훨씬 더 많은 에너지가 소음이나 폐열과 배가스 등으로 대기 중에 무질서하게 분산되고 환경에 나쁜 영향을 준다. 이런 분산된 에너지는 끌어 모아서 다시 휘발유로 만들 수는 없다. 즉 자동차의 운행은 무질서 즉 엔트로피를 높이는 필연적 결과를 가져오지만 우리는 공해 없는 자동차를 만들 수가 없다.

우리의 경제사회는 위와 같은 필연적 엔트로피 법칙 하에서 문명발달을 위하여 끊임없이 노력해 왔으며 원시사회→수렵사회→농업사회→공업사회→기술정보사회를 거치면서 문명발달을 해 왔다. 그 과정에서 에너지의 소비는 기하급수적으로 늘어났으며 에너지의 소비량은 인류 문명발달의 척도가 되어 왔다. 현대 기술정보사회에서는 한 사람이 하루에 소비하는 에너지의 양이 과거 초기 농업사회의 그것에 비하여 수백 배, 수천 배에 달한다. 석탄이나 석유와 같은 화석연료를 이용하기 전 초기 인류는 주로 인간의 노동력과 가축의 힘에 의존하거나 바람과 물의 에너지를 이용하여 풍차와 물레방아와 같은

8) 엔트로피(entropy)는 열역학적으로 고립된 어떤 계(시스템)의 무질서한 정도를 측정하는 물리학적 양이다. 예를 들어 같은 물질일 경우 온도가 올라갈수록 분자운동이 활발해져 내부구조가 무질서해짐으로 엔트로피가 높아진다. 이 법칙을 열역학 제2법칙이라고 하는데 에너지가 어느 한 상태에서 다른 상태로 변할 때에는 변화의 전후로 그 양은 변하지 않지만(열역학 제1법칙) 사용이 불가능한 에너지 즉 유용한 목적에 쓸 수 없는 손실되는 에너지(무질서)는 항상 늘어나며 이 손실의 상태함수가 엔트로피이다.

극히 간단하고 원시적인 기기를 사용한 것이 전부였다.

그러나, 18세기에 들어 화석연료가 발견되고 인류가 이를 기계의 동력원으로 이용하기 시작하면서 대량생산과 기계화가 가능해져 산업혁명이 일어났고, 이에 따라 에너지의 사용량이 급격히 늘어나고 사회 전반적으로 큰 변화가 발생하였으며 인류 문명이 빠르게 발달했다. 그리고 현재의 과학기술사회에서는 주거생활, 산업활동 및 수송과 정보활동 등이 과거의 그것들과는 비교할 수 없을 정도로 광범위해지고 그에 따라 필요한 에너지의 양도 급격히 늘어 났다. 이런 변화는 경제수준 즉 삶의 질은 에너지 소비량에 비례한다는 것이지만 이런 엄청난 에너지의 소비는 그만큼 통제할 수 없는 환경공해를 유발하기도 했다.

## 1-6 세계 에너지 문제의 초점

앞에서 설명한 것과 같이 에너지는 인류사회의 발달과 경제적 부를 창조하는 데 없어서는 안될 중요한 요소이지만 미래 인류의 지속가능한 발전을 위해서는 중요한 몇 가지 문제를 해결해야 하는 숙제를 안고 있다. 오늘날 에너지와 관련된 범세계적 문제는 다음의 4가지로 요약할 수 있다.

- 화석에너지 종류에 따른 매장량과 사용량의 불균형
- 석유(원유)의 주 공급국가와 주 소비국가의 지역적 불균형
- 화석에너지원 (석탄, 석유, 천연가스) 매장량의 한계
- 화석에너지로 인한 한경공해와 지구온난화 문제

에너지의 매장량과 소비량의 불균형이란 화석에너지의 종류에 따라 자원의 양과 사용량이 균형을 이루지 못하고 있다는 뜻이다. 자원으로 보면 석탄이 가장 많이 매장되어 있으나 사용은 석유나 천연가스에 주로 의존해 있어서 석유와 천연가스의 고갈 현상이 매우 빨리 진행되고 있다. 자원의 이러한 가채 매장량과 사용량의 불균형은 석유와 천연가스가 석탄에 비하여 채굴이 용이하고, 이용하기에 편리하고 또 환경공해가 적기 때문에 생기는 것이다.

공급과 소비의 지역적 불균형은 채굴 가능한 화석에너지 자원, 특히 원유가 지역적으로 편재되어 있는 것이다. 이러한 천연자원의 지역적 불균형은 자원의 국수주의를 초래하여

에너지 자원을 수입해야 하는 국가의 경제를 불안정하게 하고 안보문제도 가져올 수 있다.

**[그림 1-7]** 화석에너지의 가체 매장량과 소비량

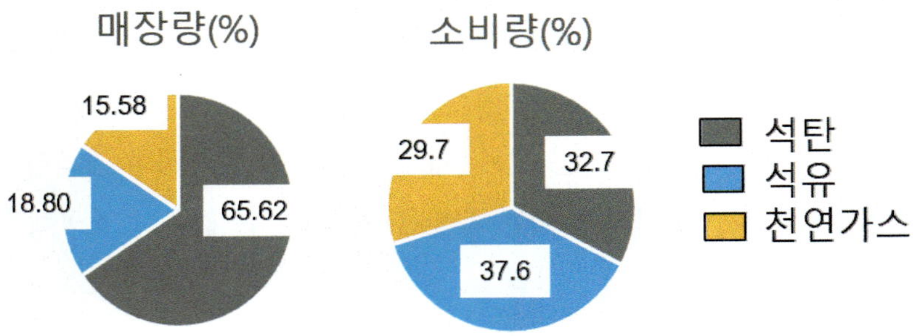


석유수출국(OPEC)의 연합행위(cartel)에 의한 생산량과 가격의 조정은 이러한 문제의 대표적인 사례이다. 예를 들어 원유의 생산은 중동지역에 집중되어 있고 원유의 사용은 자체 생산이 매우 적은 극동 아시아와 유럽에서 주로 이루어지고 있다.

**[그림 1-8]** 세계 원유의 주 생산지역과 소비지역

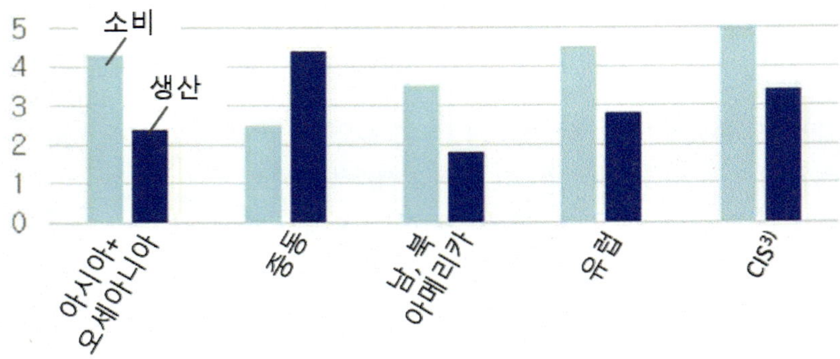


화석에너지의 고갈 문제는 오늘날 세계 에너지 문제 중 가장 심각하다고 할 수 있는 것으로서 특히 화석에너지 중에서 현재 그 사용량이 가장 많은 원유의 경우 그 가체 매장량이 멀지 않은 장래에 고갈된다는 것이다. 현재 원유 생산국 중에서 미국 등 많은 국가는 원유의 생산 정점(peak oil)을 이미 지났으며, 아래 그림 1-9를 보면 생산 정점 이후에도 자원의 수요는 유지되기 때문에 그 고갈속도가 매우 빨리 진행된다는 것이다.

**[그림 1-9]** 세계 원유 생산량과 종형 곡선(상징적)과 생산 정점

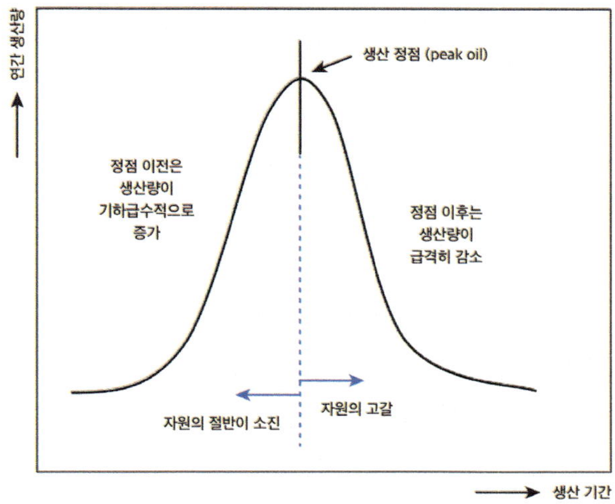


국제에너지기구(IEA)의 기준 시나리오[9]에 의하면 세계 에너지 수요는 2030년까지 45%, 즉 연평균 1.6% 증가할 전망이다. 이런 수요의 증가는 주로 중국과 인도, 중동국가 등 인구가 많고 현재 경제개발의 속도가 매우 빠른 국가에서 비롯될 것으로 예상된다. 또한, 향후 에너지 수요증가의 87%는 비OECD 회원국들의 급속한 경제성장 때문이며, 이들 국가의 세계 에너지 점유율은 현재 51%에서 2030년에는 62%로 높아질 것으로 보고 있다.

또한, 중동을 제외한 산유국의 대부분은 이미 석유 정점을 넘어섰고 따라서 석유고갈로 인하여 향후 석유의 증산은 중동지역에 치중될 것이며, 이로 인한 중동지역의 석유고갈은 지금까지 보다 더 빠른 속도로 진행될 것이다.

오일샌드 등 비 재래식 화석에너지의 매장량이 풍부한 캐나다와 중앙아시아 키스피해 지역 국가 및 브라질 등에서 소량 보충할 것이지만 원유의 고갈 속도에는 미미한 영향을 예상하고 있다. 이처럼 공급의 지리적 다양성이 줄어들면 에너지의 안보문제가 커지고 에너지 공급국가의 시장 지배력이 커지기 때문에 투자를 연기하거나 생산량을 제한함으로써 안정적인 가격의 형성이 어렵게 된다.

화석에너지로 인한 환경공해와 지구온난화 문제는 자원의 양과 그 한계로 인한 문제가 아닌 화석에너지 자원의 채굴과 수송, 이용상의 문제이다. 석탄, 석유, 천연가스 등 화석

---

9) 기준 시나리오(reference scenario)란 에너지의 수요를 줄이기 위하여 현재의 소비경향이나 정책에 향후 소비량을 줄이기 위하여 아무런 새로운 정책적 변화를 도입하지 않는  우를 말하며 BAU(business as usual)이라고도 한다.

에너지 자원은 그 채굴 상태에서 많은 종류와 많은 양의 불순물이 포함되어 있어서 이를 정제하거나 태워서 열을 얻는 과정에서 사람의 건강을 해치고 생태계와 주위환경에 악영향을 미치는 물질이 배출된다. 화석에너지의 사용으로 인한 환경과 보건위생문제는 주로 다음과 같은 원인에 의하여 일어난다.

- 채광과 운반 및 정련과정에서의 지형변화, 가스 폭발, 분진흡입, 중금속 오염
- 석유와 천연가스의 채굴과 수송에 의한 원유의 누출, 폭발
- 연소과정에서 발생하는 산성가스와 분진 혹은 발암물질, 폐기물의 발생
- 생태계 변화, 산림파괴, 지하수 오염 문제
- 이산화탄소 배출에 의한 지구온난화 문제

**[그림 1-10]** 화석에너지의 사용과 환경공해물질

특히 지구온난화 문제는 지역적으로 일어나는 황산가스, 질산가스, 먼지 등 일반적인 공해문제와는 달리 전 지구적으로 기후변화와 그에 수반하는 사막화, 해수면 상승, 폭우, 폭염과 같은 기상이변 등 여러가지 환경문제를 야기한다. 국제에너지기구(IEA)의 기준 시나리오에 따르면 $CO_2$의 배출은 2030년까지 45% 증가할 것으로 예상되며, 그에 의한 지구의 평균 온도는 최악의 경우 6℃나 더 상승할 것으로 예상된다.

현재 대기 중 $CO_2$의 농도는 385ppm이나 향후 늘어나는 CO2의 2/3는 중국과 인도, 중동에서 일어날 것이며, 이를 포함해 CO2 증가의 97%는 비 OECD국가에 기인할 것이다. IEA의 '기후 정책 시나리오'에 따르면 온실가스 농도를 550ppm로 안정시키는 정책을 쓸 경우 에너지 수요는 연평균 1.2%씩 증가하여 2030년까지 32% 증가하고, $CO_2$의 배출

은 2025년에 정점을 찍은 후 2030년부터 조금씩 감소할 수 있다고 하지만 이런 정책의 실현 가능성은 그리 크지 않다고 보는 것이 현실이다.[10)]

이러한 지구온난화 현상은 매우 심각한 기후변화를 초래하며 이로 인한 지구환경 전체의 변화와 인류, 생태계에 미치는 영향은 예상하기가 불가능 하다고 한다. 기후변화에 관한 정부 간 패널(IPCC)과 환경전문가들은 지구온난화로 인한 지구재앙이 현재도 심각한 수준으로 진행되고 있지만 산업혁명 이후 이미 배출한 온실가스 때문에 향후에는 인류가 감당할 수 없는 수준으로 진행될 것으로 보고 있다.

온대지역에서 30℃를 넘는 살인적인 폭염이 30일 이상 연일 지속되고 온열질환으로 사망하는 사람의 수가 빠른 속도로 증가하고 있다. 또, 극지방 얼음의 해빙속도가 빨라져서 2030년도에는 한반도의 5% 면적이 물 속에 잠긴다고 전문가들은 예측하고 있다. 폭우, 산불, 가뭄과 같은 세계 각지의 잇따른 자연재난으로 인해 매년 수 천명이 사망하고 있고, 대형 산불이 수 십일 이상 이어져서 엄청난 면적의 산림을 초토화 시키고 있다. IPCC 보고서에 의하면 지구의 평균온도가 2℃ 더 올라 가면 세계 인구의 10-20억 명이 물 부족을 겪게 되고, 해수면이 18~59cm 높아져 저지대에서 홍수가 발생되고 수 백만 명의 난민이 발생할 것이라고 예측했다. 지구온난화에 의한 생태계 교란과 생물종의 멸종은 더욱 심각하여 대부분의 양서류[11)]는 현재도 많이 사라졌으며 지구평균온도가 약 2℃ 이상 더 올라가면 배부분의 산호도 백화현상에 의하여 사라질 것이라고 한다.

S&P 글로벌은 세계 각 국가가 2050년까지 지구온난화에 대응하여 아무런 노력을 하지 않을 경우 그로 인한 전세계 GDP의 4.5%가 감소할 수 있다고 밝혔다. 소득 중하위 국가는 부유한 국가보다 평균 3.6배 더 큰 GDP 손실을 볼 가능성이 있고 특히 유럽보다 동남아시아의 피해가 극심할 것이라고 예측했다.[12)]

10) IEA 세계 에너지 전망 보고서 (World Energy Outlook 2021)

11) 양서류: 척추동물의 한 부류로 진화적으로 어류와 파충류의 중간단계인 동물들. 현존하는 양서류로는 개구리 류, 두꺼비 류, 도롱뇽 류, 사이렌 류, 무족영원 류 등이 있다.

12) S&P Global Ratings, 2022

[그림 1-11] 지구온난화로 예고되는 환경재앙

2020년대: 1도 상승, 2050년대: 2~3도 상승, 2080년대: 3.5도 상승

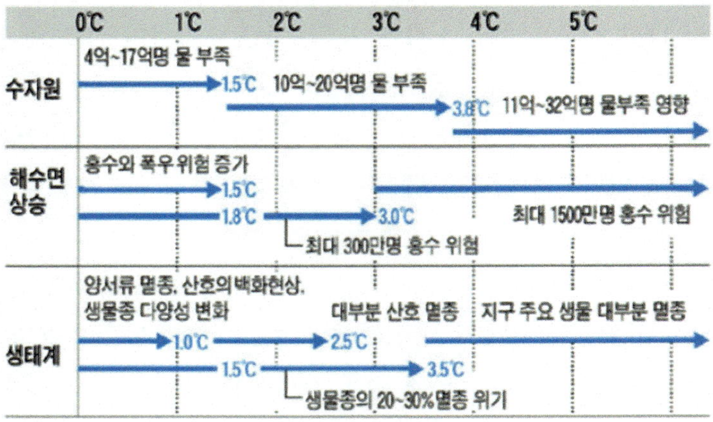


[사진 1-1] 지구온난화에 의한 재앙들

# 참고문헌/인용자료

**그림 1-6 경제사회 체계와 에너지**

- J. H. Krenz, Energy conversion and utilization, Allyn and Bacon, Inc., 1984)

**그림 1-7 화석에너지의 가체 매장량과 소비량**

- U.S. Energy Information Administration, 2016 and BP statistical review of world energy 2021

**그림 1-8 세계 원유의 주 생산지역과 소비지역**

- 국가통계포털, KOSIS, 2019

**그림 1-11 지구온난화로 예고되는 환경재앙**

- IPCC, 2007

**사진 1-1 지구온난화에 의한 재앙들**

- Google 검색 (public domain): 지구온난화에 의한 재앙

*** 식물 생태계 변화: 침엽수림의 산림분포 변화**

- 한국 기후변화 평가 보고서, 환경부, 2020

Chapter 02

# 에너지의 수요와 공급

- 기하급수적 증가와 성장의 한계
- 에너지의 정의와 단위
- 에너지의 분류와 전환
- 그린에너지의 개념
- 에너지와 경제사회의 발달
- 세계 에너지 문제의 초점

## 2-1 기하급수적 증가와 성장의 한계

에너지 수요의 증가는 인구의 증가와 경제성장과 함께 기하급수적으로 증가하는 것이기 때문에 에너지의 제한된 공급량을 짧은 기간에 고갈시키는 현상을 초래한다. 기하급수적 증가는 지수적 증가 혹은 등비급수적 증가라고도 한다.

수학에서 기하급수적 증가(Exponential growth)라는 말은 어떤 양의 증가하는 형태가 지수함수를 따른다는 뜻이며, 등비수열이라고도 한다. 이는 어떤 무리(집합)의 임의의 한 원소(X)가 다른 무리의 한 원소(Y)에 1:1로 대응되어 변하는 상호 종속관계를 가지고 있으면서 Y가 어떤 바탕 값(보통은 초기 값)의 X승, 즉 변수 X가 지수인 지수적 관계로 증가하는 것을 말한다. 아래 그림과 같이 독립적으로 변하는 X의 값이 1, 2, 3... 으로 증가하면 종속적으로 변하는 Y의 값은 지수의 바탕 값 2 (수학에서는 '공비'라고 함)의 X승으로 증가되는 것을 말한다.

지수적 증가를 나타내는 수학적 모델은 일명 '맬서스의 증가 모델(Malthusian growth model)' 이라고도 하며 이는 인구의 증가를 최초로 수학적 모델을 이용하여 설명한 Reverend Thomas Malthus의 책, '인구론'에 근거한다.[13] 지수적 증가는 처음에는 선형 증가(Linear growth), 세제곱 증가(Cubic growth)[14]보다 그 증가 값이 적지만 승수 X의 값이 늘어나면 매우 빠르게 Y값이 상승한다.

**[그림 2-1]** 지수적 증가

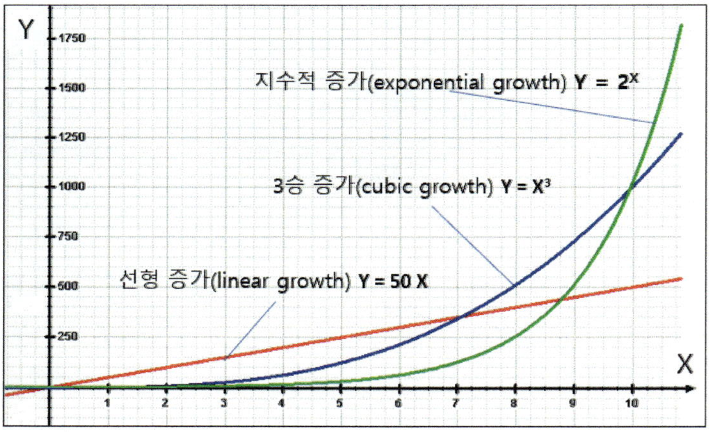


13) 토머스 로버트 맬서스 (Thomas Robert Malthus)는 영국의 인구통계학자이자 정치경제학자이다. '인구론'이라는 저서를 통해서 인구의 자연적 증가는 기하급수적이지만 식량은 산술급수적으로 밖에 증가하지 않기 때문에 과잉인구로 인한 식량부족은 필연적이며, 그로 인해 빈곤과 죄악이 많이 발생하여 결국에는 종말에 이르게 된다는 논리를 밝혔다.

14) 선형 증가는 정비례 증가라고도 하고 3승 증가는 Y는 변수 X의 3승에 비례하는 관계이다.

## 페르시아의 한 이야기[15)]

옛날에 자기가 세상에서 가장 현명한 사람이라고 뻐기는 페르시아의 한 왕이 있었는데 수학을 잘 못하는 약점이 있었다. 장기판을 예술적으로 아주 특출하게 잘 만드는 한 사기꾼이 이 왕의 약점을 이용하여 그에게 값비싼 장기판을 만들어 주고 그 대가로 횡재를 하기로 마음먹었다. 장기를 매우 좋아하는 왕은 장기판을 받아 들고 사기꾼이 원하는 대가가 무엇이지 물었다.

사기꾼의 답변은... "폐하, 저는 돈이나 보석을 보답으로 원하지 않고 오직 작은 쌀알만 주시면 됩니다". 왕이 얼마의 쌀을 줄까 하고 묻는 말에 그는 "첫 칸에 단 한 톨... 두번째 칸에는 두 알... 그리고 그 다음 칸부터는 앞의 칸 곡식의 두 배를 얹어 달라고 했다. 둘째 칸에는 네 알, 셋째 칸에는 8알... 그 대가가 너무 초라하다고 생각한 왕은 이를 쾌히 승낙했으나 열 번째 칸에는 512알, 21번 째 칸에는 백만 개, 41번째 칸에는 10억 개가 넘는 곡식알이 필요했다. 왕은 64칸의 장기판을 다 채울 곡식은 그 당시 페르시아에 없다는 것을 인식하고 걱정하는 틈에... 사기꾼은 "모자라는 곡식은 그 만큼에 해당하는 금이나 땅을 주시면 됩니다." 라고 했다. 왕은 즉시 사기꾼이라는 것을 눈치채고... "내가 모자라는 곡식의 대가로 금이나 땅을 주겠는데 모자라는 양이 얼마인지 말해 보게" 라고 했다. 사기꾼은 물론 모자라는 쌀 톨을 헤아리는 것이 불가능하다는 것을 알고... "폐하, 그 장기판은 대가 없이 선물로 드리겠습니다." 라고 했다.

## 지수적 증가와 지수적 감소의 예

- 미생물 수의 증가, 바이러스의 확산
- 인구의 증가
- 방사성 물질의 연쇄반응
- 경제성장
- 복리저축
- 컴퓨터의 정보처리 능력 (Moore's law)
- 인터넷 정보의 확산

15) Purpose Focus Commitment, 2018, https://purposefocuscommitment.medium.com/ 이 이야기는 근거가 확실하지 않으며 줄거리도 다르게 전해지고 있으나 기하급수적 증가의 위험성을 알리는 것이 학습효과 임.

성장의 한계(The Limit to Growth)는 미국 MIT 대학의 D. H. Meadows에 의해 주도되어 1968년 25개국의 과학자, 기업가, 경제학자, 정치가 등 지성인 100여 명이 모여서 결성된 "The Club of Rome"이 1972년에 발표한 보고를 미국의 MIT 공과대학에서 일반인이 이해하기 쉽도록 설명한 책이다. 이 책에서는 인류가 누릴 수 있는 천연자원의 한계와 이를 인구의 증가와 경제발달로 인하여 지수적으로 사용할 때 그 고갈이 우리가 생각하고 있는 것보다 훨씬 빠른 기간에 다가올 것을 경고했다.

로마클럽은 성장의 한계에 관한 연구를 하기 위해 미래사회상에 대한 시뮬레이션을 하는 것이었다. 이러한 미래 예측 시뮬레이션 기본 모델은 인구, 식량 생산량, 천연자원, 산업발전, 환경오염 등 다섯가지 요소가 어떻게 상호작용을 하는가에 대한 것이었다. 이 모델은 위 다섯가지 요소가 1970년까지 상호작용한 경향에 대한 수치자료에 근거하여, 이러한 경향이 1970년대 이후에도 계속된다면 인류의 미래사회는 어떠한 상황에 처해질 것인가에 대한 예측을 하는 것이었다. 예측의 결과는 그림 2-2[16]에서 보는 것과 같이 위 다섯가지 요소가 산업혁명 이후 지수적으로 매우 빠르게 성장하다가 어는 시점에서 최고점(정점)을 이루고 그 후에는 급격히 하강한다는 것이다.

이 보고서의 영향을 받아서 1972년에 스톡홀름에서 개최된 '인간 환경에 관한 유엔 제1차 회의'는 지구 환경 위기에 대한 관심을 촉발시키는 계기를 마련하고 그 결과, 유엔은 '인간환경선언'을 채택하고, '인간환경에 관한 행동 강령'을 승인하였다.

이 선언과 같은 맥락에서 1992년 브라질의 리우 데자네이루에서 '유엔환경회의(Earth Summit)'가 개최되었으며 이 회의에서 'UN기후변화협약'(UN Convention on Climate Change)이 탄생되었다.

성장의 한계의 기본 내용은 천연자원은 한정되어 있고, 인구는 계속해서 증가할 것이기 때문에 미래의 경제발전은 제한을 받을 수 밖에 없다는 것이다. 이러한 결과는 앞에서 설명한 T.Malthus의 인구론의 내용과 같은 맥락이기 때문에 성장의 한계를 주창하였던 연구그룹은 '신맬서스 주의자(Neo-Malthusian)'로 표현되기도 하였다.

**[그림 2-2]** 미래 예측 시뮬레이션 사례

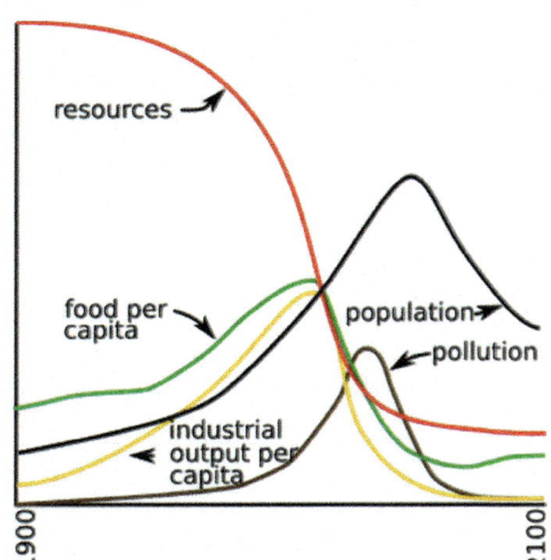


16) 유엔인간환경회의 선언(JN Declaration on Human Environment): 1972년 스웨덴 스톡홀름에서 열린 유엔 인간환경회의는 인간환경의 개선과 보존으로 세계인들을 이끌고 고무하기 위한 7개의 기본원칙과 26개의 행동강령을 채택했다.

## 2-2 에너지 자원의 공급

앞에서 설명한 멜서스의 인구론에 따르면 기하급수적으로 늘어나는 인구가 산술(등차) 급수적으로 늘어나는 식량공급보다 더 빠르게 증가하기 때문에 인류는 영원히 빈곤의 굴레를 벗어날 수 없으며 결국 종말에 이른다는 주장이었다. 그러나, 오늘 날 우리는 이런 이론이 실제로는 맞지 않다는 것을 잘 알고 있다. 한계가 있는 어떤 자원이나 재화가 소비될 때는 처음에는 그 소비속도가 기하급수적으로 늘어나지만 어느 시점부터는 자원한계의 제약을 받기 때문에 그 증가세가 둔화되고 결국 자원을 모두 소비하게 되는 시점(포화점)에서는 그 속도가 영(zero)이 된다. 지수적 증가를 실제의 경우를 고려하여 수정한 이론이 로지스틱 함수인데 이는 인구 증가의 모델로서 폭넓게 사용되어 왔으며 어떤 집단의 개체수가 폭발적으로 성장하다가 한계가 있는 어떤 양(예: 식량)에 의해서 성장세가 꺾이는 모습을 묘사한다.

로지스틱 함수를 표현한 것을 로지스틱 커브(logistic curve)라고 하며 이는 S 자 모양의 곡선(Sigmoid curve) 을 가지는 시그모이드 함수의 한 수학적 모델이다. 로지스틱 곡선은 성장하는 어떤 양이 시간의 따라 상한치(최대치)에 점진적으로 접근하는 곡선인데, 1845년경 프랑스의 P. F. Verhulst가 인구의 성장을 수학적으로 나타내면서 붙여진 이름이다. 이 곡선은 상한이 있는 성장과정을 실제 상황에 매우 가깝게 나타내기 때문에 비교적 오랜 기간동안 여러 학자들에 의하여 사용되어 왔다.

그림 2-3은 기하급수적 성장과 로지스틱 함수관계를 따르는 성장을 지수적으로 비교한 것인데 전자는 자원한계의 제약을 전혀 받지 않는 경우이고 이는 물론 비현실적이다. 그것에 비해서 로지스틱 성장은 현실적이며 한계값이 있는 생물, 미생물의 성장, 인구의 증가, 경제성장, 화학반응 속도, 자원수요의 증가 등은 모두 이런 모양의 곡선을 따라서 이루어진다.

**[그림 2-3]** 기하급수적 소비와 로지스틱 곡선을 따르는 소비 (지수적)

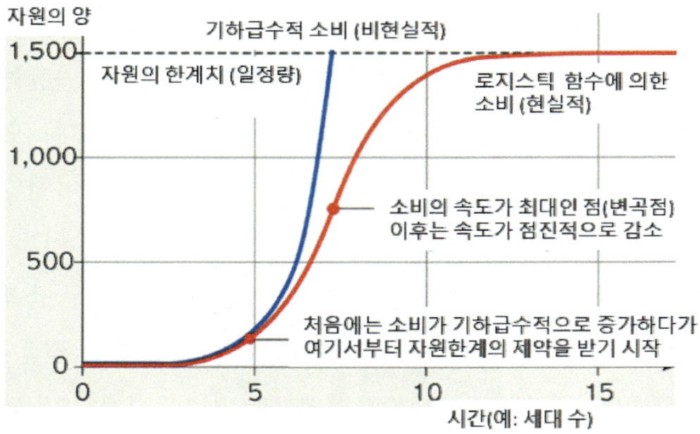


로지스틱 함수를 자원 소비의 모델로 사용할 경우 그 곡선의 각 시점에서의 경사도는 그 시점에 해당되는 소비의 속도와 같다. 즉, 시그모이드 곡선의 경사도란 그 곡선의 미분치(도함수)를 시간에 따라 나타낸 것이다. 소비의 속도는 보통 단위 시간당 소비량 즉 '소비율' 혹은 일일 소비량, 연간 소비량으로 등으로 나타내고 예를 들어 석유의 생산 속도를 표현할 경우에는 '일일 생산량' 혹은 '연간 생산량' 등으로 나타낸다.

다음 그림은 로지스틱 곡선의 도함수를 나타낸 것인데 편의상 시간을 나타내는 축은 소비의 속도가 최대인 점 즉, 시그모이드 곡선의 변곡점을 기점(zero)으로 하여 좌측은 과거 시간, 우측은 미래 시간으로 나타냈다. 그림에서 보면 과거 어느 시점 즉 초기에 소비가 시작되어 그 속도가 점차적으로 증가 하다가 소비의 속도가 최대인 점 즉, 정점(peak)에 도달하고 그 후에는 소비의 속도가 점진적으로 감소한다. 예를 들어 원유의 생산 속도를 표현할 경우 '연간 최대 생산량'이 된다.

이렇게 해서 만들어진 로지스틱 곡선의 도함수 곡선은 종의 모양을 가지고 있으며 그래서 '종형 곡선(bell curve)'이라고 하며, 표준 종형 곡선은 정점을 중심으로 좌우 대칭인 모양을 가지고 있다. 그리고, 이 종형 곡선의 아래 부분 면적(이 곡선을 나타내는 함수의 적분)은 자원 소비의 총량이 되고 정점을 지났을 때는 남아 있는 자원의 양이 전체의 1/2이다.

**[그림 2-4]** 로지스틱 곡선의 도함수(미분치)

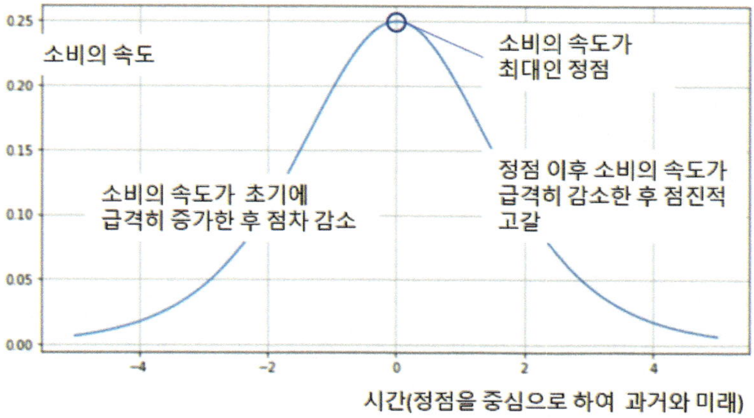


그리고, 이후에는 소비의 속도가 점진적으로 감소하겠지만 자원은 매우 빠른 속도로 고갈된다. 이런 종형 곡선은 뒤에서 설명하는 석유 생산의 정점이론에서 또 다루는데 원유의 생산속도가 어느 시점에서 최대에 도달하고 그 이후부터는 생산속도가 급격히 줄면서 고갈된다는 오일피크 이론이다.

지하에 묻혀 있는 화석 에너지 자원을 비롯한 모든 지하자원의 매장량은 부존의 확실성과 채굴의 경제성에 따라 변하는 동적인 개념(dynamic character)으로 이해해야 한다. 과학기술의 발달과 함께 부존을 확인할 수 있는 자원의 양은 늘어나며 확인된 자원을 채굴하느냐 안 하느냐는 결정은 그 때의 경제성에 의하여 결정된다. 따라서 자원의 가채매장량과 그에 따른 가채연한은 고정된 것이 아니며, 그래서 우리가 석탄, 석유 등의 에너지 자원을 평가하고  가채연한을 예측할 때 그 예측 시점에 따라 매번 달라지는 것이다.

자원의 총량은 이미 생산된 자원(produced resources)과 매장이 확인 되었고 생산도 가능한 자원(가채 자원, recoverable resources) 및 매장이 되어 있을 것으로 추측은 하고는 있으나 현재 시점에서는 확인되지 않은 자원(additional quantities in-place)으로 나눌 수 있다.

그리고 자원의 총량은 정해져 있으나 생산 가능한 양은  그림 2-5에 표시된 것과 같이 경제성(economic and commercial viability)과 채굴에 필요한 기술(field project status and feasibility) 및 탐사정보(geological knowledge)의 수준에 따라 달라진다. 그래서, 석유의 경우 2007년도부터 전 세계적으로 합의되어 보편적으로 통용되고 있는 '석유자원관리체계 (Petroleum Resources Management System, PRMS)'에서도 매장량(reserves)이란 "시추를 통하여 부존이 확인된 저류층으로부터 현재시간 이후로, 주어진 경제조건과 확립된 기술 그리고 정부규제 하에서, 상업적으로 생산할 수 있는 석유의 양"으로 정의되고 있다.

자원의 미 확인양도 지질분석, 탐사기술, 확인기술 등의 발전에 따라 확인 양으로 변할 수 있고 확인 양의 일부가 위에서 언급한 요인에 따라 생산 가능한 양으로 바뀔 수가 있다.

**[그림 2-5]** 자원 매장량의 평가

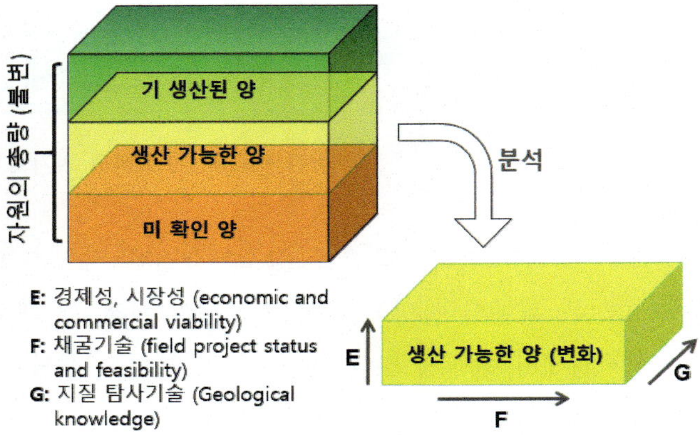


자원의 동적인 개념을 좀 더 구체적으로 구분하여 설명한 것은 미국의 광산, 지질조사국(US Geological Survey and Bureau of Mines)에서 개발한 맥켈비 도표(McKelvey Diagram)[17]이다.

---

17) 맥켈비 도표는 광물이나 화석 연료와 같은 천연 자원의 부존에 대한 지질학적 확실성과 채굴의 경제적 잠재력을 기반으로 하는 시각적 표현이다. 이 도표는 천연 자원의 가용성과 관련된 불확실성 및 위험성을 추정하는 데 사용된다. 멕켈비 도표는 1972년 미국 지질 조사국의 지질학자 Vincent Ellis McKelvey에 의해 처음으로 소개되었으며 1973년 미국 지질 조사국과 광산국에서 사용하기 위해 공동으로 채택되었다.

**[그림 2-6]** 멕켈비 도표

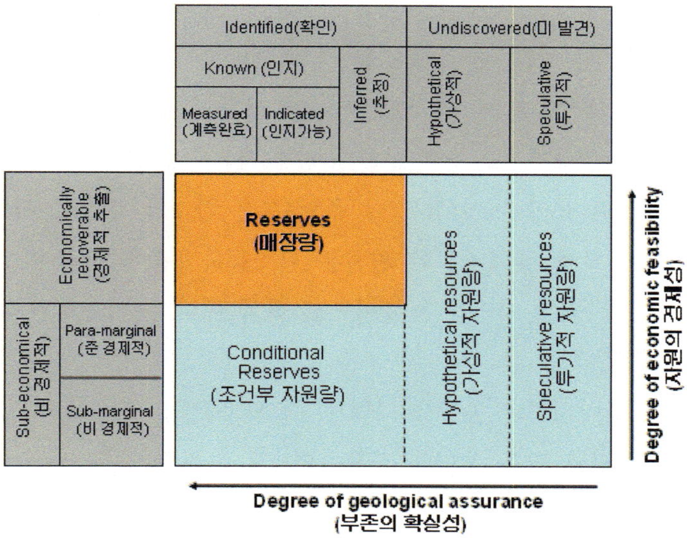


맥켈비 도표를 이용한 자원의 분류는 다음의 세 가지 기준에 따라 정해진다.

- 예상 자원(resources)
  : 채굴이 경제성이 있을지는 확인되지 않았으나 지질학적으로는 그 부존이 예상되는 자원의 총량
- 잠재 자원(indicated resources)
  : 잠재적 가치가 있고 광맥의 노출이나 시추에 의하여 매장위치가 확인되고 화학적 성분이나 밀도 혹은 그 양의 추정에 의하여 채굴이 경제적으로 가능하다고 판단되는 량
- 가체 자원(measured reserves)
  : 공인된 전문가 혹은 평가기관에 의해 매장된 양이 추정되고 또 채굴이 법적으로, 기술적으로 가능하며 현 시점에서 경제성도 확보되는 자원의 양

가상적 자원과 투기적 자원은 부존의 확실성이 낮은 자원이며 조건부 자원은 자원의 경제성이 낮아서 부존은 확인되어도 채굴하지 못하는 자원이다. 우리가 보통 자원이라고 하는 것은 부존을 확인한 양(identified resources)이면서 동시에 경제성이 있는 양을 말하며 이를 가체매장량(reserves)이라고 하고 McKelvey diag-ram에서는 좌측상단에 표시되는 양이다. 그리고 이 가체 매장량도 그 부존량이 인지된 것(known reserves)과 추정된 것(inferred reserves)으로 나눌 수 있으며, 보통 지질학적 평가 외에 경제성, 환경성, 시장성, 법적 제한과 정부의 방침 그리고 사회적 평가 등이 고려되어 결정된다.

## 2-3 화석에너지 자원의 매장량과 가채연한

화석에너지 자원(석유, 석탄, 천연가스 등)은 태고의 동식물이 지층의 변동으로 인하여 지하 깊은 곳에 묻힌 후 오랜 시간을 통하여 분해되고 산소와 탄산가스 등의 가스가 탄화과정을 거치면서 빠져나간 후 고체(석탄), 액체(석유), 기체(천연가스)의 형태로 지하 혹은 바다 속에 매장되어 있던 것이다. 그 주 성분은 탄소와 수소로 이루어진 탄화수소(Hydrocarbon)이다. 화석 에너지원의 원천은 탄소동화작용에 의하여 성장하는 식물과 미생물, 그리고 이들을 먹고 자라는 동물이므로 화석 에너지는 '축적된 태양 에너지'라고 할 수 있다.

일반적으로 화석 에너지원의 총량을 나타낼 때 위 멕켈비 도표에서 설명한 것과 같이 부존량, 자원량, 매장량과 같은 용어를 사용하며, 그 자원의 양은 앞에서도 설명한 것과 같이 탐사기술과 탐사 시기에 따라 조금씩 변하는 동적인 통계수치이다.

석탄은 지질시대의 육생식물이나 수생식물이 지구의 지각변동에 의하여 퇴적되어 매몰된 후 지층 내의 높은 열과 압력에 의하여 분해되면서 수소, 산소, 유황 등의 가스가 빠져나간 후(탄화작용) 생성된 흑갈색의 가연성 암석으로 된 물질을 말한다. 넓은 면적의 두꺼운 석탄층을 형성하는 데에는 오랜 세월이 걸리며 지진 혹은 지반이 서서히 침강하는 분지의 지각변동에 의하여 형성된 것으로 알려져 있다.

석탄의 탄화작용은 세월이 경과되면서 초기에 이탄(peat) 과정을 거쳐 유연탄, 역청탄, 무연탄의 순으로 변한다. 따라서 유연탄은 대부분 얕은 지층에 매장되어 있으며 무연탄은 깊은 지층에서 발견되는 가장 오래된 석탄이다.

**[도표 2-1]** 세계 지역별 석탄 매장량 점유율

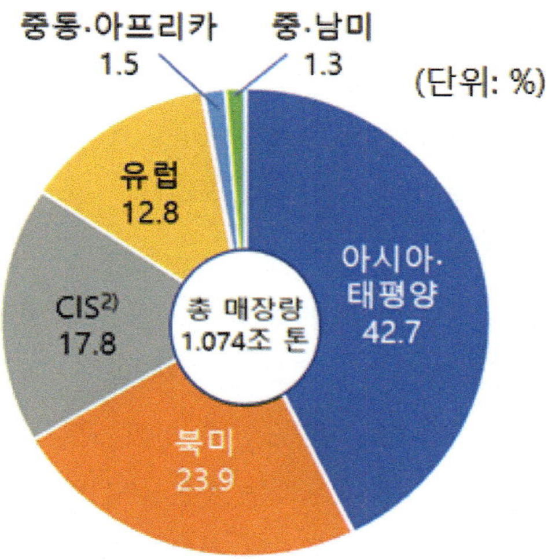


석탄은 석유에 비하여 전세계에 더 널리 퍼져서 매장되어 있어서 지역적인 편중이 덜 한 편이다.

석탄은 유럽과 유라시아 지역[18], 아시아 · 태평양 지역, 북미 지역에 비교적 골고루 분포 되어 있으며 국가로는 중국, 캐나다, 미국, 호주 영국, 독일 등 유럽 국가들이 석탄의 주 생산 국가들이다.

전세계적으로 석탄은 주로 발전산업, 시멘트 산업 등에 사용되는 연료이며 제철산업에서는 철광석의 환원제와 연료로 사용되고 있다.

석유는 수억 년 내지 수백만 년 전 태고때 얕은 바다나 호수 등에서 물밑에 퇴적된 유기물이 그 후 지각변동에 의해 땅속 깊이 매몰되고 그 것이 지압과 지열을 받아 탄화수소로 변성되었다는 설이 가장 유력하다.

현재 발견되고 있는 석유의 대부분은 퇴적암에서, 특히 옛날에 얕은 바다나 호수의 물밑에 형성된 지층 속에서 발견되고 있고, 석유의 성분 속에 질소와 황 등의 불순물을 함유하고 있는데, 이것은 유기물인 단백질의 분해에 의해 생긴 것으로 보고 있다.

지하에서 석유를 생성한 퇴적암을 석유의 모암(母岩) 또는 근원암 (根源岩, source rock)이라고 부르는데, 생성된 석유는 그 후 지각 변동 혹은 유체가 안정된 곳으로 이동하는 특성에 따라 모암을 떠나 단층이나 지층 속을 따라 현재의 유전을 형성하고 있는 지층 속으로 이동해 온 것으로 보고 있다.

**[그림 2-7]** 석유의 매장 광상

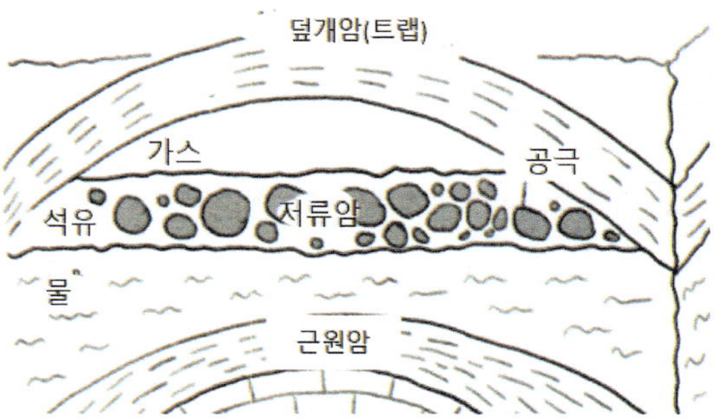


석유가 땅속에 묻혀 있는 광물의 지리적 집합체는 산 봉우리 모양의 위로 볼록한 지층구조가 가장 전형적이며 근원암에서 생성된 석유가 고이는 저류암(permeable reservoir rock), 고인 석유가 흘러넘치지 못하도록 위에서 막아주는 트랩 역할을 하는 덮개암(imp

18) 유라시아 (Eurasia) 지역은 동유럽과 CIC 국가들과 키프로스, 터키 등 유럽과 아시아에 걸쳐 있는 국가. 여기서 유라시아 지역은 유럽과 아시아 전체를 합해서 부르는 지리적 영역과는 다른 개념이다.

**[도표 2-2]** 세계 지역별 석유 매장량 점유율

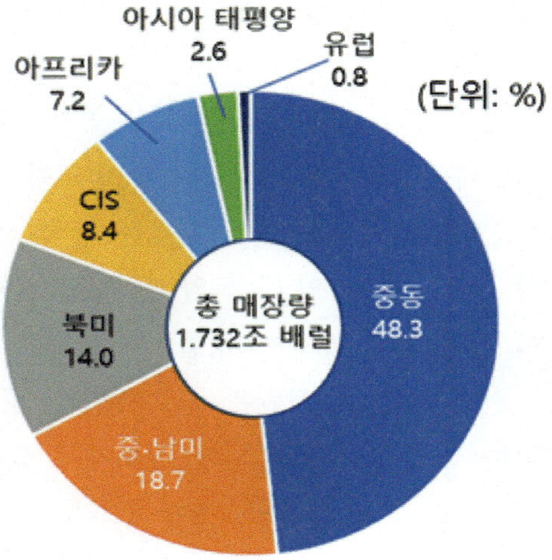


ermeable rock or seal)등으로 구성되어 있다.

석유는 석탄의 경우와 달리 중동 지역과 남아메리카 북쪽, 그리고 북아메리카 지역에 주로 매장되어 있어서 지역적인 편중이 심한 편이다.

이러한 석유의 편중된 공급은 지정학적 위험에 노출되는 경우가 많다. 석유 공급이 지정학적 요인에 의해 교란되는 사례의 가장 대표되는 것은 1973년 중동 산유국의 석유 무기화 정책과 1979년 이란 혁명 이후, 각각 두 차례에 걸친 석유 공급 부족 및 가격 폭등으로 세계 경제가 큰 혼란과 어려움을 겪은 오일 쇼크(oil shock) 또는 석유위기(oil crisis)이다.

세계적으로 석유는 주로 자동차, 선박, 항공 등 수송용 연료로 많이 사용되고 있으며, 여러가지 화학제품, 의류, 도료 등도 석유에서 얻어 진다.

천연가스는 가스상의 유기 화합물이고 일반적으로 석유와 함께 매장되어 있는 경우가 많다. 석유를 추출하는 유전이나 가스만 뿜어내는 가스전, 또는 석탄채굴 시 함께 뿜어져 나오는 경우가 많다. 천연가스의 주 성분은 메탄(methane)이며 에탄(ethane)이나 프로판(propane) 등 다른 탄화수소 성분도 썩여 있고 탄화수소가 아닌 유황, 이산화탄소 등 가스성분의 불순물도 섞여 있다.

천연가스는 기체상태이기 때문에 한 곳에 많은 양을 저장하거나 대량으로 수송하는 데에는 어려움이 있어서 2차대전 이후 천연가스의 액화기술이 개발되고 나서야 대량 저장과 원거리 수송이 가능하게 되었다. 천연가스는 기본적으로 저장 방법에 따라 다음 세 가지로 분류된다.

- 액화 천연가스(LNG, Liquefied Natural Gas): 천연가스를 영하 161℃이하로 냉각해서 액화시킨 것으로 부피를 600분의 1 수준으로 줄여서 저장이나 운반을 쉽게 한 것이다.
- 압축 천연가스 (CNG, Compressed Natural Gas): 기체 상태의 천연가스를 압축해서 부피를 200분의 1 수준으로 줄인 것이며, 주로 자동차 연료로 쓰인다.
- 배관 천연가스 (PNG, Piped Natural Gas): 가스전에서 기체 상태의 가스를 정화처리한 후 배관 (pipeline)을 통해서 공급하는 것인데 대표적으로 러시아의 유전에서 유럽으로 공급하는 천연가스이다.

**[도표 2-3]** 세계 지역별 천연가스 매장량 점유율

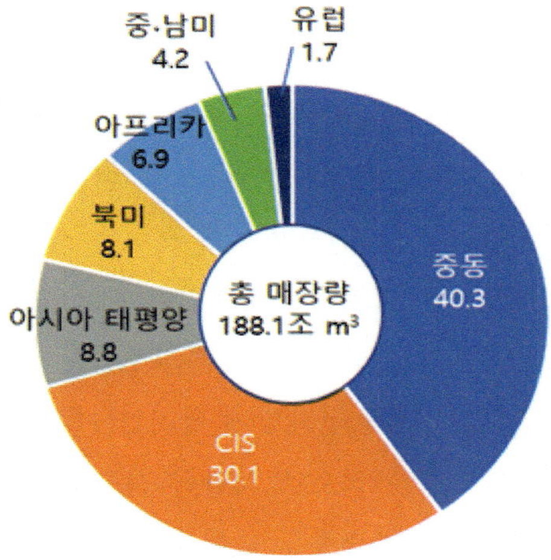


천연가스는 현재까지 그 매장량이 늘어나는 추세인데 특히 중동 국가 중에서 이란의 가스전 개발이 늘어나고 있고 또, 미국의 세일 가스 등 비전통 가스의 개발이 늘어나고 있기 때문이다.

천연가스의 매장량에서 CIS 국가들의 점유율이 높은 이유는 유럽 북해의 가스전이 고갈되어서 유럽의 천연가스 매장량이 감소했기 때문에 상대적으로 CIS의 점유율이 높아진 것이다.

2020년 기준 러시아 천연가스 매장량은 약 37.4조㎥로 추정돼 세계 지역별 점유율의 19.9%를 차지하여 세계에서 가장 매장량이 많은 것으로 확인됐다.

화석에너지 자원을 향후에 몇 년간 더 오래 채굴할 수 있느냐는 것을 가채연한이라고 하는데 이는 현재의 확인 매장량을 현재의 연간 생산량(수요량)으로 나눈 값을 말한다. 자원의 가채연한은 매장량이 한정되어 있고 현재의 경제사회 체계가 세계 어느 나라이든 화석 에너지의 공급에 크게 종속되어 있기 때문에 항상 큰 사회적 관심거리이고 그래서 중요한 통계자료이다. 그러나, 앞에서도 설명한 것과 같이 채굴 가능한 자원은 새로운 탐사결과에 따라 달라지고 연간 수요량(생산량)도 수시로 변하는 수치이기 때문에 자원의 가채연한은 동적인 수치이다.

석탄의 그 가채연한은 세계 평균 139년으로 세 가지 화석 에너지원 중에서 가장 길다. 그 이유는 2차대전 이후 현재까지 세계적으로 사용이 편리하고 환경공해가 비교적 적은

석유, 천연가스를 선호해서 사용하기 때문이다. 석탄은 또, 전 세계에 비교적 고르게 분포되어 있다. 2020년 현재 전 세계 석탄의 지역별 가채연한은 아래 도표 2-4와 같으며 북미와 CIS 국가들이 각각 484년, 367년으로 가채연한이 가장 긴 지역들이고 당시 석탄의 세계 총 매장량은 1조 740억 톤인데 국가별로는 미국, 러시아, 호주 그리고 중국이 주 보유국들이다.

**[도표 2-4]** 석탄의 세계 지역별 가채연한

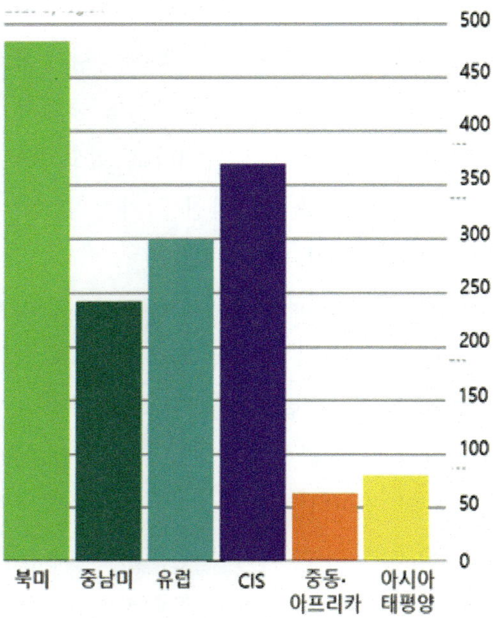


통계에 포함된 석탄은 무연탄, 역청탄, 유연탄 등 모든 종류의 석탄이며 석탄을 액화할 때 쓰인 석탄과 기화할 때 쓰인 석탄도 포함되어 있다.[19] 그러나, 이 통계에는 석탄 외에 다른 어떤 고체 연료들은 포함되어 있지 않다.

2020년 현재 전 세계에 매장되어 있는 석탄의 대부분(70%)은 무연탄과 역청탄이고 액화나 기화에 쓰이는 석탄의 대부분은 역청탄과 유연탄이다.

향후 석탄의 사용은 환경오염을 줄일 수 있는 기술의 개발에 달려있는데 최근에는 전세계적으로 석탄의 사용에서 이산화탄소 배출량을 줄이는 석탄의 청정 이용기술이 많이 개발되고 있다.

2020년 현재 석유의 가채연한은  도표 2-5와 같다. 이 통계에는 앞에서 설명한 전통 석유뿐만 아니라 원유의 성분인 케로겐(kerogen)을 함유한 퇴적암에서 추출한 셰일 오일(shale oil), 원유를 함유한 모래 또는 사암으로, 아스팔트와 같은 중질유가 10%이상 함유된 오일샌드(oil sane), 그리고 천연가스를 채굴할 때 발생되는 응축유(gas condensates), 또 천연가스의 분리과정에서 발생되는 천연가스유(natural gas liquids)와 같은 비전통 석유도 포함되어 있다.

19) 고체연료인 석탄을 액체로 전환하는 액화 (liquefaction or coal-to-liquids)나 기체로 전환하는 가스화(gasification or coal-to gas)의 목적은 석탄을 사용과 수송이 편리한 '유동 연료(pumpable fuel)'로 만들고자 하는 것이며, 또 석탄을 친환경적으로 이용하는 기술이며 이를 석탄의 "청정 이용 기술'이라고 한다.

**[도표 2-5]** 석유의 세계 지역별 가채연한

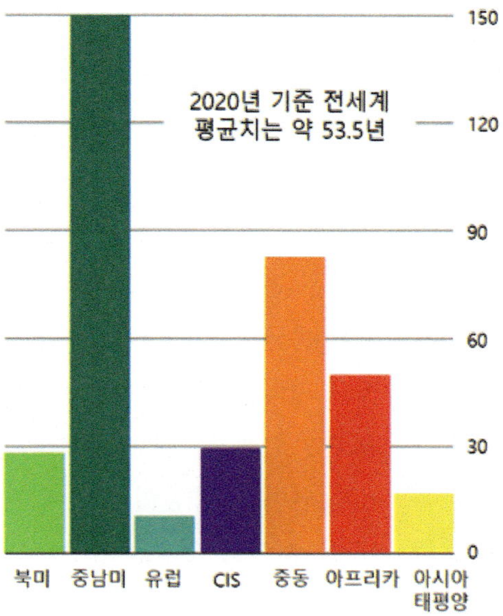


도표 2-5를 보면 2020년 현재 석유의 가채연한은 지역별로 편차가 매우 크다. 이는 역시 가채 매장량의 지역별 차이가 많은 데서 기인한다.

특히, 중남미 지역의 석유 가채연한이 150년으로 긴 이유는 베네수엘라의 석유 매장량이 전 세계 매장량의 17.5%를 차지하면서 다른 국가에 비하여 월등히 많기 때문이다.

석유 가채연한의 전 세계 평균치는 약 53.5년으로 보고 있는데 세계 석유 매장량의 약 70%를 차지하고 있는 OPEC의 경우는 그 가채연한을 약 75년으로 보고 있다.

BP의 이전 통계에 따르면 최근 30년간 석유 확인 매장량은 연평균 2.5%의 성장률을 보이고 있다.

이처럼 석유의 가채 매장량이 현재까지는 매년 늘어나고 있는 주 원인은 중동, 특히 이라크에서 최근 유전 개발이 확대된 이유이기도 하지만 미국 등 북미를 중심으로 비전통 석유의 확인 매장량이 많이 늘어나고 있기 때문이다.

비전통 석유(non-conventional oil)란 전통적인 시추방법(지하의 자연 압력에 의해 저절로 지상으로 밀어 올려지거나 강제 펌프를 해서)과 달리 물리적, 화학적인 방법을 추가로 사용하여 채굴하는 것을 말하는데, 비전통 석유의 종류는 우선 오일 샌드(oil sand), 초중질 원유(extra heavy oil), 오일 셰일(oil shale) 등과 같은 것을 말하지만 특별한 경우 가스 액화 석유(GTL, gas to liquid)나 석탄 액화 석유(CTL, coal to liquid) 등도 포함하고 있다.[20)]

비전통 석유는 넓은 지역에 연속적으로 분포되어 있어서 생산하기 어려운 자원이지만 전체 부존량은 매우 많아서 향후 석유 가채연한의 변화는 비전통 석유자원의 생산 때문에 크게 좌우될 것으로 보고 있다. 그러나, 중질유는 무거운 탄화수소 성분들이 많아 상대적으로 무겁고 점도가 높아서 쉽게 생산할 수가 없다. 또한, 대부분의 비전통 석유는 그 정제과정에서 점도가 낮고 휘발성이 높은 휘발유로 전환하기가 쉽지

20) 비전통 석유의 채굴방식에 대해서는 3장에 상세히 설명

않은 문제가 있다.

2020년 세계 천연가스의 총 매장량은 188.1조m3이다.[21] 이 통계에서는 가스전에서 태워서 버리는 양은 포함되지 않았으나 앞에서 설명한 비전통 가스와 천연가스를 액화하는 과정에서 발생되는 가스와 석탄을 전환하여 가스를 생산하는삭탄가스화 제품도 포함되어 있다.

**[도표 2-6]** 천연가스의 세계 지역별 가채연한

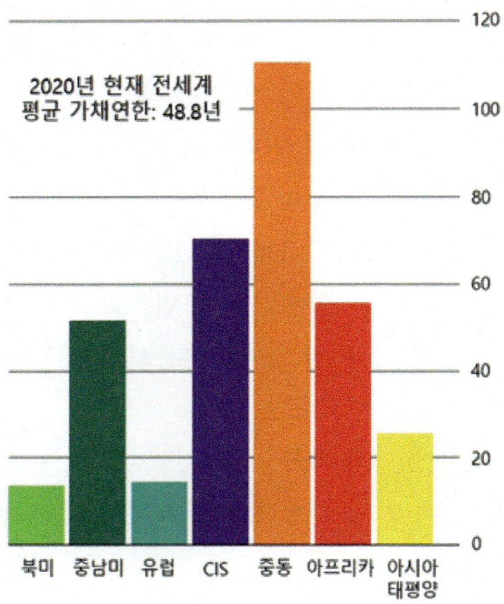


그림 2-6은 2020년 세계 지역별 해당연도 연간 생산량을 기준으로 한 세계 천연가스의 지역별 가채연한을 나타내고 있다. 2020년 현재 전 세계 평균 가채연한은 48.8 년이고 중동이 110.4년으로 최대 연한을 보이고 있고 CIS(70.5년)가 그 뒤를 잇고 있다. 국가별 생산량을 보면 러시아(37조$m^3$)를 비롯하여 이란(32조$m^3$), 카타르(25조$m^3$) 등이 천연가스의 최대 생산국가들에 속한다.

21) 부피는 15℃, 1,013 mbar 기준 표준 입방 미터 (standard cubic meters)이고 총 열량 (gross calorific value)은 40 MJ/$m^3$ 기준임.

**[그림 2-8]** 비전통 가스의 유형별 매장 특성

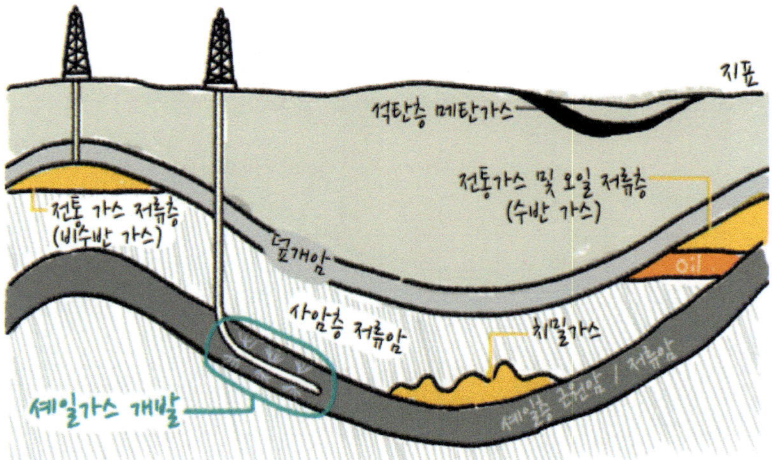


비전통 가스는 모래와 진흙이 쌓여 굳으면서 지하의 퇴적암층인 셰일층에 함유된 셰일 가스(shale gas)와 경질 암반층인 사암층에 함유된 치밀 샌드 가스(tight Sands Gas sand gas)이다. 그리고 석탄층이 형성되면서 석탄에 흡착된 석탄층 메탄가스, 영구 동토나 심해저의 저온과 고압 상태에서 천연가스가 물과 결합해 생긴 고체 연료인 가스 하이드레이트 (gas hydrates) 등도 있다.

## 2-4 원유의 생산량 한계와 전망

원유 매장량은 한계가 있고 그 수요는 기하급수적으로 늘어나기 때문에 앞에서 설명한 로지스틱 함수와 그것의 도함수를 이용하여 그 매장량이나 고갈 시기를 개별 유정이나 유전에 대하여 혹은 한 석유 생산국에 대하여 예측할 수 있다.

석유 생산의 정점이론은 원유의 생산속도가 어느 시점에서 최대에 도달하고 그 이후부터는 생산속도가 급격히 줄면서 고갈된다는 이론이다. 석유 생산 정점은 최대 생산 시점이고 그 시점에서 석유가 고갈되는 것은 아니지만 그 정점 이후에도 석유의 수요는 역시 유지되기 때문에 매장량은 급격히 떨어져서 매우 빨리 석유가 고갈된다. 그런 이유로 오일피크 이론을 보통 '석유 고갈론' 이라고도 부른다.

석유의 고갈성에 대하여 설명할 때 흔히 사용되는 방법은 1956년에 미국의 지질학자 Marion King Hubbert가 주장한 가우스 곡선을 닮은 종형 곡선이고 그 당시 허버트 곡선은 수학적 모델을 사용하지 않았으나 그 이론은 오늘의 수학적 예측 모델인 로지스틱

곡선이나 그 도함수를 나타내는 종형곡선과 매우 잘 일치한다.

**[그림 2-9]** 미국의 연간 원유 생산량과 허버트 곡선에 의한 예측

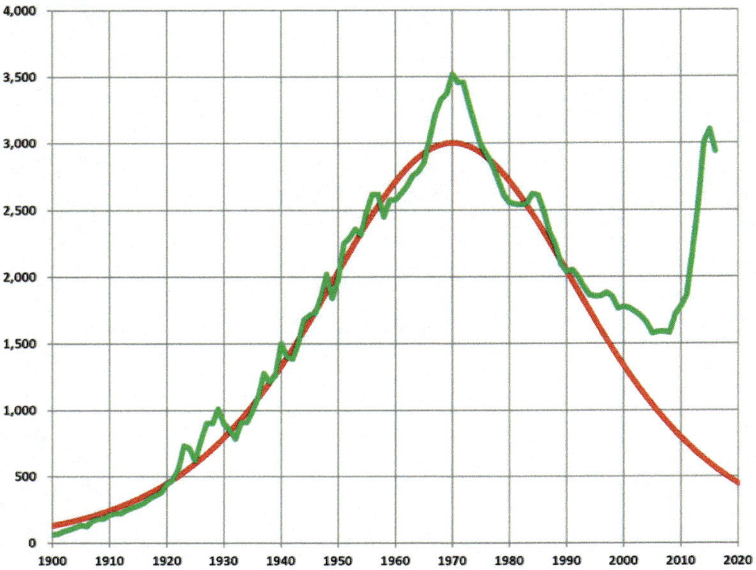


적색 : 예측 곡선
녹색 : 실 생산치

그림 2-9는 1956년도에 발표한 허버트 곡선 모델을 상향 조정하여 미국의 2016년까지의 원유 생산량을 예측한 것인데 (로지스틱 생산 증가율 6%) 실제 총 매장량 2천억 배럴과 1970년을 생산 정점으로 본 것이 잘 일치하고 있다. 허버트 예측에서 벗어나는 2010년 이후의 급격한 상승은 새로운 채굴기술의 개발로 생산한 즉, 추가 발굴에 의한 생산량인데 이런 추가 발굴된 원유의 생산량 예측도 역시 허버트 곡선으로 생산 정점 예측이 가능하다.

원유의 수급은 공급자원이 수요를 충당하지 못하는 즉 공급에 의한 통제를 받기도 하지만 (supply controlled) 원유를 대체할 수 있는 다른 에너지 자원 (예: 재생 에너지)이 많이 공급되거나 현재까지 석유를 소비하든 산업활동이 다른 에너지원으로 대체하여 (fuel switch) 가능해짐으로써 석유의 소비가 줄어드는 소비자에 의한 통제 (demand controlled)도 받을 수 있다.

원유의 공급도 향후에는 비전통적 채굴기술에 의한 '비전통 석유'가 세계적인 수급환경

의 변화에 따라 매우 장기적으로 전통적 채굴방식에 의한 원유의 고갈 량을 보완할 것이라는 관점이 우세하다. 따라서, 앞에서 설명한 그 형태가 매우 간단한 허버트 곡선에 의한 오일 정점의 개념으로는 공급량의 한계를 예측하기가 불가능하고 그 정점의 유형도 생산량의 최고점 선상에서 기복이 있는 정체기(undulating plateau)가 오랫동안 이어질 것으로 보고 있다. (그림 2-10)

**[그림 2-10]** 원유 수급의 미래 예측과 정점 곡선의 변형

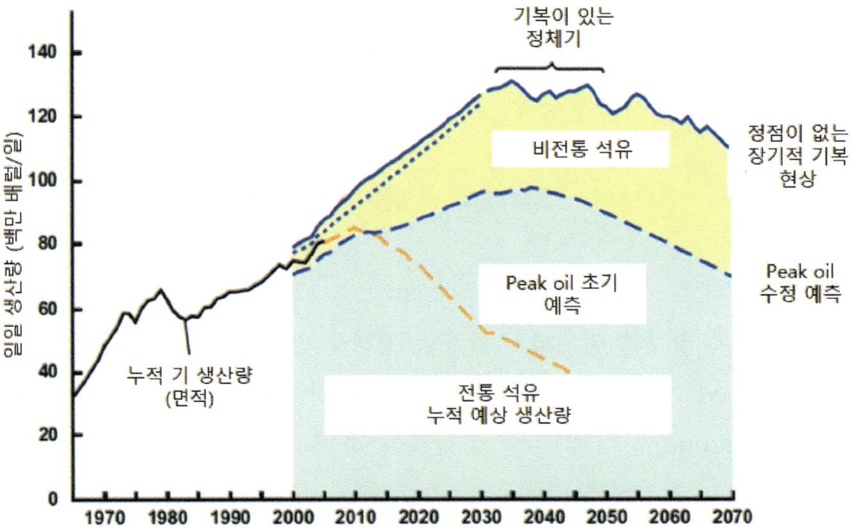


원유의 수급이 향후 수십년 안에 수요자에 의하여 통제를 받는 경우를 보면 가장 큰 영향을 주는 것은 지구온난화를 방지하기 위하여 범세계적으로 추진하고 있는 온실가스 저감대책이다. 그림 2-11은 3가지 지구 온난화가스 저감 시나리오에 따른 원유의 수요량을 예측한 것이다.

**[그림 2-11]** 세계 원유 수요량 예측 (지구온난화 가스 저감 시나리오)

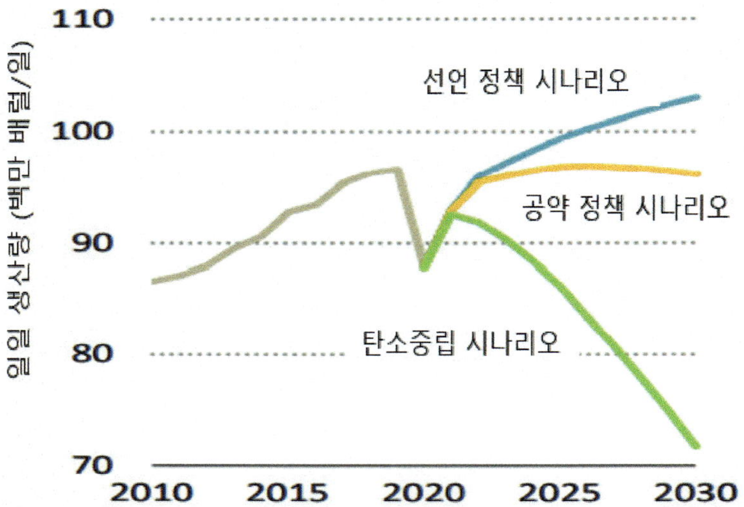


선언 정책 시나리오(Stated Policies Scenario, STEPS)는 세계 각 국가가 산업계별로 조사한 개별 정책과 국가가 현재까지 발표한 정책을 반영한 시나리오이며, 공약 정책 시나리오 (Announced Pledges Scenario, APS)는 국가 온실가스 감축 목표(Nationally Determined Contribution, NDC)[22]를 포함하여 각 국가의 장기적인 탄소중립을 목표로 하는 온실가스저감대책이 제때에 완벽히 지켜진다는 것을 전제로 한 시나리오이다. 또한, 탄소중립 시나리오 (Net-Zero 2050)[23]는 2050년도에 온실가스($CO_2$) 증가를 없애는(zero) 길을 전제로 하는 범세계적으로 설정한 목표를 전제로 하는 시나리오이다.

현 정책 시나리오에 따르면 원유의 수요가 2020년 이후에도 계속해서 상승하는 예측을 보이고 있으나 공약 정책 시나리오의 경우에는 앞에서 설명한 뚜렷한 수요의 정점이 없는 수요의 증가가 정체된 예측을 보이고 있다. 원유 수요의 급격한 감소는 탄소중립 시나리오에서 보여주고 있는데 이 때는 원유의 수요가 급격히 감소하여 2020년 수준의 약 30% 이상이 줄어드는, 매우 뚜렷한 수요자 통제 현상을 보이고 있다.

22) 국가 온실가스 감축 목표란 각 회원국이 온실가스 배출에 대한 책임과 역량을 고려하여 자발적으로 얼마만큼의 온실가스 배출을 줄일 것인지를 유엔기후변화협약에 공식적으로 제출하는 계획

23) 탄소중립은 대기 중 온실가스 농도가 인간 활동에 의해 더 증가되지 않도록 순배출량이 영(0)이 되도록 하는 것으로 '넷제로(Net-Zero)'라고도 부른다. 특정 기간에 인간 활동에 의한 온실가스 배출량이 전 지구적 흡수량과 균형을 이룰 때 탄소중립이 달성된다.

## 2-5 에너지의 수요

에너지의 수요 즉 공급량을 결정하는 두 가지 직접적인 요인은 인구 증가와 경제성장이다. 한 나라의 경제성장은 그 나라 에너지의 소비와 비례적 관계가 있는데 이는 한 국가의 재화 (소비재 및 서비스)의 생산이 반드시 에너지 투입을 바탕으로 하기 때문이다. 따라서, 에너지의 수요규모와 경제성장률은 한 국가의 경제규모, 산업구조, 국민생활 등과 밀접히 연결되어 있다.

한 국가의 경제성장과 에너지 소비량의 관계를 세부적으로 보면 그 나라의 산업 생산성, 수송, 상업 및 주거생활의 에너지 공급 형태 등에 크게 영향을 받으며, 또 그 나라의 기후 및 지리적 위치와 생활방법 등에 따라서도 매우 달라진다. 그림 2-12는 세계 여러 국가의 인당 전력 소비량과 인당 GDP[24]와의 관계를 나타낸 것이다. 인당 전력 소비는 인당 에너지 소비를 대신해서 택한 지표이다.

**[그림 2-12]** 국가별 인당 전력 소비와 인당 GDP

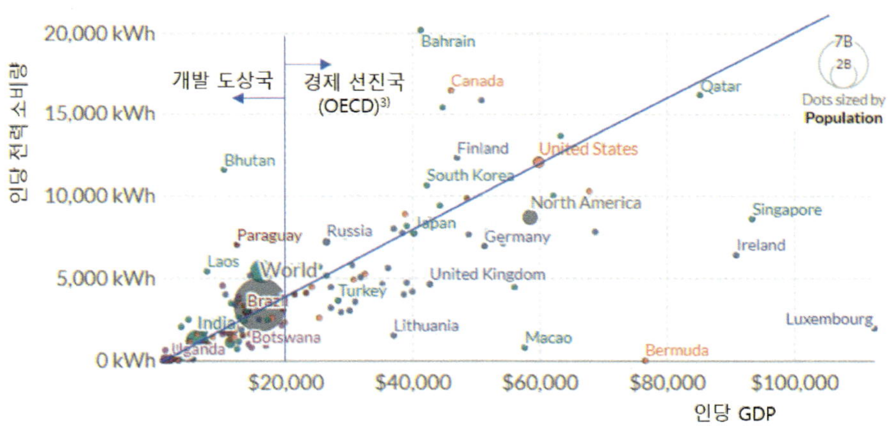


경제성장에 있어서 에너지는 매우 중요한 생산요소이며 중심역할을 하고 있다. 에너지와 경제성장 간의 상관관계는 인당 GDP와 인당 에너지 소비량 (전력 소비량)의 관계를 보면 잘 알 수 있다. 위 그림에서 보는 바와 같이 그 분산도는 크지만 인당 GDP와 인당 전력 소비량은 정비례 관계에 있다. 고도의 경제성장을 이룩한, 인당 GDP가 20,000달러가 넘는 경제 선진국(OECD 국가)들은 대부분 인당 전력 소비도 많아서 정비례선(개략적)의 우측 윗부분에 놓여 있고 중국과 인도 등 경제개발 도상국들은 그 반대로 좌측 아

24) GDP, Gross Domestic Product, 국내총생산

래부분에 집중되어 있다.

특정 국가의 경우를 비교해 보면 인당 GDP가 약 $2,300인 인도는 인당 GDP가 $70,000가 넘는 미국에 비하여 인당 전력 소비량이 1/6에 불과한 수준이다. 또한, 좌측 하단의 끝부분에는 현대적 에너지의 혜택을 받지 못하는 국가들이 있다.

한 국가의 에너지 소비는 경제성장을 뒷받침하는 산업구조에 따라서도 매우 다르다.

산업구조가 일정 GDP 성장에 필요한 에너지 소비를 다른 국가에 비하여 많이 하는 국가는 에너지의 집약도가 높은 산업구조 즉, 에너지 집약적 산업을 많이 가지고 있다는 뜻이다.

한 국가의 산업이 에너지를 많이 소비하는, 예를 들어 석유 · 화학 · 철강 등의 중화학공업, 제조업 중심 산업이면 에너지 집약도가 높으나 고도의 과학기술이 바탕이 되는 즉, 부가가치가 높은 제품이나 서비스를 생산하는 산업이거나 정보 산업사회가 잘 발달되어 있으면 에너지 집약도가 상대적으로 낮다. 이런 국가에서는 경제가 발달하여도 에너지의 소비가 늘어나지 않는 소위 경제성장과 에너지 소비의 분리현상 (탈동조화 현상, decoupling)이 일어난다.

에너지 원단위 (energy Intensity) (혹은 다른 말로 에너지 집약도)는 국내총생산(GDP) 1000달러를 생산하는 데 소비한 에너지량을 의미하는데 이는 에너지 효율성(energy efficiency, 단위 에너지를 투입해서 얻어지는 GDP)에 반비례하는 지표이다.

**[그림 2-13]** 선택적 OECD 국가별 에너지 원단위

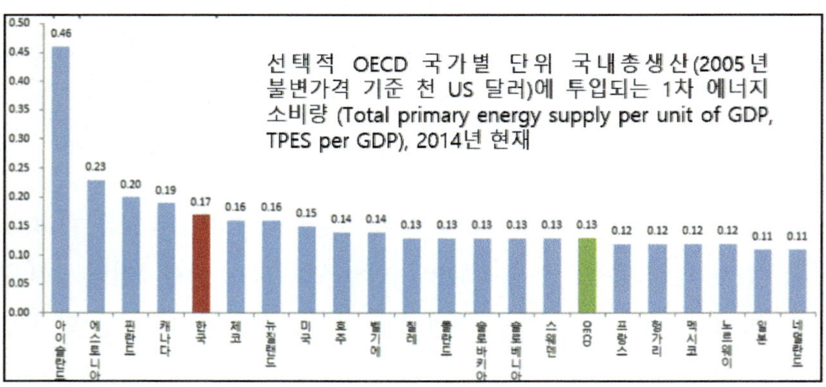


위 도표에서 보면 에너지 집약도가 OECD 국가들의 평균치보다 낮은 국가들이 있는 반면 (도표의 OECD 평균치 우측에 있는 국가들) 우리나라를 비롯한 많은 OECD 국가들은 아직 이런 경제/에너지 분리현상이 나타나는 산업구조를 위 통계 시점까지는 구축하

지 못하고 있었다는 뜻이다. 즉, 동일한 양의 부가가치를 생산하는데 다른 국가에 비하여 더 많은 에너지를 사용한다는 의미다.

또, 한 국가의 경제성장과 에너지 소비의 연관관계를 나타내는 다른 용어로 '에너지 탄성치 (energy elasticity)'라는 말을 사용한다. 이는 경제성장이 1% 늘어났을 때 에너지 소비량이 어느 정도 증가하는가를 나타내는 비율로서 보통 에너지 소비의 증가율을 실질 경제성장율로 나눈 값이다. 따라서 일반적으로 에너지사용의 효율이 높을수록 에너지 탄성치는 작게 된다.

기원전 인류가 생명을 유지하기 위하여 태양 에너지와 동물의 노동력에 의존하여 초기 농경 생활을 했을 때는 지구의 인구는 매우 적었다. 지구 인구가 획기적으로 증가한 때는 인류가 천연 에너지 자원, 즉 석탄, 석유, 천연가스 등을 발굴한 이후다. 이러한 화석연료는 처음에는 증기기관을, 그 후에는 내연기관을 가동하는데 사용되어 대량의 산업재화가 한 공장에서 생산되고 이를 빠를 속도로 원거리로 수송되는 것을 가능하게 하였다.

이런 생산성의 빠른 증가는 1850년경 산업혁명이 시작된 이후 화석 에너지를 대량으로 이용한 대형 발전소가 생겨나고 전기가 시간과 거리의 제한이 없이 공급되면서 기계적 산업생산이 지구의 어느 곳에서나 가능하게 되었고 결국 식량뿐만아니라 재화 및 서비스 생산이 극적으로 증가하였다.

지난 70년 동안 인류는 그 이전 1만여 년 기간보다 더 많은 에너지를 사용했다. 알려진 바에 따르면 1950년 이후 세계 인구와 에너지 소비 및 생산성이 폭발적으로 증가하여 전 인류가 사용한 에너지 소비량은 총 22 zetta Joule ($10^{21}$Joule)로 전체 인류역사에서 사용된 총 에너지의 60%에 해당되는데 이는 인당 연간 약 61 giga Joule (2톤의 석탄 소비)에 해당되는 양이다.

그림 2-14에서 보면 세계 인구의 증가율은 1950년 이후 급격히 증가했다가 점차 그 증가세가 둔화되어 인구가 약 80-90억 명이 되는 시점, 즉 2030년 경에 가서야 증가율이 1 이하로 떨어지면서 인구의 증가가 그 정점을 지나고 감소세로 될 전망이다.

**[그림 2-14]** 세계 인구의 증가와 인당 에너지 수요

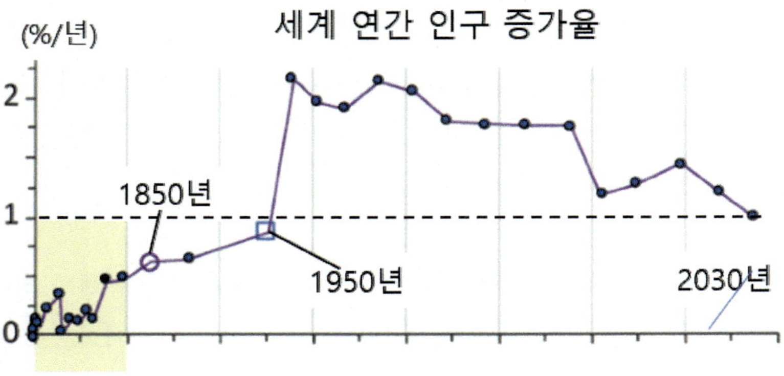


경제개발 수준에 따르는 국가권역별로 에너지 소비량을 보면 에너지 소비량이 북미, 유럽, 일본 등 몇 개의 선진 국가 혹은 국가군에 편중된 현상이 있으며, 각 권역의 경제개발과 에너지 수요특성에 따라 그 분포의 현재와 미래가 많이 달라진다. 예를 들어, 미국, 유럽 및 일본 등의 선진국 권역에서는 에너지 효율화 혹은 산업구조 변경을 통해서 1인당 에너지소비 수준이 감소하지만 세계 인구의 절대 다수를 차지하는 중국과 인도의 경우 에너지 소비를 줄이는 전환이 이루어지지 않아서 1인당 에너지 소비 수준은 대폭 늘어날 것으로 본다. 그에 따라 전세계 에너지 수요는 전체적으로 많이 늘어나면서 현재 에너지 다소비국과 에너지 저소비국의 1인당 소비 수준의 격차는 미래에 점차 좁혀질 것으로 전망되고 있고, 인당 에너지 소비량을 기준으로 정리된 국가군의 분포도 달라진다.[25)]

25) 세계 에너지현안 인사이트 제17-3호, 에너지경제연구권, 2017

**[그림 2-15]** 권역(국가)별 1인당 에너지 소비 변화 (2016~2040년)

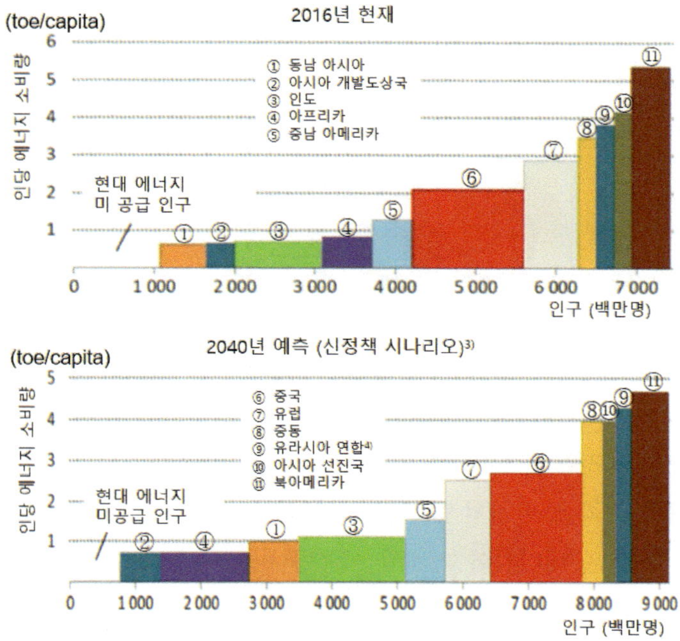


인류사회의 문명발달에 따라 주로 사용한 에너지 자원의 종류별 변화를 보면 산업혁명 이전에는 주로 나무를 땔감으로 쓰거나 원시적 수력, 풍력, 그리고 유럽에서는 11~12세기부터 석탄이 사용되기 시작하였었지만, 산업적 이용규모는 아니었기 때문에 이 시기를 에너지의 이용 관점에서 보면 산업화 이전 시기(pre-industrial era)'라고 볼 수 있다. 산업화 이후부터 오늘에 이르기까지 인류의 경제사회를 지탱하고 있는 에너지원의 종류별 점유율을 보면 도표 2-16과 같다.

**[도표 2-16]** 세계 1차 에너지원 별 수요변화 (신속 전환 시나리오)

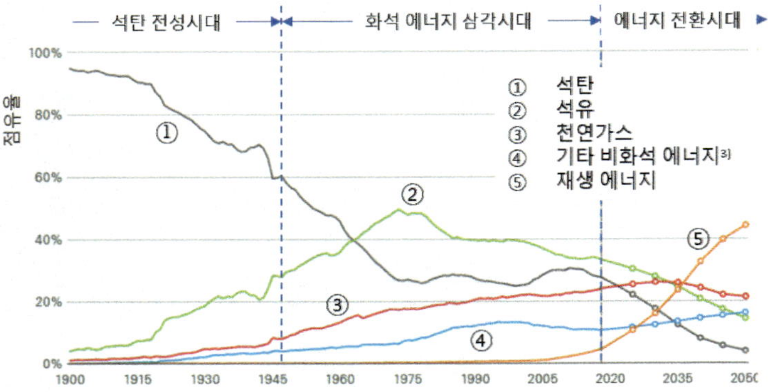


에너지를 산업적 규모로 이용한 시기는 18세기 중반부터 였으며, 이때 영국에서 시작된 기술의 혁신과 대규모 제조 공정의 등장으로 산업혁명(industrial revolution)이 일어 났고 석탄이 증기기관과 같은 에너지의 기계적 이용을 이끌면서 대규모로 이용되어"석탄 전성시대'를 열었었다. 석탄은 이 시기에 대부분의 가정연료와 산업용 에너지를 감당하면서 유럽에서는 '검은 금 (black gold)' 이라는 별명으로도 불리었다.

그 후 19세기 중반 미국의 '오일 러시'(oil rush)와 20세기 중반 중동에서 유전이 발견되어 석유는 자동차와 항공기 연료로 급속히 확산되었다. 또, 1800년대 말에는 미국에서 천연가스를 공급할 수 있는 유전이 발견되었고 1960년대에 액화 천연가스가 보급되면서 석유와 천연가스는 석탄과 함께 화석에너지의 삼각구도가 되어 오늘날까지 이어지고 있다.

20세기 초기에 원자력을 평화적으로 사용하기 시작하여 석탄, 석유, 천연가스와 함께 중요한 1차 에너지원이 되었으나 원자력은 오늘날까지도 일부 선진국에 국한되어 있어서 범세계적으로는 세가지 화석 에너지원이 주류를 이루어 오늘날까지 이어지고 있다.

그러나, 석유와 천연가스는 이를 공급할 수 있는 보유국이 지역적으로 매우 편중되어 있고 그 가채연한이 몇 세대 앞으로 내다 보이는 위기에 있다. 또, 현 세대 에너지 문제의 최대 핵심인 기후변화에 대응하기 위하여 전 세계적으로 추진되는 저탄소 에너지 정책이 향후 세계 에너지 수급에 근본적인 구조변화를 가져와서 현재는 글로벌 에너지 체계를 재편성하는 에너지 전환시대 (energy transition)를 맞이했다.

이런 에너지 전환시대에는 전통적인 탄화수소 에너지원 (석탄, 석유 천연 가스)은 2020년 이후 재생 가능 에너지로 신속하게 대체되고 2040년 이후는 전 세계 탄화수소 에너지가 절반으로 줄어들면서 비 탄화수소 에너지가 그 자리를 메꾸면서 주된 역할을 할 것으로 보고 있다. 그리고 향후의 에너지 수요구조(energy mix)는 재생 에너지원이 매우 다양하고 지역적으로 한계가 없고 또 그 이용구도도 매우 복합적이고 다각적이기 때문에 한마디로 에너지의 다원화 (multiple sources), 지역화(localization)가 형성될 것으로 보고 있다.

에너지 전환은 에너지 공급 체계를 3가지 화석 에너지원과 원자력 기반의 지속이 불가능한 길을 탈피하여 친환경적이고 비용 효과적인 재생에너지를 기반으로 한 지속가능한 방법으로 바꾸는 것을 말한다. 현대적인 개념의 에너지 전환의 정의는 독일의 외코연구소(Öo-Institut, 영어로 'Ecology Institute)에서 발간된 ' 에네르기벤데 (Energiewende, 영어로 Energy Transition)-석유와 우라늄 없는 성장과 번영' 이라는 책에서 처음으로 정리되었다.[26)]

에너지 전환의 기본적인 목적은 전력, 난방, 운송 등 경제사회에 기반이 되는 세 가지 분야에서 지속가능한 에너지 공급을 실현하는 것이다. 일반적인 정의에 따르면, 지속가능한 에너지 시스템의 에너지는 '넉넉한 양이 인간의 기준으로 보기에 오랜 기간 지속적으로 공급되어, 현재의 생활양식을 유지할 수 있을 뿐 아니라 차세대에서도 동일한 여건을 달성하기에 충분한 것'이라는 개념을 기반으로 한다. 이는 에너지전환이 화석연료 이전의 시대로 회귀하는 데 있는 것이 아니라, 현대인의 편리한 생활양식을 포기하지 않으면서도 환경과 자원을 비가역적으로 소진 시키지 않는 방법을 찾는 데 있음을 뜻한다.[27)] 지속가능한 에너지에 대한 더 상세한 개념과 내용은 이 책의 마지막 장에 자세히 정리되어 있다.

**[그림 2-17]** 에너지 자원의 변천

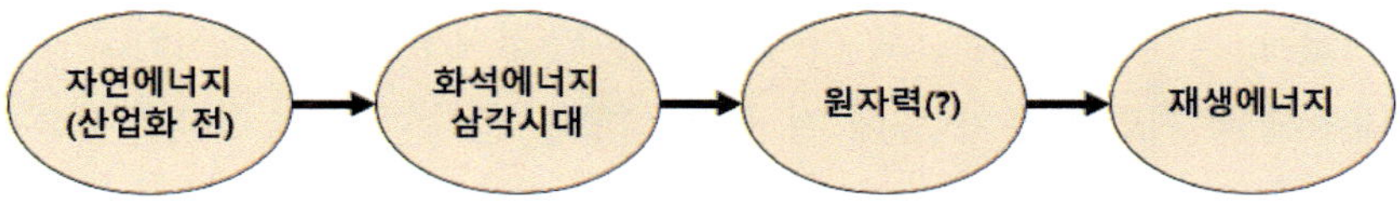


26) 외코 연구소 (Öo-Institut e. V), https://www.energiewende.de,

27) 위키백과, https://ko.wikipedia.org/wiki, 2023년 1월 접속, 일부 수정

## 2-6 에너지 자원의 가격과 비용

에너지 자원이나 다른 천연자원은 보통 모든 국가들이 골고루 보유하고 있지 못하고 지리적으로 한정된 곳에서만 생산되고 있기 때문에 세계 어느 국가에서나 생산될 수 있는 재화나 서비스의 가격이 통상적인 수요, 공급의 원리 즉, 시장원리에 따라 결정되지 않는다. 에너지의 가격은 에너지를 수출하는 국가에서 정하는 가격(예: OECD에서 결정하는 중동의 원유 가격)과 이를 수입하고자 하는 국가의 의사에 의하여 결정되는 것이지만 통상적인 시장원리에 위배되는 경우도 있다.

1970년대에 있었던 두 번의 석유파동은 중동 전쟁 당시 아랍 산유국들이 원유 공급을 중단하였기 때문에 세계적으로 석유 가격의 불안정을 초래하여 세계 경제가 큰 혼란에 빠졌든 사건이었다. 1차 오일쇼크는 1973년 10월 중동전쟁 발발 이후 페르시아만의 6개 산유국들이 가격인상과 감산에 돌입하여 석유가격이 폭등한 것을 말한다. 또한, 2차 오일쇼크는 1978년부터 1980년까지 이란 혁명으로 석유 생산을 대폭 감축하고 석유수출을 전면적으로 중단해서 석유의 공급이 부족해지자 국제 석유 가격이 급상승했던 것이었다. 이런 지정학적 불안으로 인한 오일쇼크 또는 유류파동은 에너지의 가격이 완전히 다른 환경에 의하여 결정된다는 것을 보여준 역사적인 사례이다.

에너지 가격의 상승은 일반적으로 비산유국들의 경제성장을 둔화시키고 물가상승률을 높임으로써 국내외 경제 전반에 걸쳐 부정적인 영향을 미친다. 즉, 유가가 상승하면 소비자는 석유 이외 품목에 지출할 수 있는 소득이 줄어들어 소비를 축소하게 되고, 기업은 생산비용이 늘어나고 이익이 줄어듦에 따라 투자를 축소하게 된다. 또한 유가 상승은 제품가격을 상승시켜 전반적인 물가 상승과 이에 따른 금리 상승을 야기하며, 금리 상승은 다시 소비지출과 기업투자의 감소로 이어질 것이다. 경제성장을 둔화시키고 실업률, 소비자 물가, 내수시장, 기업의 투자 등에 걸쳐 악 영향을 준다. 급격한 유가상승은 에너지 수입국의 인플레이션을 초래하고 주가가 폭락하고 금리가 오르는 등 경제성장세가 크게 둔화되는 스태그플레이션으로 이어질 수 있다.

**[그림 2-18]** 국제 유가 상승의 국내외 경제 파급 경로

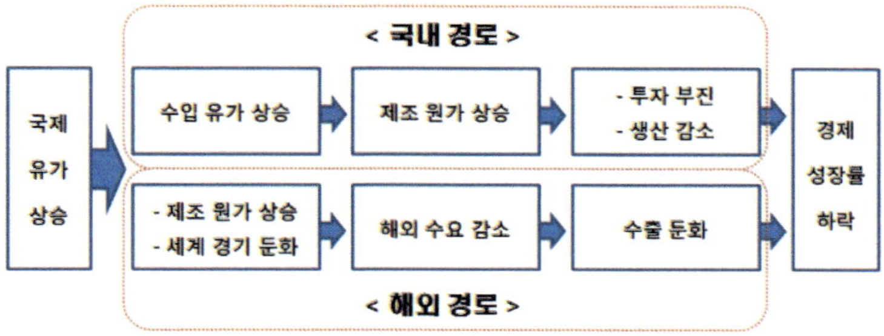


석유가격의 상승이 세계 경제에 미치는 영향을 나타내는 지표를 '석유부담율' 이라고 하는데 이 지표는 전 세계 GDP(국내총생산)에서 석유 지출액이 차지하는 비율 즉, 석유 지출액의 GDP에 대한 백분율을 가리킨다.

GDP 성장률보다 국제 유가 상승 속도가 빠르면 석유부담율이 높아진다. 석유부담율이 높아지면 경제에 석유비용 지출로 인한 부담이 커진다. 국제에너지기구(IEA)는 석유부담율이 5%를 넘어서면 세계 경제에 '오일 쇼크'가 온다고 판단하고 있다. 1979년 '2차 오일 쇼크' 때 처음 5%를 넘어 1980년 8%까지 치솟았으며, 2008년 '3차 오일 쇼크' 때도 5%를 넘었었다.

그림 2-19는 세번의 석유파동이 있었던 1970년대부터 2008년 사이에 인플레이션을 고려한 실질 국제 유가와 석유부담율을 나타내고 있다.

**[그림 2-19]** 국제 유가와 석유부담율(oil price burden)

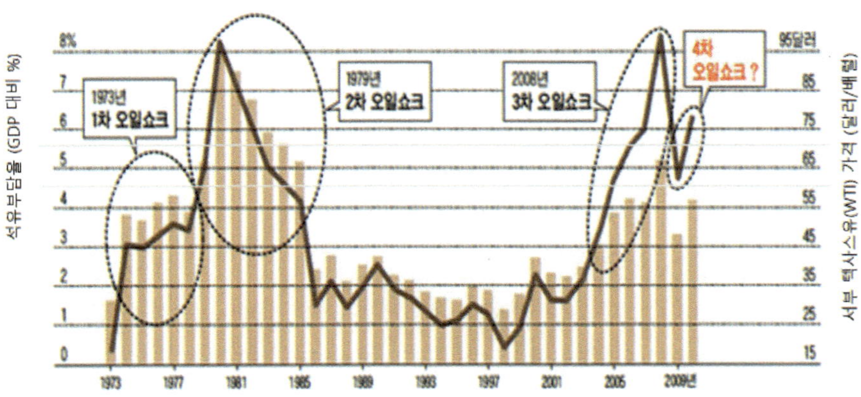

에너지의 비용은 기업이 일반적인 재화나 용역을 생산할 때 발생하는 비용과는 다르다. 에너지의 비용은 내부비용(internal costs) 즉 직접비용(private costs)에 외부비용(external costs)을 합한 비용을 말하며 이를 에너지의 사회적 비용 (social costs)이라고 한다. 내부비용은 원료, 연료비 등 소비재 비용과 노무비를 포함함 운영비(operating costs)와 투자비(capital costs)를 포함하지만 에너지의 외부비용은 꽤 복잡한 비용구조를 가지고 있으며 대표적으로 아래와 같은 비용을 들 수 있다.

**에너지의 외부비용 (External costs of energy)**

- 차세대 보상비용 (cost to future generation)
- 환경 비용 (cost to environment)
- 보건 비용 (health costs)
- 재생 에너지 지원 비용 (cost to development of alternative Energy)

경제용어에서 외부효과(externalities)란 어떤 경제주체의 생산 또는 소비활동이 다른 경제 주체의 생산 또는 소비에 영향을 주지만 이렇게 발생한 편익이나 비용에 대한 보상이 이루어지지 않은 현상을 의미하며, 외부효과는 다시 편익을 주는 긍정적 외부효과와 비용이나 손실을 초래하는 부정적 외부효과로 구분된다.

즉 외부효과는 외부비용과 외부편익 (external profit)을 합한 것을 말하며, 외부효과는 또 편익을 주는 긍정적 외부효과와 비용이나 손실을 초래하는 부정적 외부효과로 구분한다. 외부효과는 사람 혹은 한 기업의 직접적인 경제행위가 제삼자의 경제적 후생에 영향을 미치고 그에 대한 보상이 이루어지지 않는 외적인 효과를 말하며 이때 보상이 이루어지지 않는다는 것은 외부효과가 시장에 반영되지 않는다는 것을 말한다. 외부효과는 자원배분의 효율성을 왜곡시키기 때문에 정부의 시장개입이나 조세제도를 정당화 한다.

예를 들어서 직물기업이 직물을 생산하는 과정에서 발생한 오폐수를 근처 하천에 방류해 오염시키는 경우에 발생하는 외부효과는 직물 생산으로 인한 오폐수가 하천을 오염시켜 인근 주민들에게 악취와 두통과 같은 건강을 해치는 부정적인 결과를 야기하는 것을 말한다. 하지만 주민들이 두통약을 구입해야 하고 오염된 하천을 전과 같은 청정도로 유지하기 위해서 정화작업을 벌여야 함에도 직물기업은 이에 대해서 비용을 치르지 않는다. 이러한 추가적인 비용이 직물 가격에 포함되지 않는다는 점에서 외부효과는 시장 가격 결정과정에 영향을 미치지 않고 있다고 말한다. 따라서 해당 기업이 생산된 직물을 직물 시장에 내놓을 때에 고려하는 사적인 비용(private cost)보다 하천 오염으로 발생한 비용까지 고려한 사회적 비용(social cost)이 더 크다.

그러나, 어떤 경재활동은 제삼자에게 이익을 주는 경우도 있다. 예를 들어 교육활동에서 교육을 받은 근로자는 생산성이 더 높은 활동을 하게 되고 이에 따라 더 높은 임금을 통해 교육의 편익을 누린다. 그러나 교육은 이런 사적 편익을 넘어 긍정적 외부효과(외부편익)를 창출하기도 한다. 예를 들어 교육을 받은 사람들은 현명한 투표자가 되어서 국가는 보다 나은 정부를 갖게 되고, 교육수준이 높아지면 범죄율이 낮아지는 외부효과가 나타난다. 또, 국민들이 교육을 받으면 과학기술 지식의 진보와 파급이 촉진되어서 국가의 생산성이 높아지고 따라서 대외 경쟁력이 높아진다.

환경문제 혹은 에너지 문제의 본질은 부정적 외부효과의 발생에 있는데, 이 경우 재화 생산의 사회적 비용이 사적 비용보다 외부비용 만큼 더 크다. 이 경우, 위와 같이 사회적 최적 생산량이 시장균형 생산량보다 작다. 이런 경우 외부비용에 합당한 규제를 통하여 시장균형 생산량을 사회적 최적 생산량 수준으로 낮추어 주는 것이 필요하다. 이러한 제도적 활동은 궁극적으로 자원배분의 효율성을 지향하며 이런 것을 '외부효과의 내부비용화 (internalizing an externality)'라고 한다. 예를 들어 환경문제에 적용되는 원인자 부담원칙 (polluter pay principle)이 여기에 속한다.

반대로 어느 재화가 긍정적 효과를 창출할 경우 그 재화의 사회적 가치는 사적 가치를 외부 편익 만큼 초과한다. 따라서 사회적 최적 생산량은 시장 균형 생산량보다 많다. 이런 경우 외부편익에 대한 합당한 보조를 통하여 시장 균형 생산량을 사회적 최적 생산량 수준으로 높여주는 것이 필요하다. 대표적인 긍정적 효과의 예는 기술파급효과 혹은 앞에서 말한 교육의 효과를 들 수 있다.

부정적 외부효과 = 시장 균형 생산량 > 사회적 최적 생산량
긍정적 외부효과 = 시장 균형 생산량 < 사회적 최적 생산량

**[도표 2-20]** 부정적 외부효과와 긍정적 외부효과

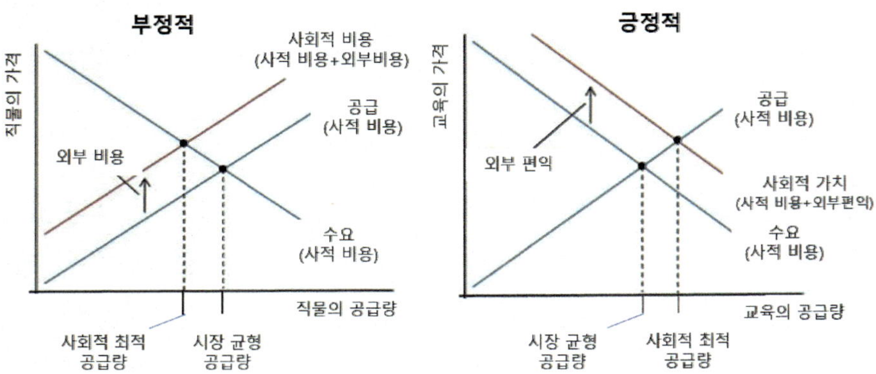


에너지 수급에 있어서는 흔히 에너지의 시장가격은 외부비용에 비하여 빙산의 일각에 불과할 수가 있다. 개인에게는 환경공해 문제와 균형에 맞지 않는 조세제도에 의한 경제적 피해 그리고 보험과 사회적 활동에 들어가는 비용 등이고, 국가로 보면 공해방지 비용이나 그와 관련된 정치적 비용 그리고 지구 온난화, 산성비, 황사현상에 대한 대책을 포함해서 전세계적으로 추구하는 삶의 질을 개선하는 비용 등이 에너지의 시장가격보다 훨씬 더 많아 빙산의 물에 잠긴 부분에 비할 수 있다.

# 참고문헌/인용자료


**그림 2-2 미래 예측 시뮬레이션 사례**

- The limits to Growth, Universe Books, New York, 1972

**그림 2-4 로지스틱 곡선의 도함수(미분치)**

- 알기 쉬운 산업수학 (산업수학혁신센터, 2023년 1월 접속) 외 다수의 공개된 수학적 지식을 인용 편집

**도표 2-1 세계 지역별 석탄 매장량 점유율**

- BP Statistical Review of World Energy 2021 (통계수치는 2020년 현재)

**그림 2-7 석유의 매장 광상**

- 에너지학 개론, GS 칼텍스, 2018, http://gscaltexmedishub.com

**도표 2-2 세계 지역별 석유 매장량 점유율**

- BP Statistical Review of World Energy 2021 (통계수치는 2020년 현재)

**도표 2-3 세계 지역별 천연가스 매장량 점유율**

- BP Statistical Review of World Energy 2021 (통계수치는 2020년 기준)

**도표 2-4 석탄의 세계 지역별 가채연한**

- BP Statistical Review of World Energy 2021 (통계수치는 2020년 현재)

**도표 2-5 석유의 세계 지역별 가채연한**

- BP Statistical Review of World Energy 2021 (통계수치는 2020년 현재)

**도표 2-6 천연가스의 세계 지역별 가채연한**

- BP Statistical Review of World Energy 2021 (통계수치는 2020년 현재)

**도표 2-8 비전통 가스의 유형별 매장 특성**

- 에너지학 개론, GS 칼텍스, 2018, http://gscaltexmedishub.com

**그림 2-9 미국의 연간 원유 생산량과 허버트 곡선에 의한 예측**

- Wikimedia Commons, US Energy Information Administration website와 US Geological survey publications 인용

**그림 2-10 원유 수급의 미래 예측과 정점 곡선의 변형**

- P. M. Jackson and L. K. Smith, http://royalsocietypublishing.org, Sources: peak oil after all others IHS CERA internal data

**그림 2-11 세계 원유 수요량 예측 (지구온난화 가스 저감 시나리오)**

- Global Energy and Climate Model, IEA 2022

**그림 2-12 국가별 인당 전력 소비와 인당 GDP**

- Our World in Data based on BP Statistical Review of World Energy (2022), Data compiled from multiple sources by World Bank

**그림 2-13 선택적 OECD 국가별 에너지 원단위**

- OECD 자료로 살펴본 세계 에너지 현황, KISTEP 통계 브리프, 한국과학기술기획평가원, 2016

**그림 2-14 세계 인구의 증가와 인당 에너지 수요**

- The Science Plus, 2023 (http://thescienceplus.com)

**그림 2-15 권역(국가)별 1인당 에너지 소비 변화(2016년~2040년)**

- World Energy Outlook 2017, IEA 2017

*** 2040년 예측 (신정책 시나리오)**

- 신정책 시나리오는 World Energy Outlook 2017의 핵심 시나리오로 주로 선진국이 이미 추진하고 있는 주요 에너지 전환정책 뿐만 아니라 국제적 협의에 의해서 추진되는 공식적인 목표 (예: 파리기후협약 이행을 위해 제시한 자발적 온실가스 감축공약 등) 및 적용이 임박한 에너지기술 등을 고려하여 전망한 시나리오를 의미함.

**그림 2-16 세계 1차 에너지원 별 수요변화**

- Energy Outlook 2020, BP

*** (신속 전환 시나리오)**

- 신속 전환 시나리오(Rapid Transition Scenario)는 탄소배출 감소를 위한 일련의 중요한 정책을 추진하는 경우이며, 탄소 가격의 상승과 탄소 배출을 2050년까지 약 70% 감소하기 위한 주요 정책 및 그 목표를 근거로 하는 경우이다. 여기에 또한 2100년까지 지구 평균기온을 산업화 이전보다 섭씨 2도 더 상승하는 것으로 제한하는 조치로 인한 일관된 정책을 감안한 경우이다.

**그림 2-18 국제 유가 상승의 국내외 경제 파급 경로**

- 현안과 과제, 현대경제연구원, 2014

**그림 2-19 국제 유가와 석유부담율 (oil price burden)**

- IEA, 2011

**도표 2-20 부정적 외부효과와 긍정적 외부효과**

- Jonathan Gruber, Public Finance and Public Policy, 2007

Chapter 03

# 재생에너지와 지원정책

- 재생에너지란 무엇인가
- 재생에너지의 종류
- 재생에너지 자원의 잠재량
- 재생에너지 자원의 이용량
- 온실가스 저감정책과 재생에너지 지원제도
- 세계 에너지 문제의 초점

## 3-1 재생에너지란 무엇인가?

전 세계 인구의 약 80%는 필요한 에너지를 실질적으로 수입하는 국가에서 살고 있고 이는 약 60억 인구가 타 국가로부터 수입하는 화석에너지에 의존하면서 살고 있다는 말과 같다. 이에 반하여 재생에너지는 세계 어느 국가에서나 생산이 가능하다.

재생에너지(renewable energy)란 자연의 순환현상 혹은 지구의 활동으로부터 얻을 수 있는 에너지 즉 햇빛, 물, 지열, 생물유기체 등과 같이 무한한 양을 자원으로 하는 비 고갈성 에너지를 말하며 그래서 '자연에너지'라고도 부른다. 그리고, 재생에너지는 앞 단원에서 다룬 그린에너지와 동일한 개념으로 말하기도 하나 그린에너지의 범위는 재생에너지의 범위에 비하여 더 넓다. 또, 재생에너지를 '청정에너지' 혹은 '친환경 에너지'와 동일한 개념으로 혼용하는 경우가 있으나 이 용어 또한 그 범위로 볼 때 재생에너지보다 더 넓은 개념이다.

간혹 한 국가의 정책이나 에너지 지원제도를 수립할 때 '신 · 재생에너지'라는 용어를 사용하는데 신 · 재생에너지는 신에너지와 재생에너지를 합해서 사용하는 용어이다. 신에너지는 '현재까지 보편적으로 사용하지 않던 에너지 혹은 에너지 기술'이라는 뜻으로 사용되며 주로 에너지의 새로운 이용방법이나 기술을 정책적으로 지원할 때 사용하는 말이다. 우리나라에서는 새로운 에너지 매체로 이용하는 수소에너지와 그 이용방법 그리고 기존의 화석에너지를 변환시켜 사용이 더 편리하고 공해가 더 적은 방법으로 이용하는 석탄액화, 석탄 가스화 연료 등이 포함되어 있다.

재생에너지의 종류는 태양 에너지(태양광 혹은 태양전지, 태양열), 풍력, 수력, 해양 에너지 (파력, 조력), 지열 에너지, 바이오 에너지 등이 대표적이다. 간혹 생활 혹은 도시폐기물을 소각하여 얻어지는 열이나 건류(열분해) 혹은 가스화를 통하여 얻어지는 연료를 재생에너지에 포함하는 경우가 있으나 폐기물 에너지는 그 원천에 따라 재생 가능한 에너지 자원일 수 있지만 많은 경우 그렇지 못한 폐기물도 포함되어 있다. 예를 들어 폐기물이 자연순환 작용으로 얻어지는 목재 패기물과 같은'바이오 에너지'의 일종이면 재생에너지에 속하지만 폐플라스틱과 같이 화선연료를 자원으로 하여 얻어지는 에너지원은 여기에 속하지 않는다.

재생에너지는 다음과 같은 이유에서 현 사회에 매우 중요한 문제이기 때문에 세계 각국에서 필수적 정치현안으로 다루어지고 있고 기술개발, 시장 형성 혹은 보급 확대를 위한 지원제도를 수립하고 있다.

- 화석에너지의 고갈문제와 환경문제를 해결할 수 있는 방안
- 유가불안정에 대비한 에너지자원의 다변화
- 지구온난화에 대비한 비 탄소원 에너지의 이용
- 에너지의 중앙공급식 방식에서 지방분산화 방식으로 전환
- 국가의 에너지 수입 의존도를 낮추기 위한 국내자원의 이용

재생에너지의 공통적인 장점은 비 고갈성이고 친환경적이라는 것 외에도 지구 전체에 골고루 분포되어 있고 특히 현재의 경제 시스템에서 큰 의미가 없는 사막지역과 극한지역에서도 풍부한 재생에너지자원을 개발할 수 있다는 것이다.

재생에너지는 되풀이되는 자연현상에 의존하기 때문에 고갈 위험성이 있는 화석연료에 비하여 에너지자원 확보에 대한 신뢰성이 크다. 또, 재생에너지의 공급은 화석연료와 달리 무역 분쟁이나 국제 정치적 불안정의 영향을 받지 않는다.

재생에너지는 자연적으로 분산된 자원이기 때문에 오늘날 대형 발전소 혹은 대규모 산업설비를 통하여 공급되는 중앙공급식 에너지 체계의 단점을 벗어날 수 있다. 전력공급을 대형 발전소에 의존하는 경우에는 대규모 환경오염 뿐만 아니라 대형사고에 대한 위험성이 크고 (예: 석탄발전소의 공해, 원자력 발전소의 사고 등) 전력을 소비자에게 수송하는 송전설비는 또 다른 환경문제를 유발하고 장거리 송전에 따르는 전력손실도 매우 크다.

재생에너지는 세계 어느 지역에서도 자체 생산할 수 있기 때문에 특히 화석연료 등 에너지 자원이 없는 국가의 에너지 자급도를 높여서 에너지 수입의존도를 낮추고 에너지 분쟁으로부터 자유로워질 수 있다. 재생에너지는 통상적으로 소규모 단위 설비이고 따라서 대부분 중 · 소 산업체에 의하여 개발, 운영되기 때문에 지역사회에 많은 일자리를 제공하며, 비교적 산업생산이 적은 산촌, 농어촌 지역의 경제성장에도 도움을 준다.

**[그림 3-1]** 재생에너지의 장점과 단점

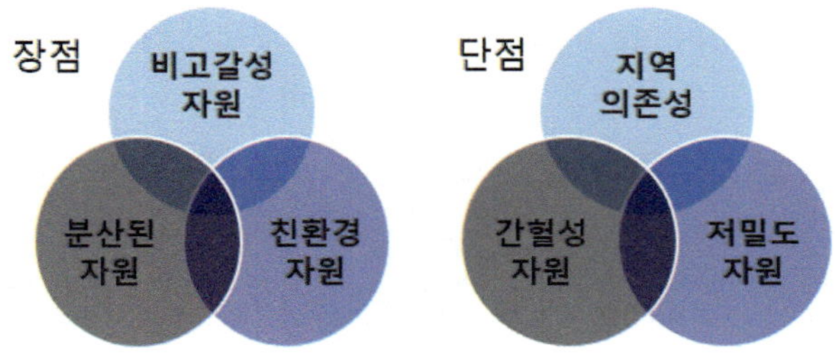

그러나 재생에너지는 기존의 화석에너지나 원자력에 비하여 그 에너지의 밀도가 낮아서 큰 면적의 토지가 필요하고 자원의 종류에 따라 발생지역이 한정되어 있다. 그리고, 자연에너지이기 때문에 필연적으로 발생지역의 계절과 날씨 그리고 주간, 야간 등의 변동에 따라 에너지의 강도가 심하게 차이가 나는 것, 즉 간헐성 자원이라는 것이 큰 단점이다.

재생에너지는 화력발전소나 원자력 발전소와 달리 연료의 투입이 없기 때문에 장기적으로는 유지와 운영을 위한 비용이 적게 들고, 가격도 화석연료와 같이 공급의 증감에 따르는 위험성이 적다. 그러나 재생에너지는 투자해야 되는 설비의 규모에 비하여 에너지의 생산량이 적기 때문에 초기 설비투자에 대한 부담이 크다. 따라서, 재생에너지 발전단가는 화력발전이나 원자력발전에 비하여 훨씬 높아서 에너지 시장에서 초기 진입장벽이 높다.

재생에너지는 또한, 운영과정에서 온실가스나 다른 화학적 오염물질을 발생시키지는 않지만 에너지의 밀도가 낮기 때문에 대용량 설비를 위해서는 넓은 토지가 필요하여 토지변경에 따르는 주변환경과 생태계에 주는 영향과 자연경관도 훼손할 수 있어서 사회적 갈등을 초래하기도 한다.

재생에너지의 화력발전에 대비한 가격경쟁력 혹은 시장경쟁력을 말할 때 재생에너지를 이용한 발전원가와 화력발전 원가의 균형을 말하는 그리드 패리티(grid parity)라는 용어를 사용한다. 그리드 패리티란 최종소비자의 관점에서 재생에너지원을 이용한 전력생산 비용이 현재 전력망에서 전력을 구매하는 가격과 균형을 이루는 점을 말한다. 즉, 화력발전과 재생에너지의 발전 원가가 같아지는 시점을 말하는데, 그리드 패리티를 달성한다는 것은 그만큼 재생에너지가 전력시장에서 경쟁력을 갖추었다는 것을 의미한다. 이는 현재 화석에너지의 이용에 따르는 '외부비용'을 시장원칙에 따라 내부화 할 경우 화석에너지에 대한 재생에너지의 가격 경쟁력이 높아지기 때문이다.[28]

그리드 패리티는 균등화 발전원가(LCOE, Levelized Cost of Electricity) 개념을 도입하여 추정해야 하는데 이 개념은 발전설비 운영기간에 발생하는 모든 비용을 수치화해서 나타낸 값이다. 여기서 모든 비용이란 태양광발전소, 석탄화력발전소 등 발전소가 운영되는 데에 필요한 비용 즉, 발전원가를 계산할 때 일반적인 비용으로 보는 투자비, 연료비, 운영비 뿐만 아니라 발전소의 운영에 따르는 환경오염대책에 대한 비용, 보험료 등 안전비용, 사회갈등에 대한 비용과 같은 각종 사회적 비용 등 모든 외부비용이 포함된다.

균등화 발전원가는 같은 양의 전력을 생산하기 위해 얼마만큼의 비용이 필요한지를 기

28) 외부비용의 내부화란 외부비용을 시장에 내부화(반영) 시킴으로써 그 비용을 유발한 기관에게 부담시키는 일종의 원인자 부담원칙이다. 화석에너지의 외부비용에 대한 설명은 2장 '에너지의 비용' 참조

준으로 여러 발전원을 비교할 때 사용되는 유용한 지표 값인데, 만약 태양광발전의 LCOE가 현재 기저발전원으로 운용되고 있는 화력발전, 원자력발전의 LCOE보다 낮다면 태양광 발전이 전력시장에서 가격 경쟁력을 가지고 있다는 뜻이 된다.

**[그림 3-2]** 재생에너지와 화력/원자력 발전의 그리드 패리티

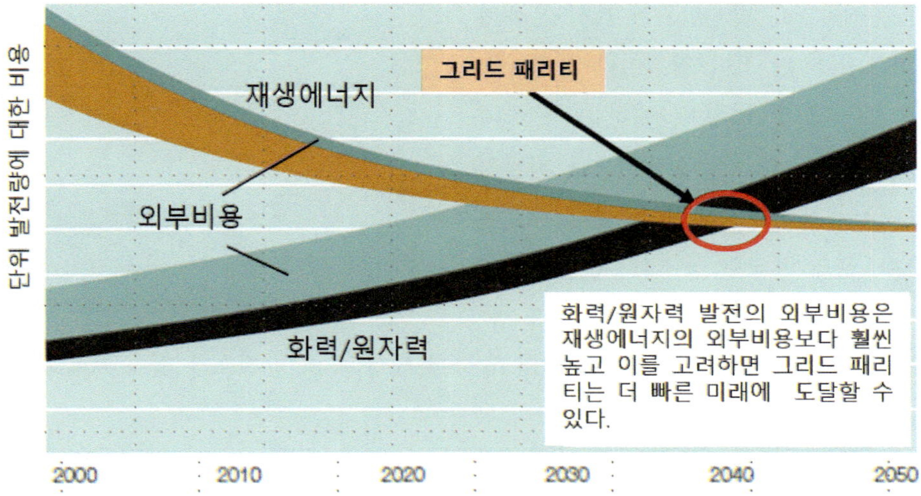


## 3-2 재생에너지의 종류

재생에너지 중에서 태양 에너지는 물론이고 수력, 풍력, 바이오 에너지, 그리고 표층 지열은 그 근원이 태양 에너지이다. 태양 에너지는 광전효과를 이용하여 직접 전기를 생산하는 태양광 에너지(태양전지)와 태양의 복사열을 이용한 태양열로 구분된다. 이 두가지 방법 모두 일조량에 영향을 받고 에너지 밀도가 낮은 것이 단점이다. 태양광 에너지의 경우 발전기가 별도로 필요치 않은 것이 큰 장점이고 가정용 소형으로부터 산업용 대용량까지 그 규모의 폭이 크다. 또, 다른 에너지원과

달리 가동설비가 없어서 소음과 진동이 없고 설비의 수명이 길다. 특히, 일조량이 풍부한 사막지역이나 열대지역에서는 태양 에너지를 대규모 단지로 개발할 수 있는 장점이 있다.

풍력은 태양열과 지구의 자전운동에 의한 공기의 운동 즉 바람의 힘이며 터빈 설비를 이용한 풍력발전은 발전단가가 태양광 에너지에 비하여 낮은 것이 장점이나 풍력자원은 고산지역, 광활한 평야, 해변 혹은 근해상에만 풍부하기 때문에 상대적으로 지역의 제한을 많이 받는다. 풍력 단지의 개발은 소음문제, 생태계 교란 등 여러가지 환경제약이 있으나 용지 점령율은 매우 낮다. 풍력은 현재 태양광 다음으로 보급량이 많고 특히 해상 풍력 발전소가 많이 보급되고 있다.

수력은 태양열에 의한 해수면 혹은 지표면상의 물(바다, 하천 등)의 증발현상과 강수, 강설현상에 의한 것이며 산지가 많고 강수량이 많은 지역에 적합하고 태양 에너지나 풍력에 비하여 에너지 밀도가 높다는 것이 큰 장점이다. 그러나 수력은 댐의 초기 건설 비용이 많이 들고 규모가 큰 저수지는 생태계를 파괴할 수 있다. 수력은 현재 재생에너지 중 최대량이 보급되었으며 세계적으로 대규모 수력발전은 대부분 개발이 완료되었으며 향후에는 소규모 수력발전에 많은 투자가 예상된다.

바이오 에너지는 태양광에 의한 탄소동화작용을 하여 성장하는 식물, 미생물등의 생물 유기체 (바이오매스, biomass)를 에너지원으로 이용하는 것이다. 바이오매스의 확보를 위해 넓은 면적의 토지가 필요하며 산림이 고갈될 우려가 있다. 목재산업에서 많이 배출되는 폐목재는 바이오 에너지의 좋은 원료가 되지만 도시, 농산지역에서 생기는 바이오매스는 전체 양은 많지만 대량으로 수집하기가 쉽지 않다. 바이오매스는 소각, 열분해 등 여러가지의 전환방법으로 열이나 가스로 전환할 수 있는 이점이 있다.

지열 에너지는 비 간헐성 에너지이며, 에너지 밀도는 다르나 어느 지역에서나 개발잠재력이 있고 발전비용도 적다. 표층지열(천부 지열)은 지표면으로부터 약 100 m 이내에 파이프 형태의 열교환 설비와 히트펌프(heat pump)를 이용하기 때문에 비교적 간단해서 주거지역이나 상업적 활동이 있는 현장에서 개발하기에 좋다. 심층 지열(심부 지열)은 깊이가 수백 미터가 넘고 지열온도가 높은 지층에 고온 열교환 설비를 설치하여 지구 심층부의 마그마열이 지표면으로 전달되는 열을 이용하는 것인데, 그래서 태양에너지가 아니다. 심층 지열 에너지는 설치비용이 높고 개발에 따른 불확실성이 높을 수 있으며 경우에 따라 지진유발과 같은 위험성도 있다.

마지막으로 해양 에너지는 파력(파도의 힘)과 조력(밀물과 썰물 즉, 태양계의 만류인력에 의한 조수간만의 차이로 얻어지는 에너지)으로 나누어지는데 조수간만의 차이가 큰 해상에서는 그 잠재력이 크지만 대규모로 큰 면적을 차지할 경우 해양 생태계를 파괴할 수 있다. 조력은 그렇기 때문에 지역에 따라 차이는 있으나 에너지 밀도가 비교적 크고 간헐성이 적어서 연중 일정한 양의 전력을 생산할 수 있다.

파력은 해상 바람의 영향으로 일어나는 파도의 힘을 이용하는 방법으로 적은 규모로는 효과적으로 이용할 수 있으나 파도가 설비에 주는 진동이 너무 커서 설비의 유지가 많이 드는 것이 단점이다.

에너지 밀도(power density)는 단위 중량당 또는 단위 부피당 에너지 양으로 연료를 비교하기 위해 사용된다. 예를 들어 석탄의 화학 반응에 의한 단위 중량당 에너지 밀도는 8kWh/kg이지만 핵반응에 의한 에너지 밀도는 24,000,000백만kWh/kg이다. 에너지 밀도를 땅의 수평면적 또는 물 표면적을 기준으로 측정하는 것은 좀 복잡한 방법이지만 각종 에너지원으로부터 전력을 생산할 때 W/m2의 단위로 비교해 보면 옆 표와 같다.[29)]

(단위: $W/m^2$)

| | |
|---|---|
| 태양광 전지 | 4~9 |
| 태양열 집광[2)] | 4~10 |
| 풍력 | 0.5~1.5 |
| 바이오매스 | 0.5~0.6 |
| 석탄발전 | 100~1,000 |
| 천연가스발전 | 200~2,000 |
| 원자력 | ~4,000 |

태양에서 지구로 입사되는 에너지의 양은 174PW(peta Watt, pitta= 1015)의 태양 복사에너지를 받는다. 이 에너지의 약 30%는 대기층에 반사되어 없어지고 약 19%는 대기에 흡수되어 그 나머지 89PW는 지구표면의 육지나 바다로 흡수된다. 이 에너지, 89PW가 1년 동안에 하는 일의 총량(에너지의 양에 시간을 곱한 것)은 약 3,900ZJ(Zeta Joule, Zeta = 1021)로써 다음의 에너지 양과 비교해 보면 방대한 양이다.[30)]

---

29) Vaclav Smil, 2010

30) 태양열을 반사판, 말구유(trough) 혹은 접시형 오목거울 등을 이용하여 집광하여 고온을 얻는 장치

-지구 전체 식물의 광합성 에너지: 3 ZJ/년
-지상 80m에서 부는 풍력에너지 총량: 2.25 ZJ/년
-전 세계 1차 에너지 소비량, 2020년 기준: 0.564 ZJ/년
-전 세계 전기 소비량, 2021년 기준: 0.09 ZJ/년

## 3-3 재생에너지 자원의 잠재량

재생에너지 자원의 잠재량(potential)을 평가하는 것은 쉬운 일이 아니다. 앞에서 설명한 바와 같이 재생에너지는 저밀도 에너지이고 지역성이 강하고 또 시간에 따른 간헐성이 매우 크기 때문에 정량적인 잠재력을 평가할 기준을 정하기가 쉽지 않다. 또, 재생에너지를 이용할 때는 이용기술이 개발되어야 하고 기술에 대한 기준이 정해져야 이용잠재력도 평가할 수 있다. 예를 들어 태양광 에너지의 경우 지표면에서 측정한 일사량이 어느 정도 이상이어야 잠재력이 있다고 볼 것인지 태양광 설비가 가능한 해수면적을 얼마로 볼 것인지가 평가기준에서 정해져야 하는데 평가하는 기관, 전문가에 따라 차이가 있을 수 있다.

풍력도 마찬가지로 풍속의 기준을 얼마로 해야 기술적 타당성이 있는지, 또는 고산지역의 어느 높이까지를 풍력 개발가능 지역으로 볼 것인지 그 기준을 정하기가 쉽지 않다. 또, 기술적인 면에서 풍력발전기의 용량을 얼마로 할 것인가에 따라서도 잠재력은 달라진다. 따라서 재생에너지 자원의 잠재량을 평가할 때 다음 그림 3-3과 같은 잠재량 분류체계를 사용한다.

**[그림 3-3]** 재생에너지 잠재량 분류체계와 정의

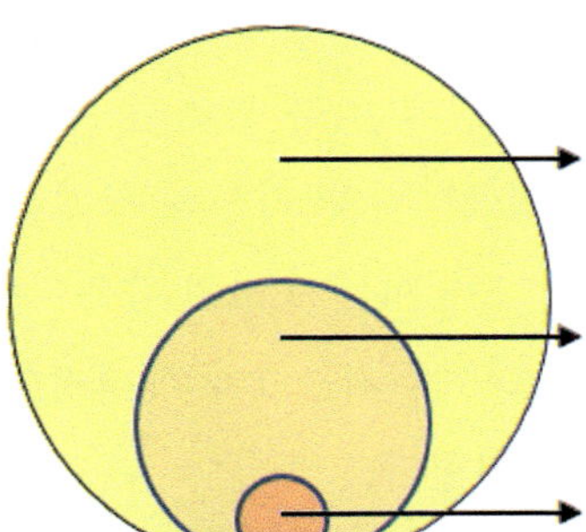

이론적 잠재량: 현재의 과학적 지식 하에서 어떠한 제약도 존재하지 않을 때 이론적으로 활용가능한 에너지의 양, 지구 전체 에너지 총량과 동일하게 볼 수 있다.

기술적 잠재량: 이론적 잠재량 중 지리적 영향요인과 기술적 영향요인을 반영할 때 활용가능한 에너지의 양

경제적 잠재량: 기술적 잠재량 중 경제적 영향요인과 정책적(지원, 규제) 영향요인을 적용할 때 실질적으로 시장형성이 가능한 에너지의 양 (= 시장 잠재량)

도표 3-1은 재생에너지의 종류별로 여러 전문기관과 전문가에 의하여 추정된 잠재량을 정리한 것인데 기술적 잠재량에 대해서는 어떤 기준에 의하여 조사된 결과인지에 대한 구체적 근거는 제시하지 않았거나 각기 다른 가운데 각 추정치의 최소, 최대 값을 비교한 것이다. 재생에너지의 이론적 총 잠재량은 143,000,000EJ/년을 넘고 기술적 잠재량은 7,500 EJ/년보다 많은 것으로 알려져 있으며 지열 에너지가 그중에서 대부분을 차지한다.

**[도표 3-1]** 세계 재생에너지의 연간 잠재량 (단위: EJ/년)

| 구분 | 기술적 잠재량<br>(최소-최대) | 이론적 잠재량<br>(에너지 총량) |
|---|---|---|
| 태양에너지 | 118-2,592 | 3,900,000 |
| 풍력 | 48-600 | 28,400 |
| 해양에너지 | 1.8-33 | 7,400 |
| 수력 | 50-95 | 130-160 |
| 바이오매스 | 27-1,500 | 3.000 |
| 지열 | 5,000<br>1.1~22 (전력) | 1,300 |
| 지열 | 14-310,000 | $140X10^6$ |

전 세계 1차 에너지의 소비량은 2020년 기준으로 연간 564EJ 이었으며 미래의 에너지 수요는 예측기관에 따라 다르지만 대략적으로 2050년에는 연간 800-1,000EJ, 2100년에는 이 양의 2배 이상일 것으로 예측되고 있는데, 이 양을 위 도표의 수치들과 비교하면 재생에너지의 기술적 이용 잠재량은 매우 방대하다는 것을 알 수 있다.

도표 3-2는 우리나라 전 지역의 재생에너지 자원 잠재량을 평가한 결과이며 정량적인 잠재량 산정을 위해 자원량(일사량, 풍력밀도 등), 지리적인 여건, 기술요소(에너지 효율, 가동률, 수거율 등), 환경적 요인 등에 관한 표준계수를 산정하고 민감도를 평가하여 산정한 자료이다. 잠재량 산출에 활용되는 자원량은 조사시점에 따라 달라질 수 있고 지리적인 여건, 기술요소, 환경성 등에 관련된 계수들도 산출시점에 따라 달라질 수 있다.

재생에너지 자원의 기술적 잠재량 산정결과를 보면 재생에너지의 기술적 잠재량은 국내 에너지 총 소비량에 비하여 연간 발전량, 최종에너지, 1차 에너지 소비량은 각각 수배에서 수십 배 이상 더 많은 것을 알 수 있다. 여기서 최종 에너지는 1차 에너지를 전환하여 열이나 전기로 직접 사용할 수 있는 에너지의 양을 말한다.

**[도표 3-2]** 우리나라의 재생에너지 자원의 기술적 잠재량

| 구분 | | 설비용량 (GW) | 연간 발전량 (TWh/년) | 최종 에너지 (TWh/년) | 1차 에너지 (TWh/년) |
|---|---|---|---|---|---|
| 태양 | 광 | 2,409 | 3,117 | 3,217 | 7,892 |
| | 열 | 4,778 | 6,181 | 6,379 | 15,650 |
| 풍력 | 육상 | 352 | 781 | 806 | 1,977 |
| | 해상 | 387 | 1,176 | 1,214 | 2,978 |
| 수력 | - | 12 | 41 | 42 | 104 |
| 지열 | 천부 | 1,256 | 932 | 962 | 2,360 |
| | 심부 | 3 | 19 | 20 | 48 |
| 바이오 | - | 10 | 72 | 74 | 182 |
| 폐기물 | - | 4 | 32 | 33 | 81 |
| 재생에너지 총 잠재량 | | 9,211 | 12,351 | 12,774 | 31,272 |
| 국내 에너지 총 소비량 | | - | 577 | 2,671 | 3,505 |

## 3-4 재생에너지 자원의 이용량

도표 3-3은 2019년도 전 세계 1차에너지의 점유율을 보여 주고 있다. 이 자료에 의하면 세계 재생에너지의 보급율은 1차에너지의 약 11.4%를 차지했고 재생에너지와 원자력을 포함한 '저탄소 에너지'[31]는 약 16%를 점유했다. 여기서 2019년 통계자료를 인용한 이유는 2020년도 이후 2~3년 동안에는 코로나 팬데믹의 영향으로 전 세계 에너지 소비량이 급격히 위축되어 그 이전 10년간의 소비추세를 비정상적으로 벗어났고 따라서 통계적 대표성이 떨어지고 있기 때문이다. 또, 재생에너지 중에서 조력과 파력을 포함한 해양에너지와 개발도상국에서 많이 이용하는 재래식 바이오매스 연료(나무 땔감)는 다른 에너지에 비하여 매우 미량이라서 위 통계에 포함되지 않았다.

31) 저탄소 에너지는 에너지원의 추출이나 이용과정에서 이산화탄소의 발생이 상대적으로 적은 에너지를 말한다. 따라서 이때의 '탄소'는 $CO_2$ 즉 이산화탄소를 말한다.

**[도표 3-3]** 2019년도 전 세계 1차 에너지원별 소비량 점유율

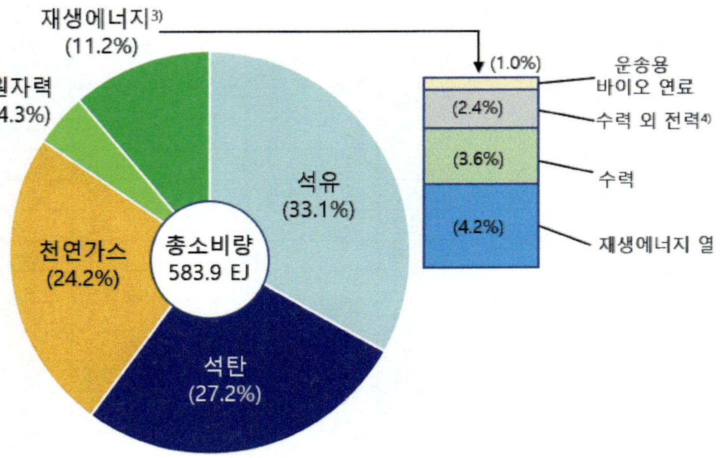


전 세계 1차에너지 총소비량은 2009년도 490.75EJ(Exajoule=1018Joule)에서 2019년도 583.9EJ로 10년 동안에 약 19% 늘어났는데 수력에너지를 제외한 재생에너지는 2009년도에 16.16EJ, 2019년도에 28.98EJ로 약 80% 늘어났다. 수력을 포함한 재생에너지의 소비량은 2009년도에 37.74EJ, 2019년도에 66.6EJ로 약 76% 늘어났다. 이는 전 세계 에너지의 소비는 아직도 석탄, 석유, 천연가스 등의 화석 연료에 주로 의존하고 있지만 재생에너지의 소비량이 급격히 늘어나서 그 의존도가 매우 빠른 속도로 커지고 있음을 알 수 있다.

도표 3-4는 1994년부터 2019년까지 25년간 전 세계 1차 에너지 소비량과 점유율(에너지 믹스, energy mix)의 추세를 에너지원별로 보여주고 있다.

**[도표 3-4]** 세계 1차에너지의 종류별 소비량과 점유율 추세(1994-2019)

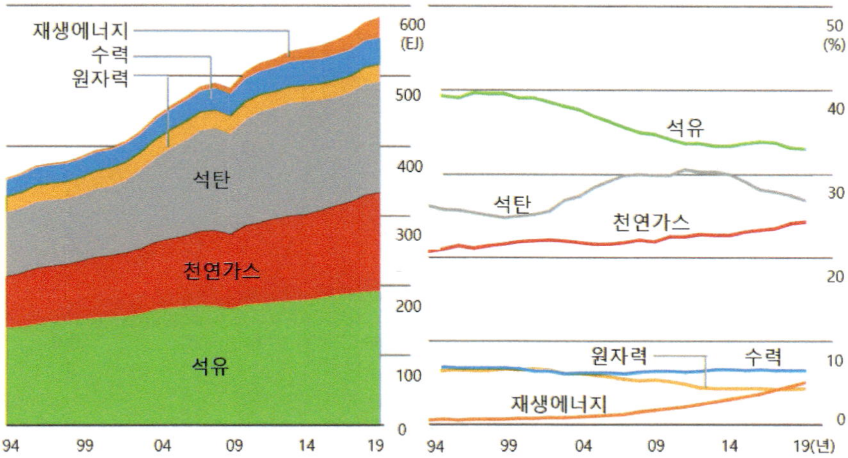


전 세계 화석에너지의 소비량은 과거 25년간 꾸준히 증가하고 있고 에너지 수요의 주축을 감당하고 있는 것은 여전한데 환경과 지구온난화에 대한 부담으로 석탄과 석유의 점유율은 점차 줄어들고 있으나 상대적으로 그런 부담이 적은 천연가스의 점유율은 늘어나고 있었다. 원자력 또한 세계 여러 국가들의 탈원전 추세로 그 점유율이 감소하고 있으나 수력에너지의 점유율은 지속적으로 유지되고 수력에너지를 제외한 다른 재생에너지의 점유율은 크게 늘어나서 세계 각국의 탈탄소[32] 정책의 방향이 재생에너지의 확대에 있음을 보여주고 있다.

향후 재생에너지의 이용은 기후변화에 관한 정부간 협의체(IPCC)[33]가 제시한 탄소중립 (Net Zero)정책에 따라 급격히 늘어날 전망인데 이 협의체는 지구기후변화 문제에 대처하기 위해 2100년까지 지구 평균온도 상승폭을 1.5℃ 이내로 제한하고 2030년까지 전지구적으로 이산화탄소 배출량을 2010년 대비 최소 45% 이상 감축하여야 하고, 2050년경에는 탄소중립(탄소발생 제로)을 달성하여야 한다는 전 세계 공통의 정책목표를 제시했다.

도표 3-5는 세계 각 나라가 에너지의 이용으로 인한 지구온난화 문제를 해결하기 위하여 탄소중립 정책을 비롯한 핵심적인 탈탄소 정책들을 수립, 추진하는 시나리오를 전제로 하여 예측한 미래 에너지 수급전망을 보여 주는 것이다.

32) 탈탄소란 에너지원 추출이나 이용과정에서 '$CO_2$ 즉 이산화탄소를 줄인다'는 뜻이다.

33) IPCC(Intergovernmental Panel on Climate Change)는 세계기상기구(WMO) 와 유엔환경계획(UNEP)이 1988년에 공동 설립한 국제기구

**[도표 3-5]** 2050년까지 화석연료와 저탄소 에너지의 보급 전망

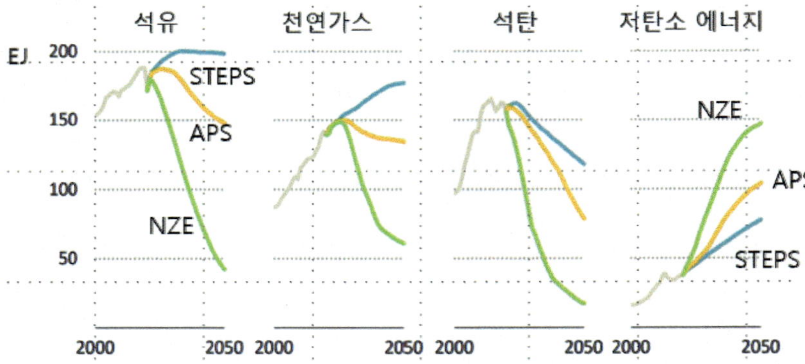


IEA에서 발표한 세 가지 시나리오(기준이 되는 가정)는 다음과 같다.

- 현정책 시나리오(Stated Policies Scenario; STEPS): 각국이 현재 시점에서 이미 추진하고 있는 정책과 조치에 더하여 현재까지 발표된 감축목표, 이미 확정된 계획 등을 고려하여 전망한 시나리오.
- 목표선언 시나리오(Announced Pledges Scenario; APS) : 개별 국가의 탄소중립 선언 및 중장기 감축목표(NDC)[34] 등을 공약한 바 데로 적절히 이행하는 것을 산정하여 전망한 시나리오
- 탄소중립 시나리오(Net Zero Emissions by 2050 Scenario; NZE) : 2050년까지 전 세계가 순배출 제로(탄소중립) 경로를 달성하고, 기온 상승폭을 1.5℃에서 유지하며, 2030년까지 에너지 접근성 목표를 100% 달성한다는 것을 전제로 한 시나리오

IEA에서는 STEPS를 기준 시나리오로 제시하고 있는데, 이 시나리오는 2021년 내에 코로나 팬데믹이 점차 해소되고 세계 경제가 그 이전 수준으로 회복한다고 가정하고 있다. 이 시나리오에서는 세부조치가 뒷받침 되어 있는 한, 현재 발표된 모든 정책의 의도와 목표를 반영하고 현재 정책 결정자들의 집행계획에 따른 결과를 분명히 보여주기 때문에 가장 실현 가능성이 높은 시나리오라고 보고 있다. 이 시나리오에서는 세계 1차에너지 수요가 2030년까지 매년 1%씩 증가할 것이며, 이 양을 재생에너지로 충당될 것으로 보고 있다. APS에서는 매년 0.2%로 증가 속도가 더욱 더디게 설정하고 있으며, NZE에서는 에

34) NDC(Nationally determined contribution, 국가 온실가스 감축목표)는 교토의정서 체제 이후 출범한 파리협정 체제에 신속하게 대응하기 위해 2030년까지 BAU 대비 몇 %를 감축하겠다는 목표이며, 이 때 BAU(Business as usual)는 기후변화에 대비하여 온실가스를 줄이는 어떠한 정책도 추가로 추진하지 않는 경우를 말함

너지효율 개선 등으로 1차 에너지 수요가 감소하는 것으로 설정하였다. 전체 화석연료의 수요는 2020년대 중반부터 2050년까지 연평균 2EJ 감소하게 되며, 지난 수십 년간 80% 내외를 차지했던 화석연료의 비중은 2030년까지 75% 아래로 떨어져 2050년에는 60% 정도의 수준을 유지할 것으로 전망했다.[35)]

## 3-5 온실가스 저감정책과 재생에너지 지원제도

2021년 현재 전 세계 거의 모든 국가에서 지구기후변화를 완화하기 위하여 온실가스 저감 정책을 도입하고 있다. 온실가스 저감정책은 국가와 지역의 특수성을 반영한 정책이기 때문에 모든 국가, 모든 지역에 공통적으로 동일하게 적용되는 정책은 없다. 따라서 현재 적용되고 있거나 개발되고 있는 정책을 연구하고 시행착오를 거치면서 자국에 맞는 정책을 수립하는 것이 보통이지만 국제적, 지역적으로 영향력이 큰 공공기관 혹은 비영리기관을 통하여 협의된 범세계적인 지침(가이드라인)에 따라 국내정책을 수립하는 것이 보통이다.

현재 범세계적으로 추진되고 있는 지원정책의 주된 기반은 세계기상기구(WMO)와 유엔환경 계획(UNEP)이 공동으로 설립한 유엔 산하 국제 협의체인 기후변화에 관한 정부간 협의체 (IPCC)의 활동이다. 전 세계 과학자들이 참여하여 작성, 6~7년 주기로 발간하는 IPCC 평가보고서(Assessment Report)는 유엔기후변화협약(UNFCCC)에서 정부간 협상의 근거자료로 활용되며, 기후변화의 과학적 근거와 관련된 전 지구적 위험을 평가하고 국제적 정책방향을 제시하여 회원국들이 그에 기반한 기후변화 정책을 수립, 이행할 수 있도록 한다.[36)] 현재까지 발간된 평가보고서는 다음과 같다.

35) 세계 에너지시장 인사이트 제22-22호 2022

36) WMO: World Meteorological Organization; UNEP: United Nations Environmental Program; IPCC: Intergovernmental Panel on Climate Change; UNFCCC: United Nations Framework Convention on Climate Change

제1차 평가보고서(1990) 유엔기후변화협약(UNFCCC) 채택(1992)
제2차 평가보고서(1995) 교토의정서 채택(1997)
제3차 평가보고서(2001) 교토의정서 이행을 위한 마라케시합의문 채택
제4차 평가보고서(2007) 기후변화 심각성 전파 공로로 노벨평화상 수상 (앨 고어 공동수상)
제5차 평가보고서(2014) 파리협정 채택(2015)
제6차 평가보고서(2022) 종합 보고서 (파리협정 이행점검을 위한 주요 자료로 활용)[37]

IPCC의 평가보고서가 범세계적인 에너지 정책에 주는 지침은 에너지 수요를 가능한 한 둔화시키면서 향후 30~40년 내에 탄소중립을 만들겠다는 목표를 가지고 그에 맞는 기술적인 준비와 투자를 이끌어야 하는 길이며 궁극적으로는 '탄소중립(Net Zero)'에 이르도록 하는 것이 목표이다. 또, 이 목표는 선진국에만 국한되지 않고 개도국과 저개발국으로도 확산되어야 하며 현재와 같은 화석연료 기반의 에너지시설에 대한 신규투자를 가능한 한 재생에너지를 비롯한 저탄소 에너지체계로 전환하는 일을 핵심 과제로 하고 있다.

지구 기후변화의 완화 혹은 온실가스 저감을 목적으로 하는 정책은 직접적으로는 재생에너지에 초점을 두고 있지는 않지만 모든 사회활동과 산업활동에 온난화 가스의 저감 혹은 발생제한 의무조치를 취하는 것으로써 간접적으로 재생에너지 사용을 유도하고 있다.

코로나 팬데믹 때문에 연기되어 2021년에 스코틀랜드 글래스고(Glasgow)에서 열린 제 26차 유엔 기후변화 협약 당사국 총회, COP-26[38]에서는 회원국들이 COP-21 파리협정 (Paris Agreement)2) 을 전제로 제시한 온실가스 저감 목표치를 유동적으로 수정 혹은 상향 조정하는 국가 온실가스 감축목표(Nationally Determined Contributions, NDC)를 제출했다. 현재 세계 각국이 추진하고 있는 기후변화 대응정책의 기본 틀은 탄소제로(net zero) 정책과 탄소 가격제(carbon pricing policy), 그리고 화석연료 사용금지조치(fossil fuel ban) 등이다.

탄소 제로 즉 넷제로 정책은 한 국가가 탄소배출량을 획기적으로 줄이고 발생되는 탄소와 흡수되는 탄소의 양을 동일하게 하여 탄소 순배출이 없게(zero)하는 것이다. 탄소제로의 실천은 해당 국가의 모든 국제적 약속과 선언, 근거서류의 제출 그리고 관계 법령의 공개 등을 전제로 한다. 2021년말 현재 135개국과 유럽연합(EU)에서 탄소 제로 목표의

37) 종합보고서는 과학적 사실, 기후변화의 영향, 적응, 취약성 및 기후변화 완화 등에 대한 3개 실무그룹 보고서를 포함하고 있고, 파리협정의 이행점검은 파리협정의 목적과 장기 지구 온도 목표(2°C 및 1.5°C 온난화 제한)의 달성을 위한 집단적인 진전여부를 평가하는 것이다.

38) COP(Conference of the Parties): 유엔기후변화협약(UNFCCC)의 최고 의사결정기구로써 협약에 가입된 당사국들의 총회이며, 통상적으로 매년 12월에 개최됨.

정책을 수립하고 있고 이는 전 세계 탄소 배출량의 약 88%에 해당되는 것이다. 유럽연합은 2050년에 탄소중립을 달성할 것을 법적으로 강제하고 있고 중간 목표로 2030년까지 탄소배출량의 55%를 줄이기로 했다.

탄소가격제는 탄소배출에 가격을 부여하는 것으로 탄소세(Carbon Tax), 배출권 거래제도 (Emission Trading System), 탄소국경조정세(Carbon Border Adjustment Mechanism) 등을 포함하는 개념이며, 기본적으로는 각국 정부가 기업 혹은 공공기관, 무역상대국과 같은 배출주체에 화석연료 사용에 따르는 온실가스 배출로 인한 외부성 비용(external cost)을 부담시키는 규제 수단이다. 2021년말 현재 65개의 국가 혹은 지역의 관할권에 이 제도가 적용되고 있고 전 세계 온실가스 배출량의 21.5%에 해당된다.[39] 세계 여러 나라에서 도입하고 있는 탄소가격제의 방법들을 보면 청정에너지에 대한 세금감면혜택, 화석연료에 대한 가격부담, 에너지 취약계층 지원, 정부 공공기관에 대한 재생에너지 사용의무 그리고 에너지 가격 상승으로 인한 화석연료회사의 과잉수익, 전력회사의 초과이익 등과 같은 불로소득에 대한 과세제도를 포함하고 있다.

화석연료 금지조치는 발전, 수송, 난방분야의 최종에너지 사용자에게 모든 화석연료 혹은 특정 종류의 화석연료를 정해서 그 연료의 사용을 금지하면서 재생에너지의 사용을 활성화시키는 제도이다. 2021년 현재 세계의 여러 국가나 주 혹은 지방정부에서 도입한 화석연료 금지조치는 발전소나 건물, 산업생산공정에 석탄의 사용을 금지하는 것이 대부분이며, 이 또한 화석연료 대신에 재생에너지를 사용하는 것을 유도하기 위한 제도이다.

위의 세가지 대표적 제도가 모두 온실가스를 배출하는 화석연료의 사용을 억제 내지 금지하고 그 대신 재생에너지의 사용을 강압 혹은 유도하는 것이 목적이기 때문에 대부분의 국가에서는 이런 지원제도와 더불어 재생에너지의 개발 혹은 보급계획을 더불어 발표한다. 2021년 현재 세계 84개의 국가에서 탄소중립 정책의 발표와 더불어 일정량 혹은 100% 재생에너지를 사용하는 계획을 발표했다.

재생에너지에 대한 이러한 지원정책은 앞에서 설명한 탄소중립 즉 넷제로 정책을 실현하기 위한 매우 중요한 수단으로 추진되고 있다. 정책제도 중에서 가장 대표적이고 세계 여러나라에서 채택하는 것은 발전차액 지원제도와 재생에너지 의무할당제이다.

위에서 설명한 기후변화 대응정책의 기본틀에 따라 온실가스 저감 목표를 달성하기 위하여 세계 각 국가는 재생에너지의 보급을 촉진하는 직접적인 재정지원 혹은 정책적인 제도를 만들고 있다. 지원제도는 재생에너지의 개발과 에너지 시장에서의 보급을 안정되고 지속가능하게 하자는 것이 그 기본 목적이며, 재생에너지의 개발자나 보급자에게 일

39) Renewables 2022, REN 21

어날 수 있는 경제적인 문제나 구매자 혹은 이용자가 가질 수 있는 구매, 이용에 필요한 제도적 문제를 해소해주기 위한 것이다. 재생에너지 개발 혹은 보급자에게 제공하는 경제적 지원제도는 가격지원제도, 세금지원제도, 금융지원제도 등으로 나눌 수 있다.

첫째, 가격지원제도는 각 국가에서 법적 근거를 마련하여 재생에너지 공급자의 재정적 손실을 막기 위하여 가격 헤지(hedge)기능[40] 등을 제공해 시장진입을 촉진하고 사업 위험도를 경감하여 투자를 유도하는 제도이며 장기적으로 수익을 보장함으로써 재생에너지의 확대를 지원하는 제도다. 가격지원제도 중에서 발전차액 지원제도는 재생에너지로 생산한 전력을 정부가 고시한 기준가격으로 우선 매입하게 하는 제도이며, 재생에너지 의무할당제는 발전사업자에게 발전량 또는 판매량의 일정비율을 재생에너지로 하게 하는 생산 의무화이다. 둘째, 세금지원제도는 재생에너지 설비를 도입하는 기관 혹은 개인에 대하여 재생에너지 관련 세금감면 또는 세액공제 혜택을 통해 재생에너지 사업의 수익성을 높이는 지원 방식이다. 셋째, 금융지원제도는 재생에너지 설비 투자자에게 금융비용을 절감할 수 있도록 지원해 투자를 유인하는 방식이며 저금리 융자 혹은 성공불융자[41]를 통하여 미래 불확실성을 경감하여 사업경제성을 크게 해주는 제도이다. 또, 연구개발비용을 지원하기도 하고 행정절차 간소화 혹은 다른 편의성 증대 등의 방식으로 중장기적으로 재생에너지 확대 환경을 조성하는 제도이다.

2021년말 현재 전 세계 거의 모든 국가에서 재생에너지 지원제도를 도입하고 있다. 지원제도는 주로 발전분야에서 이루어지고 있지만 건물이나 수송분야, 기타 산업분야를 위해서도 지원정책이 가속화 되고 있다. 수송분야는 주로 도로 수송차량에 대한 제도이고 기차나 항공, 선박수송에 대한 지원은 아직 지원제도가 상대적으로 적다. 생산산업 분야도 소비산업 분야보다 지원제도가 덜 개발되어 있다.

재생에너지 지원제도 중에서 전력생산 부문을 위한 제도가 세계적으로 가장 큰 비중을 차지하고 있는데, 이 제도는 기존의 전력 공급망에 재생에너지로 생산된 전력을 수용할 수 있도록 전력공급망을 개방하는 것이며, 가격과 시장 할당 몫을 정부가 의무적으로 위임하여 보장하는 것이다.

이런 제도는 통상적으로 전력 공급망이나 운송용 연료시장에서 이루어지며, 예를 들어

---

40) 가격 헤지(Hedge)란 사전적 의미로 울타리/분산하다는 뜻이 있는데 재생에너지의 공급자를 위해서는 투자의 위험(변동성)에 대해서 미리 대비책을 세워주는 것을 말한다.

41) 성공불융자는 성공확률 보다 실패확률이 높은 자원개발사업의 특성을 감안하여, 정부가 기업의 위험을 일부 분담해주는 제도이다. 성공불융자는 석유 · 광물 등 자원탐사 사업 혹은 에너지 자원을 개발하는 기업에 흔히 적용되며, 성공하면 융자 원리금에 특수 이익금을 더해 정부가 회수하고 실패하면 융자 원리금을 면제 · 감면해주는 제도이다.

차별화된 부분적 시장에서 정부가 보장하는 재생에너지의 양도분에 대하여 공개경쟁을 하게 하거나 정부가 재생에너지의 시장매매가 가능하도록 매매권한을 부여하는 것이 있다. 또한 에너지 공급시장이 존재하지 않는 개통 외 영역에서는 정부가 새로운 시장을 조직하거나 필요한 제도를 개발하는 경우도 있다.

도표 3-6은 현재 세계 여러 국가에서 시행하고 있는 대표적인 재생에너지 지원 제도들이다. 세계 모든 국가에서 동일한 제도 혹은 아래의 모든 제도를 실시하는 것은 아니고 각 국가가 정하는 정책에 따라 이들 제도 중에서 몇 가지를 도입하고 있다. 또, 많은 국가에서는 제도 중에서 한, 두 가지를 먼저 시행해 보고 재생에너지 시장의 발달과정을 평가한 후에 다른 제도를 개발 혹은 도입하기도 한다.

**[도표 3-6]** 재생에너지 지원제도의 종류

| 전력 부문 | 열공급(냉난방) 부문 | 수송연료 부문 |
|---|---|---|
| - 발전차액 지원제도<br>- 재생에너지 의무할당제도<br>- 재생에너지 경매제도<br>- 전력 상계제도 | - 태양열 의무제도<br>- 재생에너지 열공급 의무화 제도<br>- 재생에너지 열차액 지원제도 | - 재생에너지 연료혼합 의무제도 (바이오 디젤, 바이오 에탄올) |

발전차액 지원제도(Feed-in Tariff, FIT)는 재생에너지로 생산한 전기의 거래가격이 정부가 고시한 가격보다 낮은 경우 그 차액을 보증하기 위하여 정부가 일정 기간을 두고 고시한 기준가격으로 일정 기간 동안 수용할 수 있게 하는 재생에너지 발전 사업자의 수익성을 보장해주는 제도이다. 이 제도는 재생에너지 공급자가 전력시장으로의 접근권을 우선적으로 보장하는 것이며 투자의 불확실성을 줄여 민간주체의 사업참여를 유도하고 재생에너지에 대해 장기간 고정가격(예: 전력공급망 동일 기준가격)의 보장을 보장한다는 의미에서, '고정가격 구매제도' 또는 '기준가격 매입제도' 라고도 불린다.

발전차액 지원제도와 발전이익 보조제도는 모두 발전사업자의 수익성을 보장하기 위한 수단으로 보면 동일한 개념이며 현재 전 세계적으로 가장 효과적인 재생에너지 지원정책으로 평가되고 있어서 2021년 현재 세계 92개국에서 이 제도를 추진하고 있다.[42] 발전차액 지원제도는 다음과 같은 3가지 기본조건을 보장하기 위한 것이다.

---

42) 우리나라는 2001년 발전차액지원 제도를 도입하였으나 2011년에 종료되었고 2012년부터 재생에너지 의무 할당제가 이 제도를 대체하게 되었으며, 2018년에는 일정 규모 이하 소형 태양광에 대해 발전 공기업이 고정가격으로 전력을 구입하는 '한국형 FIT'가 도입되었다.

### 전력공급망 수용보장 / 장기간 구매보장 / 동일 구매가격 보장

전력공급망 수용보장이라는 것은 기존의 전력공급망으로부터 떨어져 있는 장소에서 전력을 생산할 경우 전력공급망 운영자는 그 전력을 수용하기 위한 설비(예: 송전설비와 변압설비 등)를 추가로 갖추어서 생산된 전력을 기존 전력망에 수용하는 것을 보장한다는 뜻이다.

또 장기간 구매를 보장하고 동일한 구매가격 즉 화력발전 혹은 원자력 발전 등 기저발전으로부터 구입하는 가격과 같은 가격(그리드 패리티 가격)으로 수용하는 것을 사업자의 수익을 보장하기에 충분한 기간동안 보장한다는 것을 말한다.

발전차액 지원제도 하에서는 국가가 특정 지방이나 국가의 전력 공급망을 운영하는 사업자에게 자격을 갖춘 재생 에너지 사업자가 생산한 전력을 인입하고 구매하는 의무를 부여한다. 따라서 재생 에너지 발전 사업자는 운영하는 재생 에너지의 종류 (태양광, 풍력, 바이오 등)에 따라 각각 다른 판매가격을 보장받아서 투자에 대한 적정한 회수를 하게 한다.

이때 차액지원금은 정부가 정한 재생에너지 발전 기준가격과 전력시장에서 당시 월평균 전력 거래가격으로 정해지는 전력계통 한계가격(System Marginal Price, SMP)[43]의 차액으로 결정된다. 이때 기준가격은 재생에너지의 종류별로 현존하는 최적의 기술과 비용 효과적인 운영 그리고 생산지의 자연적 특성을 모두 고려하여 결정하게 된다. 따라서 구매가격은 국가마다 에너지의 종류별로 또 기술개발의 수준에 따라 다르게 하여 실제 공급가능한 가격을 기준으로 하기 때문에 보통 지원기간이 길어질수록 지원하는 차액도 점차적으로 줄어들게 된다. 위와 같은 이유로 발전차액 지원제도는 모든 사업에게 특별히 불리하지 않게 차별화하여 보통 약 15~25년의 구매기간을 보장한다.

재생에너지 의무할당제도(Renewable Portfolio Standard, RPS)란 발전사업자(공급의무자)의 총 발전량에서 일정 비율을 재생에너지로 공급하도록 의무화하는 제도이며, 공급의무자는 보통 발전량이 일정 규모 이상이 되는 공공 혹은 민간 대형 발전사업자이다. 미

43) 전력계통 한계가격, SMP란 발전사업자와 전력거래소 간의 전력거래 가격을 말한다. 일반가정이나 산업체가 지불하는 전력요금은 SMP에 전력공급자가 추가한 가격이다. SMP는 화력, 수력, 원자력 등 발전기기의 시간대별 발전비용(유효 변동비) 가운데 가장 높은 값으로 책정된다. 따라서 전기를 많이 쓰는 낮에는 SMP가 올라가고 전기를 상대적으로 덜 쓰는 밤에는 SMP가 내려가게 되는 것이다. SMP는 주로 원유나 LNG, 유연탄 등 연료가격에 연동되어 변하는데, 연료가격이 오르면 SMP도 따라서 오르게 된다.

국에서는 Renewable Electricity Standard (RES), 영국에서는 Renewables Obligation (RO) 이라고도 한다.

RPS 대상 사업자는 재생에너지 설비를 직접 구축하고 전력을 자체 생산한 뒤 정부로부터 재생에너지 공급인증서(REC)[44]를 받을 수도 있고, 인증서 거래시장에서 외부 재생에너지 민간사업자에게 대가를 지불하고 REC를 살 수도 있다. 민간 REC는 시장상황을 반영한 가격대로 일반 시장에서 거래할 수 있으며 RPS 사업자가 해당 연도에 재생에너지 의무할당량을 채우지못하면 그에 따른 과징금을 내야 한다.

발전차액 지원제도는 특정 에너지 공기업이나 발전 사업자만을 대상으로 하는 것이 아니라 민간 발전 사업자까지 포함해서 정부가 매년 일정한 보조금을 지불하여 구매를 보장하는 것이지만, RPS는 강제성을 두지 않고 에너지 공급 사업자들이 자발적으로 재생에너지 설비를 구축하든지 일정한 자격을 갖춘 민간 사업자로부터 REC를 구매하게 함으로써 자유로운 가격경쟁을 유도하는 것이다. 따라서 RPS는 재생에너지의 보급을 지원은 하지만 자유로운 시장경쟁에서 최저의 가격을 유도하여 기존의 기저전력과 경쟁을 하도록 하고 있다. RPS는 현재 세계 여러 국가에서 도입하고 있으나 그 방법은 국가마다 다르고 국제적인 기준도 없다.[45]

이 제도는 재생에너지 발전설비용량 혹은 발전량을 기준으로 일정 수준의 목표량이 정해지기 때문에 시장규모가 확실하다는 점이 있고, 의무할당제도의 가격설정은 수급여건에 따른 변동이 가능하여 유연성이 있다는 것이 특징이다. 또, 이 제도는 재생에너지 사업자 간 경쟁을 촉진시켜 비용저감을 유도한다는 점이 특징이고, 이에 따라 시장에서 가격이 형성되면 정부의 재정부담도 완화시키는 특징도 있다. 그러나 이 제도는 경제성 위주의 특정 에너지로 제도가 편중될 가능성이 높다는 것이 단점이다. 도표 3-7은 재생에너지 지원제도 FIT와 RPS의 특징들을 비교한 것이다.

---

44) REC(Renewable Energy Certificate): 재생에너지를 통해 전기를 생산했다는 사실을 증명해주는 인증서

45) 우리나라는 일정규모(500MW) 이상 발전설비(신 · 재생에너지 설비는 제외)를 보유한 발전사업자에 대하여 2012년부터 RPS 제도를 실시하고 있다.

**[도표 3-7]** 재생에너지 지원제도, FIT/RPS의 비교

| 구분 | 발전차액 지원제도(FIT) | 재생에너지 의무할당제(RPS) |
|---|---|---|
| 제도의 원리 | 가격조정제도<br>정부가 가격을 책정하면 시장에서 발전량이 결정됨 | 수요조정제도<br>발전 의무량을 부과하면 시장에서 가격이 결정 |
| 보급목표 | 공급규모 예측 불확실 | 공급규모 예측 용이 |
| 가격설정 | - 정확한 공급비용 산정 어려움<br>- 사업자의 초과이윤 인센티브 | - 수급여건에 따른 가격결정 및 변동<br>- 사업자간 가격경쟁구조 내재 |
| 장점 | - 중장기 가격을 보장하여 투자의 확실성, 단순성 유지<br>- 안정적 투자유치로 기술개발과 산업 성장가능 | - 재생에너지 사업자간 경쟁을 촉진시켜 생산비용 절감가능<br>- 민간에서 가격이 결정됨으로써 정부 재정부담 완화<br>- 인증제도 등 일정한 요건이 충족하는 발전사업자만 진입가능 |
| 단점 | - 정부의 막대한 재정부담 초래<br>- 기업간의 경쟁이 부족하여 생산 가격 절감 위한 유인 부족<br>- 가격이 싸고 질이 낮은 외국산 제품이 시장에 다수 출연 | - 경제성 위주의 특정 에너지로 편중될 가능성<br>- 제도 도입을 위한 인프라 구축이 전제되어야 함 |
| 공통점 | 두 가지 방법 모두 전력요금 인상 불가피 | |

재생에너지의 경매/입찰제도(Auctions and tendering schemes)는 정부가 재생에너지 사업을 위한 재정을 확보하기 위하여 재생에너지 전력 판매자 및 설비 건설자 간의 경쟁입찰을 통해 장기간의 전력구매계약을 하는 제도이다. 재생에너지 경매제도는 보통 전체 경매절차를 책임진 공공기관에서 추진하며 경매의 대상, 대상 기술, 물량 및 예산 제한, 대상 프로젝트 규모, 지원 형태, 평가 방식, 가격 결정방식 등 다양한 고려 요소가 있다. 경매 대상은 크게 설비용량과 발전량이 있으며, 설비용량도 최소 발전량과 최대 발전량을 설정하고 있으나, 발전량은 발전량 변동에 따른 페널티가 부가되어 부하관리에 수월한 측면이 있다. 2021년도 현재 전세계 131개국에서 재생에너지 경매제도를 도입하고 있고 점차적으로 발전차액 지원제도를 재생에너지 경매제도로 대체하는 국가들이 늘어나고 있는 추세이다.[46][47]

46) Renewables 2022, REN21

47) 우리나라의 태양광 판매사업자 선정제도는 일종의 경매제도적 성격을 지니고 있으나 재생에너지로 생산된 전력

재생에너지 경매제도는 실 전력가격 반영, 가격 및 공급의 확실성, 시장의 안정성 및 투명성 등이 보장되어 정책 설계 및 제도 운영에 유동성이 있다는 것이 큰 장점이다. 실제 시장가격을 통해 재생에너지 보급 속도를 판단할 수 있고 판매자에게 안정적인 수입, 구매자에게 일정한 전력량을 보장할 수 있어 재생에너지 보급량과 가격 모두를 제어하는 것이 가능하다. 그러나, 재생에너지 경매제도는 상대적으로 높은 운영비용, 건설 지연에 따른 위험성이 있을 수 있고 입찰을 위한 필수 자격 등은 소규모·신규 참여 희망자에게 진입장벽이 될 수 있는 것이 단점이다.

전력상계제도(Net metering)는 순계량 방식 이라고도 하며 일반적으로 소규모의 전력 소비자가 개인의 재생에너지 시설에서 생산된 전력(주로 주택용 태양광 발전)을 자가 소비한 후 남은 전기를 전력회사에 판매(역송)할 수 있는 제도이다. 상계는 추후 발전회사로부터 수전한 전력 소비량에서 자가 생산한 전력만큼 요금정산 때 수전과 상계량의 차이를 상쇄하는 방식이며 상쇄된 양은 계량기로 쉽게 측정할 수 있다. 일반적으로 이 제도는 전력 계통망에 공급한 전력의 연 가치가 전력계통망을 통해 사용한 전력요금을 완전히 상쇄하는 경우에는 생산자/소비자에게 더욱 유리하게 된다.[48)]

**[그림 3-4] 전력상계 제도**

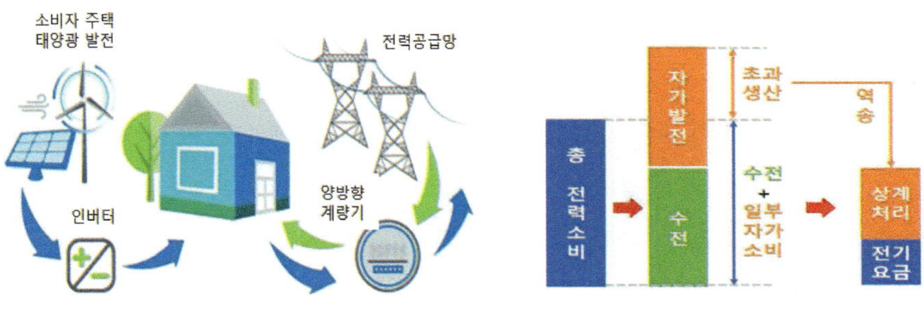


한편, 상계제도에 따라 거래되는 모든 전력에 대하여 국가는 송전 등 전력계통망 사용에 따른 모든 서비스 청구 비용을 상환하여 주며 재생에너지 발전소 소유주 에게는 모든 시스템 사용료를 상환하여 준다. 이러한 혜택을 받기 위해서는 발전소가 특정 요건을 충족하여야 하며 재생 에너지가 국가적 차원의 에너지 수요를 우선적으로 충족시키는데 사용되어야 한다는 우선순위 원칙을 유지하여야 한다. 그러나 전력요금의 상계방식과 상계

48) 우리나라는 전기사용장소와 동일장소에서 10kW 이하 (단, 태양광 에너지는 1,000kW 이하)의 재생에너지발전설비를 설치한 고객에게 한국전력이 전력상계제도를 실시하고 있다.

기간 그리고 상계가격의 비율 등은 국가별로 그리고 때로는 지역에 따라 다를 수가 있으며, 상계기간은 보통 월간으로 하며 연말에 전체 정산을 하는 경우를 채택한다.

실시간 순계량 제도라는 지원방법도 있다. 이는 스마트 전력 계량기를 사용하여 시간대별로 다르게 변하는 전력요금을 하루 중 실시간에 상계하여 계산하는 방식으로써 계절별 그리고 주, 야 시간대별로 각각 다른 요금을 적용하여 전력의 공급과 사용을 효과적으로 하자는 것이 목적이다.

냉난방/열 부문에서 재생에너지 지원대책과 제도는 전력부문의 지원제도에 비교해서 아직 미미한 편이다. 2019년 현재 전 세계 166개국에서 전력부문 재생에너지 지원대책을 도입하고 있는데 비하여 냉난방/열 부문은 49개 국가에 불과하고 이들은 또한 대부분 유럽국가들이다.

대표적인 것은 태양열 의무제도(Solar heat obligation/ ordinances)이다. 이 제도는 건물의 난방에 필요한 열의 일부를 태양열로 해야 하는 의무 제도이며 신축 혹은 개축 건물이나 난방설비를 교체하고자 할 때 적용된다. 태양열 의무제도는 주로 유럽의 여러 국가에서 국가차원에서 혹은 자국 내 특정 도시에 도입하고 있으며 현재로서는 가장 효과적인 신축건물의 청정에너지에 의한 열공급 지원제도로 알려져 있다.

이 제도는 1980년 이스라엘에서 2차 오일쇼크에 대처하기 위하여 도입되었으며 특히 스페인의 바르셀로나에서 모범적으로 추진해오다가 2007년도에 유럽의 여러 국가에서 태양열 혹은 재생 열에너지 사용을 의무화 하면서 발달되었다. 그 후 유럽의 2020년도 기준 재생에너지 20% 사용계획속에 포함되어 추진되었으며 현재까지의 경험으로 태양열 시장을 근본적으로 확대시켰고 지원자도 경제적으로 큰 혜택을 받은 것으로 평가되고 있다.

재생에너지 열공급 의무화 제도(Renewable Heat Obligation, RHO)는 건축물 열 에너지 사용량의 일정비율을 재생에너지원을 통해 생산, 공급하도록 의무화한 제도를 말하며, 건물 소유주 혹은 열 공급이나 생산업체 등이 의무대상자가 된다. 의무대상자에 해당하는 신축 건물 소유주는 태양열, 바이오매스, 지열 등 재생에너지 열원을 선택해서 건물 냉·난방 에너지 수요의 일정 부분을 충당하여야 하며, 각 열원에 따라 의무비율이 차등적으로 부과된다. 또한 의무이행 부담해소를 위해 폐열사용 설비 등을 이용하거나 단열 등 에너지 절감방법을 사용할 경우 의무이행 실적으로 대체 인정하여 주고 있다.

이 제도 역시 국가에 따라 적용대상 건물이나 열원에 따른 의무비율 등이 다르게 적용되는데 독일은 2009년 이후 건축허가를 받은 50m² 면적 이상의 건축물 소유주를 대상으로 의무를 부여하였고 신축이 아닌 기존 건물에 대해서는 재생에너지원을 이용한 난방

설치 시 보조금 또는 저리융자를 제공하고 있다.[49]

재생에너지 열차액 지원제도(Renewable Heat Incentive, RHI)는 화석연료 등을 통한 열 생산에 비해 경제성이 떨어지는 재생에너지 열생산 설비에 대해 장기적 재정지원을 통해 생산비용 차액을 보조해주는 제도를 말한다. 이 제도는 직접적 재정지원을 통해 재생에너지 도입 초기의 시장진입장벽을 해소하고 규모의 경제성을 갖추어 경쟁력을 확보하기 위한 것이 목적이다.

영국은 2011년부터 난방 부문에 대한 재생에너지 보급촉진을 위해 정부재정을 바탕으로 이 제도를 시행하고 있는데 1단계에서는 화석연료를 대량으로 소비하는 특성을 지닌 기업, 공공부문, 비영리부문, 산업부문 등 비주거용 건물에 대해 제도를 우선 적용하였으며, 2014년부터 시행된 2단계에서는 주거용 건물을 대상으로 적용범위를 확대했다. 영국은 이 제도에서 건물 종류별, 기술별 성능 및 비용을 비교하여 화석연료 난방과 재생에너지 열원별 난방 간 비용 차이를 산출해 지원요율을 결정하고 있다.[50][51]

재생에너지 연료 혼합 의무제도(Renewable Fuel Standards, RFS) 는 수송용 차량 연료 (자동차용 경유)의 재생에너지원 공급 비중을 확대하기 위한 정책이며, 수송용 연료 공급자로 하여금 자동차용 연료에 일정비율 이상의 재생에너지 연료를 의무적으로 혼합하여 공급하도록 한 것이다. 혼합 의무자는 수송용 연료를 생산 또는 수입하는 자이며 의무 혼합 대상이 되는 재생에너지 연료는 기존 화석연료(경유)를 사용하는 차량에 설비를 추가하지 않고 혼합될 수 있다고 평가되는 바이오 연료(바이오 디젤)이다. 바이오 연료는 식물, 동물, 미생물 등 유기 생명체로부터 직접, 간접적으로 생산된 연료로서 원료를 자연에서 지속적으로 얻을 수 있어서 탄소 순배출량이 적은 연료이다.

유럽연합은 2009년부터 재생에너지 지침(Renewable Energy Directive, RED I)을 도입하여 회원국별 재생가능 에너지의 이용비중 확대를 위한 토대를 마련한 바 있는데 RED I 에는 2020년까지 회원국별 수송용 연료(휘발유 및 경유) 소비 중 바이오 연료를 포함한 재생가능 에너지 비중의 목표를 최소 10% 이상으로 확대하는 내용이 포함되어 있다. RED I 은 단순히 모든 바이오 연료들의 양적 확대를 목표로 하는 것이 아니라, 환경과 관련하여 엄격한 '지속가능성 기준'을 설정하고 있다. 이 기준을 충족하는 바이오 연료에 한하여 재생가능 에너지로서 보급 확대를 위한 인센티브를 받을 자격이 부여된다.

또한 EU는 지속가능성 기준을 충족하여 바이오 연료로 인정된 경우에도 이를 전부 같

49) 우리나라는 2023년 현재 RHO제도를 시행하고 있지 않다.

50) NARS 현안분석, 제96호, 국회입법조사처, 2019

51) 우리나라는 2023년 현재 RHI제도를 시행하고 있지 않다.

은 바이오 연료로 보는 것이 아니라 연료의 종류에 따라 전통적 바이오 연료, 차세대 바이오 연료 등 세부 범주로 구분하고 있으며, 전자에 비해 후자의 보급을 보다 권장하고 있다.

식량 경합성[52] 및 토지용도 변경 정도 등을 기준으로 밀, 옥수수, 사탕무, 사탕수수 등 해당 정도가 높은 바이오 원료 기반 연료를 1세대 전통적 바이오 연료로 귀리, 지푸라기, 옥수수 껍질, 사탕수수 찌꺼기 등 1세대에 비해 해당 정도가 낮은 바이오 원료기반 연료를 2세대(차세대) 바이오 연료 등으로 구분하고 있다. 2021년부터 발효되는 RED II에서도 전통적 바이오 연료 이용에 상한 제한을 두는 동시에 차세대 바이오 연료 이용에 대한 별도 최소 목표 비율을 설정하는 등, 후자의 개발, 투자 및 보급에 중점을 두고 있다.[53][54]

2017년 기준 수송용 바이오 연료 의무혼합제도를 실시하고 있는 국가는 68개국에 달하고 있는데 EU와 미국을 비롯하여 대부분의 국가에서는 바이오 연료 종류에 특별한 제한을 두지 않고 바이오 디젤 외 바이오 에탄올 등 다른 바이오 연료까지 포함시키고 있다.

특히 휘발유와 함께 혼합되는 바이오 에탄올의 경우 다른 바이오 연료에 비해 상대적으로 폭넓은 원료 자원이 분포되어 있으며 바이오디젤처럼 기존의 화석 연료 인프라를 준용할 수 있다는 장점을 지녀 전 세계적으로도 보급이 확대되고 있다.

---

52) 식량 경합성이란 농작물이 사람의 식량도 되고 바이오 연료도 될 경우 판매가격으로 시장에서 경합이 될 가능성을 말한다.

53) NARS 현안분석 제59호, 국회입법조사처, 2019

54) 우리나라는 '석유 및 석유대체연료 사업법'에 따라 2015년 7월부터 RFS를 시행 중인데 혼합의무비율을 첫 2년간 2.5%로 하고 단계별로 올려서 2030년 이후에는 30%로 하도록 되어 있다.

# 참고문헌/인용자료


**그림 3-2 재생에너지와 화력 / 원자력 발전의 그리드 패리티**

- 도표의 수치(연도와 발전비용)는 정량적 통계수치가 아니며 정성적 경향을 나타낸 것이다.

**그림 3-3 재생에너지 잠재량 분류체계와 정의**

- 신 · 재생에너지 백서, 산업통상자원부, 2020

**도표 3-1 세계 재생에너지의 연간 잠재량**

- P. Moriarty, D. Honnery, Renewable and Sustainable Energy Reviews 16 (2012) 244-52
- Th. B. Johansson 외, International Conference for Renewable Energies, Bonn, January 2004

**도표 3-2 우리나라의 재생에너지 자원의 기술적 잠재량**

- 신 · 재생에너지 백서, 산업통상자원부, 2020

**도표 3-3 2019년도 전 세계 1차 에너지원별 소비량 점유율**

- REN21, Renewables 2021, Global Status report

*** 재생에너지**

- 이 통계에서 재생에너지란 과거 식물로부터 얻은 땔감 연료는 포함되어 있지 않은 현대적 개념의 재생에너지이다.

*** 수력 외 전력**

- 수력 외 전력에는 풍력, 태양광, 바이오매스, 지열, 해양 에너지를 이용한 전력 생산량

**도표 3-4 세계 1차 에너지의 종류별 소비량과 점유율 추세(1994-2019)**

- BP Statistical Review of World Energy 2020

**도표 3-5 2050년까지 화석연료와 저탄소 에너지의 보급 전망**

- World Energy Outlook 2021, IEA

**그림 3-4 전력상계 제도**

- KEMRI 전력경제 Review, 한전경제연구원, 2020

# Chapter 04

# 태양 에너지

- 태양열의 이용
- 태양광의 이용
- 태양광 전지의 미래

## 4-1 태양열 이용

지구는 대기권 밖에서 174PW(pita Watt, pita=1015)의 태양 복사에너지를 받는다. 이 에너지의 약 30%인 52PW는 대기나 구름 그리고 지표면으로부터 반사되어 없어지고, 약 19%인 33PW는 대기나 구름에 흡수되고, 그 나머지 약 51% 즉 89PW는 육지나 바다로 흡수된다. 이 에너지, 89PW가 1년 동안에 하는 일의 총량은 약 3,850ZJ(zetta Joule, zeta=1021)로써 2020년 기준 세계 1차 에너지 연간 총 소비량 0.564ZJ과 비교하면 매우 방대한 양이다.

[그림 4-1] 태양의 복사에너지

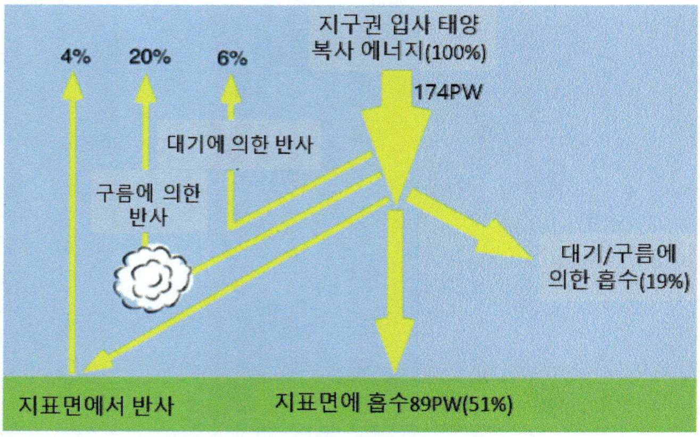


태양의 복사 에너지 밀도 즉 단위면적 당 복사 에너지의 양은 1353W/m$^2$ 이며, 이것을 '태양 상수(solar constant)'라고 한다. 이 복사 에너지가 지구의 대기권에 도달하는 입사량은 220W/m$^2$인데 이 입사량의 19%는 대기층에 흡수되고 지구표면에 도달하는 평균 일사량은 178W/m$^2$이다. 이 일사량은 지역과 계절 그리고 하루의 시간대에 따라 달라지는데, 우리나라의 지역 및 연평균 수평면 일사량은 160-82W/m$^2$로 알려져 있다.[55]

태양의 복사에너지를 이용하는 기술은 햇빛을 포착하고, 변환하고, 분배하는 방식에 따라 수동식과 능동식으로 구분된다. 능동식 방법은 태양열 설비, 태양전지 등의 설비를 이용하여 필요한 열이나 전기로 직접 변환하여 최종 에너지를 공급하는 설비형 방법을 말한다. 수동식 방법은 태양의 열이나 빛을 별도의 설비를 이용하여 다른 에너지의 형태로

55) Solar GIS (https://solargis.com); 지역별 일사량은 한국에너지기술연구원 신재생에너지 데이터센터에서 확인가능 (https://kier-solar.org/user/main.do)

변환하지 않고 이용하는 방법인데 에너지의 소비를 줄이는 것이 주목적이다.

태양열을 이용하는 방법은 태양에서 지구로 복사되는 따뜻한 열을 이용하는 것인데, 다른 재생에너지 설비에 비해 설치가 간단해서 가정용 온수 및 난방을 위해 널리 보급되어 있다.

태양열을 이용하는 방법에는 열을 흡수, 축열, 이용하는 설비를 별도로 구성하여 이용하는 설비형 방법이 있고 그런 설비나 다른 기계적 설비를 사용하지 않고 열의 자연적 이동현상 (복사, 전도, 대류)만을 이용해서 태양 에너지를 모으고, 저장하고, 분배하는 자연형 방법이 있다. 설비형은 능동식이라고 하고 자연형은 수동식이라고 한다.

건축 및 도시 계획에서 태양에너지를 수동식으로 이용하는 것은 오래전 건축역사가 시작할 때부터 건물의 설계에 영향을 주고 있고, 그 토대가 되는 기능은 태양지향, 밀집할당, 선택적 차광 등 매우 다양한 방식들이 있다.

이러한 방법들은 태양에너지를 직접 건물안으로 인입하여 생활공간에서 필요한 난방에너지를 절약하는 효과를 가져온다. 예를 들어 남향인 창문을 가진 건물은 태양 복사열을 일조시간 중에 집열하여 건물내에 석재나 물 등 비열용량이 큰 축열체(열저장체)를 이용하여 저장되며, 밤에는 이 열이 실내로 복사되어 난방의 필요성을 경감해 준다. 이러한 집열부와 축열부의 관계에 따라 직접 획득방식, 축열벽 방식, 부착온실 방식, 축열지붕 방식 등이 있다.

농업은 기본적으로 태양 에너지를 직접 획득방식으로 이용하여 농작물을 생육시키는 것인데 특정 시기에 맞춘 재배 순환, 맞춤식 줄적응 그리고 여러 종의 식물을 혼합제배하는 것과 같은 기술을 사용하면 농작물을 수확하는 데에 도움이 된다. 태양 에너지는 농작물을 기르는 목적뿐만 아니라 양수를 하거나 농작물을 건조 시키거나 축산 부산물을 말리는 등에도 쓰일 수 있다. 비닐 하우스는 태양열과 빛을 이용하여 특정한 환경에서 식물을 자라게 한다. 이로써 연중 생산량과 특산 작물, 또 지역 기후에 자연스럽게 자라지 못하는 다른 식물들의 성장을 가능하게 한다.

채광 혹은 조명은 에너지 소비를 줄이는 가장 일반적인 방법 중 하나이며 자연 빛을 이용하는 것이다. 채광 시스템은 햇빛을 모아 분배하여 인테리어 조명을 제공한다. 이러한 시스템들은 직접적으로는 인공조명을, 간접적으로는 공기정화의 필요성을 줄여 준다. 태양 채광은 또한 해바라기처럼 태양을 따라다니는 포커스 거울을 사용하여 햇빛의 입사각을 바꾸거나 광섬유를 사용하여 조명을 제공하는 방식으로써 빛을 건물 안쪽으로 보낼 수 있다.

이 외에도 태양에너지의 수동식 이용방법은 환기, 가/제습, 건조, 탈염, 살균 등이 있다. 전체적으로 보면 '환경건축'의 개념과 동일한 개념이다. 환경건축이란 건축을 독립적으로 존재하는 대상물로 여기는 것이 아니고 자연생태계의 일부로 자연과 함께하는 건축을 의미하며 태양에너지를 위에서 나열한 것처럼 우리 주변에 자연친화적으로 이용하는 것이 대표적이다.

최근에는 자연형 태양에너지 이용기술이 많이 개발되면서 건축물의 기밀성과 단열성을 강화하여 친환경적이고 최소한의 냉난방만으로도 적절한 실내온도를 유지할 수 있게끔 설계된 주택을 신축하거나 기존 건축물을 리모델링하기도 하는데, 이런 건물을 패시브 하우스(passive house)라고 한다.

태양열을 건축물의 생활공간에 이용하면서 전적으로 열의 자연적 이동특성 즉 복사, 전도, 대류 현상을 조합해서 이용하지만 효율을 높이기 위하여 필요한 경우에는 송풍장치(팬)나도관(덕트), 환기장치 등 기계적 설비를 이용하기도 한다. 또, 태양열을 축열체(건물의 일부 혹은 별도)에 저장한 후에 시간차를 두고 이용하는 방법 그리고 열의 획득공간과 이용공간을 분리하여 이용하기도 한다. 대표적으로는 축열벽, 부착온실 등이 있고 축열지붕은 축열벽과 유사한 방식이다.

축열벽은 열 저장벽이라고도 하며 태양열을 흡수하여 직접 이용하지 않고 저장한 후 시간차를 두고 간접적으로 이용하는 방법인데 처음으로 개발한 프랑스 공학자의 이름을 따서 트롬벽(Trombe wall)이라고 많이 알려져 있다. 트롬벽은 남향인 이중 유리창을 통해서 햇빛이 들어 오면 유리창과 벽체(복사열을 최대한 많이 흡수하기 위하여 흑색으로 칠해진) 사이의 공기를 가열하고 가열된 공기가 벽체의 위, 아래에 설치된 통기구를 통하여 실내로 유입되고 자연 대류를 일으켜서 실내 난방이 된다.

낮 동안에 실내에 유입된 따뜻한 공기열은 비열용량이 크고 두꺼운 축열체로 된 건물의 벽(축열벽 혹은 열저장벽)에 축적하여 실내 온도가 낮은 밤에 복사 난방기처럼 사용하게 한다. 실내의 온도 변화는 축열벽의 두께에 좌우되며, 그 재료로는 주로 석조재료인 콘크리트, 벽돌, 콘크리트블록, 돌 등이 사용되지만 물로 채워진 여러 개의 드럼통을 사용하기도 하는데 이런 축열벽을 트롬 벽에 비교하여 드럼 벽(drum wall)이라고 부른다.

**[그림 4-2]** 축열벽(Trombe wall)

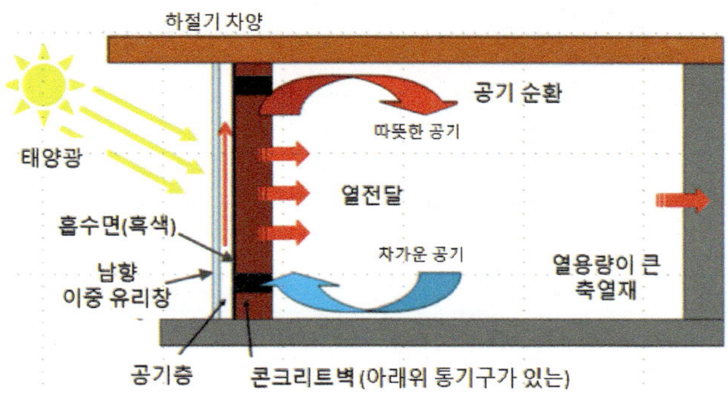


자료에 따르면 트롬벽은 유리벽을 통하여 들어온 총 태양에너지의 약 13%를 사용하는 효율을 나타내고 적용된 실내의 연간 필요 에너지의 약 20%를 절약할 수 있다고 한다.[56) 축열벽과 같은 원리로 집열장치를 지붕에 설치하고 공기나 열매체를 순화시켜 얻은 열을 건물 바닥에 저장하여 시간차를 두고 이용하거나 실내난방이 필요하지 않는 경우 온수를 얻는데 사용하기도 한다.

부착온실 방식은 거주공간과 분리된 별개의 공간에 태양 복사에너지를 받아들여 저장해 두었다가 다음에 배분할 수 있도록 하는 공간 분리형 방식인데, 이 공간은 보통 건물에 붙여서 설치한 온실이다. 온실 내의 온도는 집열 면적과 축열체의 구조에 따라 어느 정도까지 조절할 수 있으며 실내의 온도조절은 축열벽의 경우와 동일하다. 온실은 이중유리나 투명 플라스틱으로 만든다. 별도의 설비형 축열체를 사용하지 않을 경우 온실과 주거공간사이의 칸막이벽은 축열체(조적조나 물)로 구성된다.

온실 안에 모아진 열은 실내로 자연적인 열분배가 가능하고, 집열창을 투과하여 온실내로 유입되는 태양열의 대부분이 열원으로 이용되므로 겨울철의 효율은 약 65~75%가 되며, 인접한 공간에 공급이 가능한 열은 집열창에서 얻는 열의 약 10~30%라고 한다. 축열부와 열 이용부 사이에 강제순환 방식을 이용하면 이 효율은 더욱 증가된다.[57)]

56) P. Torcellini and S. Pless, World Renewable Energy Congress VIII and Expo Denver, Colorado, 2004

57) 건축환경공학, 김재수, 서우, 2008

[그림 4-3] 부착온실의 낮과 밤의 공기 흐름

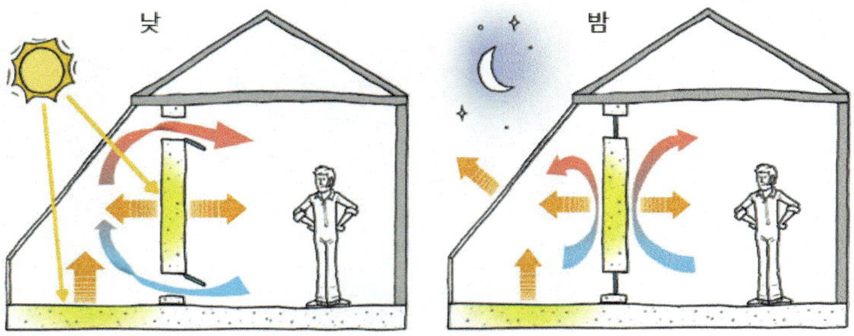


설비형(능동식) 태양열 이용설비는 집열기, 축열기, 이용부 그리고 제어장치 등의 부분 설비로 구성되어 있다. 집열기는 콜렉터(collector)라고도 하며 태양열을 흡수하는 부분인데 집열온도는 집열기의 열손실율과 집광장치의 유무에 따라 결정된다. 평판, 진공관, 집광장치 등으로 이루어지며, 태양열을 흡수하여 물이나 공기 혹은 다른 액체로 된 열 매체를 이용하여 축열기 혹은 직접 이용부에 전달한다.

축열부는 열을 모을 수 있는 시점과 열을 이용하는 시점이 다른 경우 즉 시간적으로 열 부하량이 일치하지 않는 경우에 열을 일시적으로 저장해 놓을 수 있는 장치이며, 일종의 버퍼(buffer) 역할을 할 수 있는 열저장 탱크이다. 제어장치는 태양열을 효과적으로 집열하고 축열한 후 공급하기 위한 일종의 조정 장치이며 전체 태양열 시스템의 성능 및 신뢰성 등에 중요한 역할을 해주는 장치이다.

집열기는 평판형, 진공관형, 집광판형 등의 종류가 있으며 태양열을 흡수하여 열로 변환하는 장치인데, 물이나 공기 혹은 다른 액체로 된 열매체를 이용하여 흡수된 열을 축열부 혹은 이용부에 전달한다. 집열기는 이용하는 장치의 필요 온도에 따라 저온식, 고온식으로 나눌 수 있는데, 고온식은 보통 넓은 면적에 입사되는 태양광을 한곳으로 모으는 고온 집광설비를 사용한다.

저온용 집열기의 간단한 형태는 빛을 잘 흡수하는 검은색 관 속으로 물을 흐르게 하는 평판형 집열기인데 이것은 빛을 투과하는 투명한 외부 층(유리나 플라스틱)으로 둘러싸여 있다. 빛이 집열관 속으로 들어오면 검은 색의 내부에 흡수되어 적외선으로 바뀌는데 적외선은 투명 층을 통과하지 못하므로 내부의 온도는 점점 올라가서 온실효과를 나타낸다.

평판 집열기를 이용한 태양열 주택은 난방, 통풍, 공조장치 등에 사용되며 이런 용도로 사용되는 에너지는 보통 가정에서 사용되는 전체 에너지의 약 반을 차지한다고 알려져 있다.

**[그림 4-4]** 설비형 태양열 이용설비의 구성과 태양열 주택

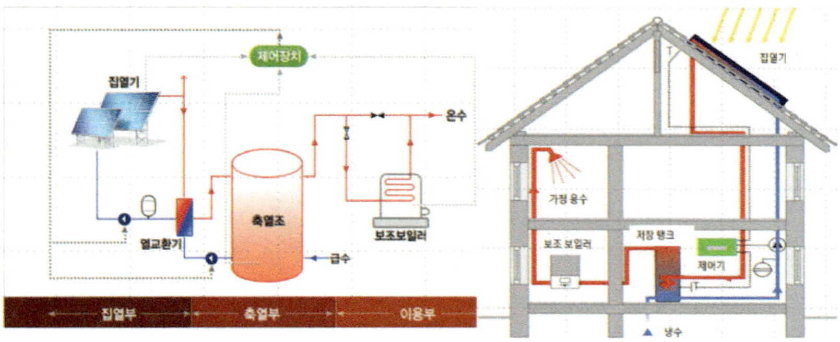


축열기(storage tank) 혹은 축열조는 집열기에서 열교환기를 거쳐 따뜻해진 물을 저장하는 장치로서 계절별로 시간별로 변화가 심한 태양에너지를 버퍼 역할을 하는 탱크에 저장하여 에너지가 얻어지는 시간대와 온수를 이용하는 시간차이를 극복하는 것이 목적이다.

저장된 온수의 이용은 보통 가정에서는 급탕이나 냉난방용으로 쓰이며 고온으로 증기를 얻을 수 있을 경우에는 산업용으로 발전설비가 있다. 축열도 집열과 같이 저온, 중온으로 할 수 있고 특수한 경우에는 물이 아닌 다른 화학물질을 열매체로 이용하는 고온 집열기도 있다.

제어장치는 태양열을 효과적으로 집열 혹은 축열할 수 있도록 조절해 주는 장치인데 특히 집열판을 태양광선의 입사 병향에 수직으로 마치 해바라기처럼 방향을 바꾸어 주는 장치이다.

따라서, 태양열 이용설비의 종류는 크게 태양 추종형과 비 추종형으로 나눌 수 있는데 전자는 보통 고온용, 후자는 저온, 중온용으로 이용한다. 비 추종형은 태양광을 직접적으로 추종하지 않기 때문에 구성이 간단하고 시스템의 비용을 낮출 수 있어 일반적인 용도에서 널리 쓰이고 있다.태양열 이용설비를 활용온도에 따라 분류해 보면 표 4-1과 같다.

**[도표 4-1]** 태양열 이용설비의 활용온도에 따른 분류

| 구성요소 | 저온 | 중온 | 고온 |
|---|---|---|---|
| | 100℃ | 100~300℃ | 300℃ 이상 |
| 집열부 | 평판형 | 말구유형(PTC)<br>포물선형(CPC)<br>진공관형 | 접시형<br>타워형(CRS)<br>태양로형 |
| 축열부 | 현열 (물, 자갈 등) | 물질 상변화 잠열<br>화학반응열 | 화학반응열<br>금속수소화물 |
| 이용부 | 가정용 냉난방,<br>급탕, 건조 | 건물용 냉난방<br>농수산 분야<br>해수담수화<br>산업공정열 | 산업공정열<br>발전<br>광화학공정열 |

평판형 집열기는 흡수체와 단열재로 구성된 집열기이며, 집열온도는 높지 않지만 구조가 매우 간단하고 설치가 편리하기 때문에 낮은 집열 온도로도 충분히 이용할 수 있는 분야, 예를 들어 가정의 온수공급(급탕) 등과 같은 곳에 사용될 수 있다.

평판형 집열기를 가정용 대용량 시스템에 사용할 경우 집열기, 축열탱크, 열교환기, 순환펌프로 구성되어 있고, 집열기는 옥상에, 축열탱크는 지하 혹은 지상에 설치하여 순환펌프를 이용한 강제순환 방식으로 온수를 이용할 수 있다.

**[그림 4-5]** 평판형 집열기

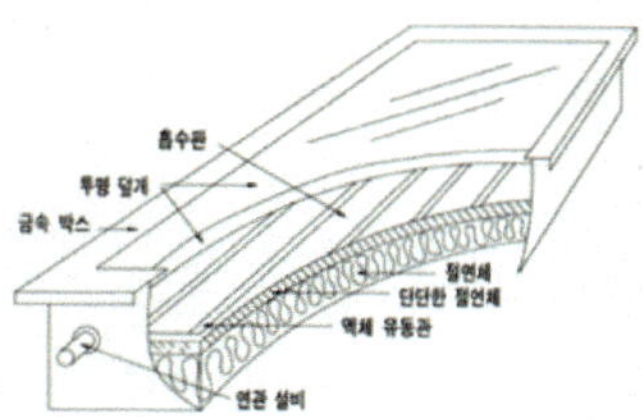


평판형 집열기 단면

평판형 집열기 집합체 (Masdar City, UAE)[2)]

진공관형은 태양광을 추종하지 않는 대신에 조사각의 영향을 최소화하기 위한 곡률 반경을 활용한 반사경을 이용하고 진공단열을 하여 평판형 보다는 높은 집열 온도를 얻을 수 있기 때문에 난방 뿐만 아니라 냉방에도 적용되며 산업공정의 열원으로도 사용이 가능하다.

**[그림 4-6]** 진공관 집열기

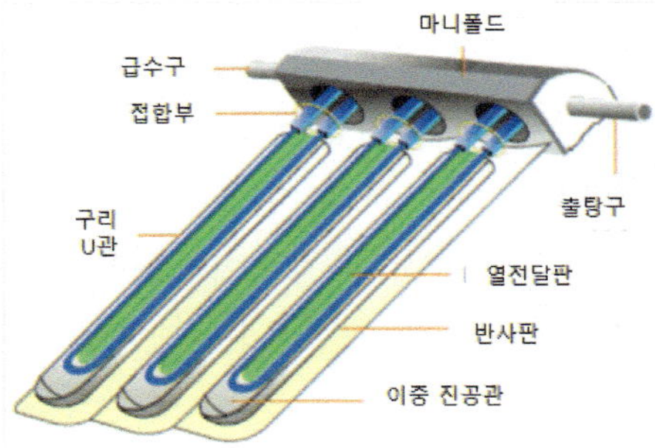

성능: 589kWh/m² (독일 뷔르츠부르크 지역, 면적 5m²기준)
제작: 리누 리터 인터내셔널(중)

평판형이나 진공관형과는 달리 넓은 영역에 입사되는 태양광을 반사 및 집광시켜 한 곳에 모아서 높은 열원을 활용하는 방법이 있는데, 이 방법들은 주로 전력을 생산하는 용도로 쓰이기 때문에 태양열 발전(CSP, concentrated solar power)이라고 한다. 대표적으로 접시형, 구유형, 포물선형, 타워형 등이 있다. 또, 이런 방법들은 태양을 그 입사각에 따라 추종하여 집광율을 높인다.

접시형은 접시형태의 집열기에 도달하는 태양광이 반사되어 모이는 곳에 외연기관인 스터링 엔진(Stirling engine)[58]을 설치하여 전력을 생산하는 방식으로 디쉬스터링 시스템 이라고 하며, 그 발전규모는 보통 10~25kW 정도의 소규모 급에 속한다. 접시형은 집광비가 높아 고온의 열을 얻을 수 있어 높은 전기전환 효율을 기대할 수 있으나 제작비가 다른 시스템에 비해 많이 들고 스터링 엔진이 널리 보급되는 것이 필수적이다.

**[그림 4-7]** 접시형 집열기

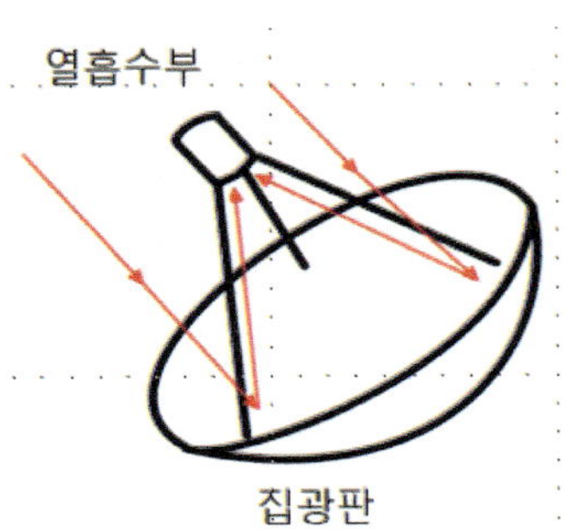

---

58) 스터링 엔진은 외연기관으로 밀폐된 실린더 내 기체를 열의 힘으로 가열-팽창하여 실린더를 밀어 올리고 냉각-수축 행정에서는 가열을 멈추어 기체의 수축으로 실린더가 원위치로 돌아오게 하는 4행정 열기관이다.

말구유형, PTC(Parabolic Trough Concentraror) 집열기는 포물선 모양의 반사판이 있고, 그 중앙에 흡수판 역할을 하는 집열관이 있어서 200~250°C 정도의 온도를 얻을 수 있다. 또, PTC는 태양의 고도에 따라서 집열관을 중심으로 기울기를 조정하여 태양을 추적함으로써 집광양을 늘릴 수 있다.

말구유형은 1980년대 후반부터 개발되어 현재 전 세계적으로 상업용 태양열 발전시스템의 대부분을 차지하고 있으며, 기존의 가스터빈과 폐열회수 보일러를 이용하는 복합발전과 함께 연계하여 이용하는 형식으로 그 활용성을 높여 가고 있다.

**[그림 4-8]** 말구유 형 집열기

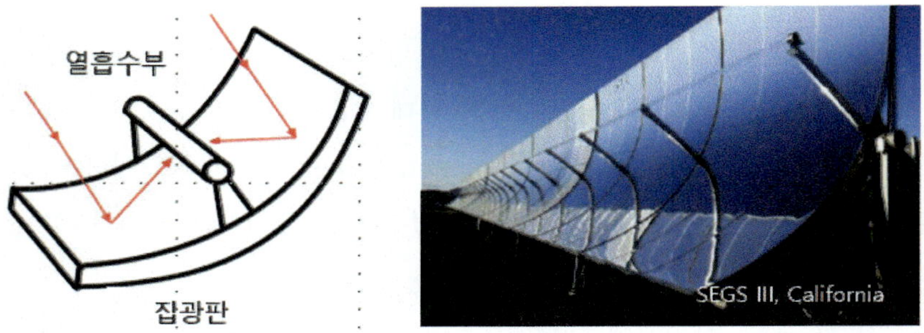


CPC(Compound Parabolic Concentrator)형 집열기는 진공관형과 구유형의 장점을 이용한 형태라고 할 수 있는데 아래 그림과 같이 포물선 모양을 가진 반사판으로 집열하는 방법으로써 반사판이 태양추적 없이 직달 및 산란일사 모두를 집광할 수 있는 집열기이다. CPC 집열기는 평판형 집열기와 비교하였을 때 집광비를 높임으로써 중·고온(80-150℃)의 온도를 얻을 수 있다.

CPC는 위의 말구유형과는 달리 대류 열손실을 줄이기 위해서 CPC 집열기의 개구부에 반투과성 마개를 사용하고 있고 집열기에서 발생하는 전도 및 대류 열손실을 줄이기 위해서 이중 진공관을 사용한다. 그러나 CPC는 구유형과 같이 단축 태양 추적만 가능하기 때문에 경제적인 면에서는 우수하지만 2축 추적형에 비해 효율이 떨어진다.

**[그림 4-9]** 포물선형 집열기 (CPC)

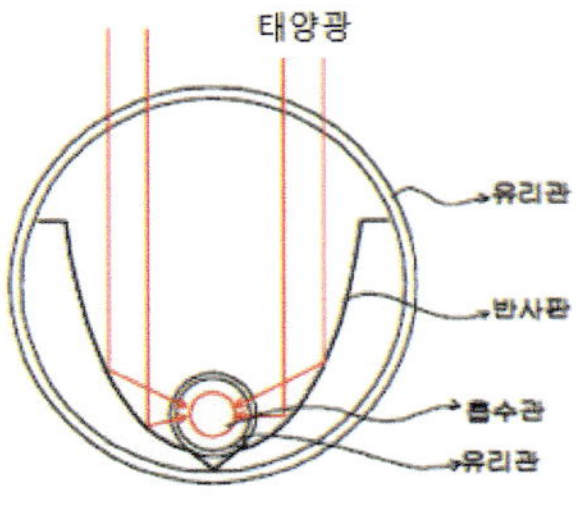


CPC (단면)

타워 형, CRS(Central Receiver System)은 수십 혹은 수백 개의 태양반사경(heliostat)을 넓은 면적에 배치하고 중앙타워에 설치된 집열기에 태양일사를 반사하여 집열하는데, 집열기의 열전달 매체로는 용융염[59] 또는 액체금속을 사용하여 1500℃ 이상의 고온을 얻을 수 있다. 이런 고온으로 증기터빈을 이용하여 전기를 생산하거나 다른 용도의 고온 산업공정에 이용하기도 한다.

타워형은 두 축으로 태양을 추적/반사하므로 구유형이나 CPC에 비하여 높은 열을 얻을 수 있어서 증기터빈을 발전용으로 사용할 경우 유입 증기의 온도 및 압력을 높일 수 있고 전체 시스템 효율을 증가시킬 수 있다.

**[그림 4-10]** 타워형 집열기

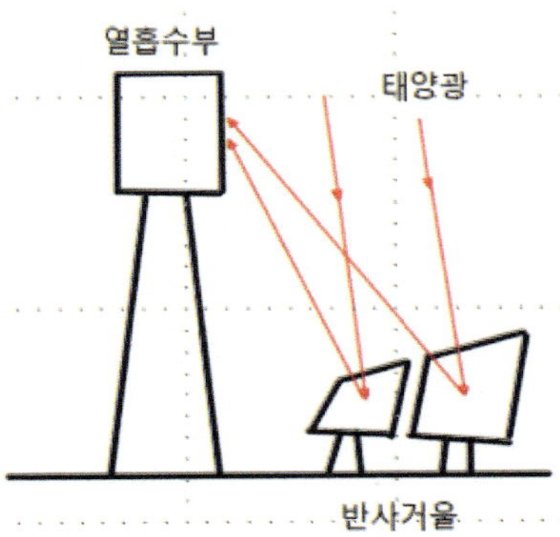

59) 용융염은 질산나트륨이나 질산칼륨 등의 혼합물인데 260~550°C의 고온으로 열을 가했을 때 액체로 변하는 물질을 말한다. 녹인 소금이라는 뜻이다.

태양로(solar furnace)는 타워형과 같이 수많은 태양반사경을 설치하여 집광하지만 반사되는 태양광을 직접 이용부에 보내지 않고 그보다 더 넓은 면적의 오목한 포물면 집광기로 반사시키고 그 집광기에서 다시 이용설비로 초점을 맞추어 보냄으로써 3,000~4,000℃의 초고온의 열을 만들어 내는 장치이다. 태양로로 얻을 수 있는 이런 고온의 열은 철을 생산하거나 물의 열분해 공정에 이용하여 수소를 생산할 수도 있고 다른 고온 산업공정에도 이용될 수 있다.

**[그림 4-11]** 태양로

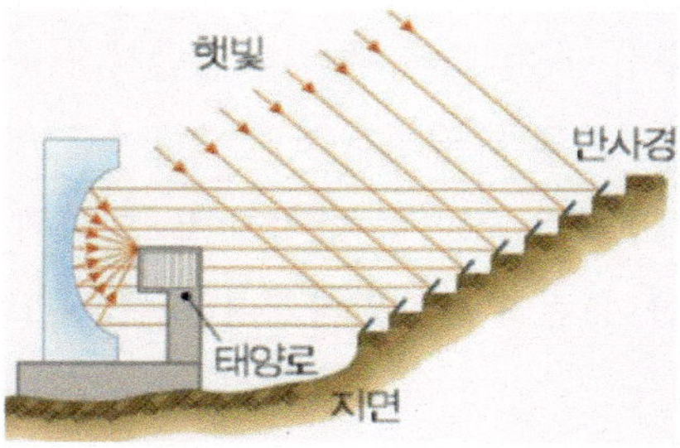

## 4-2 태양광의 이용(태양전지)

태양에너지를 이용하여 전기를 생산하는 길은 앞에서 설명한 것과 같이 태양열 집열설비를 이용하여 고온의 증기를 얻어서 증기터빈으로 전기를 생산할 수 있지만 증기기관이나 다른 열기관을 이용하지 않고 태양광을 직접 전기로 전환하는 방법이 있다. 이런 방법을 태양광 발전(PV, photovoltaic)이라고 부르는데 태양광의 광전효과 (photon effect)를 이용하여 직접적으로 직류전기를 생산하는 방법을 말한다.

광전효과는 빛의 입자성질을 이용한 현상으로 금속판에 일정한 진동수 이상의 빛을 비추면 표면에서 전자가 튀어나오는 현상이다. 물질의 원자는 원자핵을 중심으로 그 주위에 음전하를 띠는 전자로 구성되어 있고, 전자가 도는 궤도는 마치 양파처럼 여러 겹으로 되어 있다. 이 전자들은 외부로부터 에너지를 얻으면 원자핵으로부터 멀어지는 궤도로 올라가고, 에너지를 방출하면 다시 가까운 궤도로 내려오는 성질이 있다. 원자핵으로부터 거리가 먼 전자들은 한계 진동수(문턱 진동수)보다 더 큰 진동수를 가진, 즉 높은 에너지를 가진 전자기파를 흡수했을 때 보다 높은 에너지의 상태로 변하는 여기현상(전자들이 들떠 있는 상태)을 일으켜서 전자가 궤도를 이탈하는데 이런 전자를 자유전자라고 한다.

광전효과에 의해서 방출되는 자유전자를 광전자라 하는데 보통 전자와 성질이 다르지는 않지만 빛에 의해 방출되는 전자이기 때문에 붙여진 이름이다. 광전효과를 일으키는 물질의 음/양극을 연결하면 음극에서 양극으로 전류가 흐르고, 이렇게 생성된 전류는 쪼여지는 빛의 세기에 비례한다.

반도체를 만드는 소재는 여러가지가 있지만 실리콘이나 갈륨비소, 황화카드뮴과 같은 무기 화합물들이 있는데, 소재만 다를 뿐 전기를 생산하는 원리는 모두 비슷하다. 실리콘 반도체의 경우 상대적으로 전자가 풍부한 n-형 반도체와 반대로 전자가 부족하여 빈공간이 많은 p-형의 반도체를 만들어 접합하고 그 접합면에 태양빛을 쬐면 광자를 흡수하여 1쌍의 한 쌍의 전자와 정공[60]이 생긴다.

60) 정공(electron hole)이란, 원자에서 전자가 빠져나간 뒤 생기는 구멍이다. 정공은 단순한 빈 공간이 아니라, 입자의 성질을 지닌 준입자이고 전기전도성을 지니고 양의 전하(+)를 가지는 양이온이다.

**[그림 4-12]** n-형과 p-형 반도체

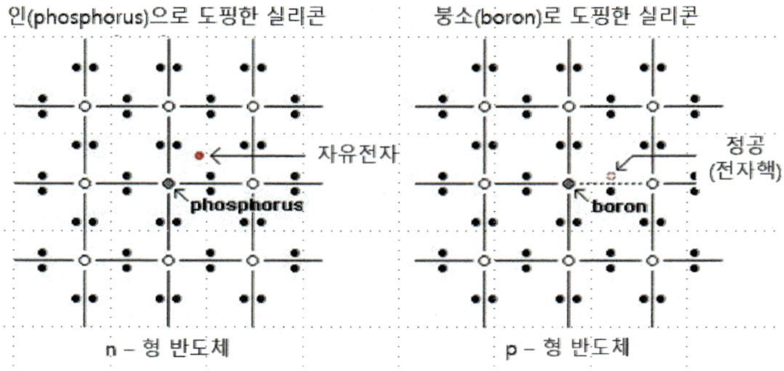


이때 전자는 n-형 반도체로, 정공은 p-형 반도체로 이동하기 때문에 전하의 흐름이 생기고, 외부회로를 연결하면 p-형에서 n-형으로 흐르는 전류가 발생한다. 이런 광전효과를 일으키도록 만들어진 p-n형 반도체의 접합체를 태양전지(solar cell, 솔라셀)이라고 한다.

현재 반도체 시장의 90% 이상을 차지하고 있는 태양전지는 실리콘(Si)을 도핑해 만든 반도체를 이용한 실리콘 솔라셀이고 일반적으로 사용되는 태양전지 중에서 효율도 가장 높다.

**[그림 4-13]** 솔라셀과 광전자의 흐름

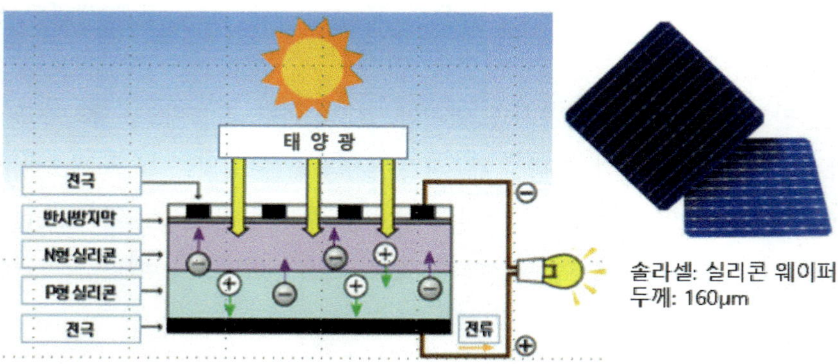


광전효과는 1839년 프랑스의 E. Becquerel에 의하여 최초로 발견되었고 아인슈타인은 광전효과의 원리를 규명하여 1905년 노벨 물리학상을 받았다. 그후 1918년 폴란드의 Jan Czochralski가 단결정 실리콘을 성장시키는 기술을 개발하였고 1940, 1950년대 초에 고순도 단결정 실리콘을 제조할 수 있는 공정이 개발되었다.

1954년 미국의 벨연구소에서 불순물로 도핑된 실리콘이 햇빛에 매우 예민하게 반응하는 것을 우연히 발견하여 효율 4%의 실리콘 태양전지를 개발했고, 1958년에는 미국의 방가드 위성에 최초로 태양전지를 탑재한 이후 모든 위성에 태양전지를 사용했다. 1970년대 이후에는 태양전지의 상업화가 급진전되었고 기술도 많이 개발이 되어서 실리콘으로 만든 단결정, 다결정 솔라셀을 1세대, 박막형 태양전지를 2세대 태양전지로 구분할 수 있으며, 대부분 가정용이나 공공건물 혹은 대단위 면적에 설치되어(solar farm) 전력 공급망에 연결하여 이용한다.

현재 가장 많이 상용화 된 태양전지는 결정질 실리콘을 기판형태로 만드는 실리콘 웨이퍼(wafer)와 면적이 넓은 유리나 금속판 기판에 태양전지를 구성하는 물질을 수 마이크론의 박막형태로 증착하는 박막형 태양전지가 있다. 실리콘 웨이퍼 중에서 단결정 실리콘은 최고효율이 27%, 다결정 웨이퍼와 박막형의 경우는 22%에 달한다. 그리고 박막형 태양전지는 생산공정이 다른 반도체에 비하여 덜 까다로워서 단위 생산전력 당 가격은 다른 반도체보다 약 25% 낮으나 수명이 다른 것들에 비해 떨어진다.[61] 결정질 실리콘 외에 비정질 실리콘 박막 솔라셀도 있고, 실리콘 계통이 아닌 화합물 반도체로 만든 태양전지도 있으나 특수용을 제외하면 아직 산업화가 되지 않고 있다.

태양전지를 이용한 태양광발전 시스템은 발전기에 해당하는 태양전지 모듈 (혹은 여러 모듈의 집합체인 어레이), 전력저장기능을 하는 축전장치, 태양전지에서 발전한 직류를 교류로 변환하는 전력변환장치(PCS, Power Conditioning System, 인버터라고도 함), 그리고 시스템 제어장치로 구성되어 있고, 생산된 전력은 계통연계장치를 거쳐서 상용전력망에 공급되거나 다른 부하장치(전력 소비장치)로 구성되어 있다.

61) Green Match (https://www.greenmatch.co.uk/), 2013년 4월 접속

[그림 4-14] 태양광 발전 시스템의 구성

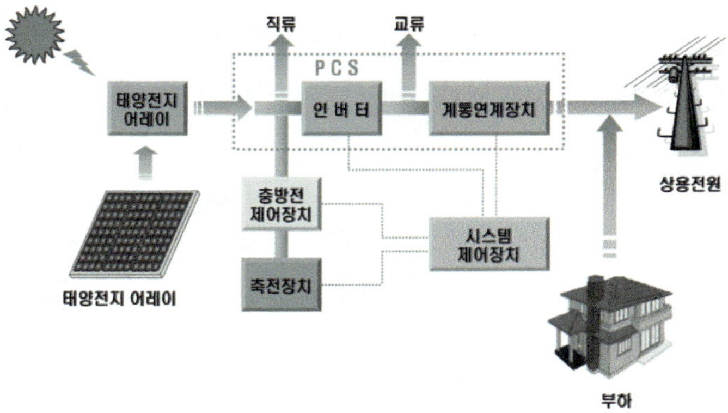


태양광 발전 시스템은 태양전지 셀을 기본으로 하고, 셀에 장착된 알루미늄 리본을 이용하여 보통 60-72개의 셀을 병렬로 가로와 세로로 연결하고 투명 전면과 구조적 후면 사이에 적층한 것을 태양전지 모듈(PV module)이라고 한다. PV 모듈은 보통 금속 프레임을 가지고 있으며 무게는 15~28kg이다. 가장 흔히 사용되는 결정질 실리콘 태양전지를 예로 들면 실리콘 소재로부터 잉곳, 웨이퍼 작업을 하여 태양전지 셀을 만드는 일련의 과정은 반도체 공정과 유사하며, 만들어진 셀을 모듈화 하는 과정 역시 매우 정밀하고 자동화되어 있는 공정 설비를 통해 생산이 되게 된다.

[그림 4-15] 솔라셀, 모듈, 모듈 어레이 개념도

태양전지 셀의 모듈은 현장에서 사용 가능한 가장 기본적인 제품이며, 요구 되는 출력이나 발전량에 따라 모듈을 다시 여러 개로 나열하여 사용하게 되는데 이를 태양전지 모듈 어레이(array) 라고 한다. 그림 4-15는 실리콘 원재료로부터 모듈 어레이를 만드는 과정을 간략히 나타낸 개념도이다.

태양광 주택(솔라홈, solar home)은 단위 주택에 필요한 조명과 가전기기 혹은 다른 전기기기에 전력을 공급하기 위하여 소규모, 독립적인 태양광 자가 발전 시스템을 갖춘 주택을 말한다. 태양전지 어레이는 보통 햇빛이 잘 드는 남향의 지붕 위 혹은 별도의 지상 공간에 필요한 전력에 해당하는 크기로 설치하고 생산된 직류전기를 저장할 수 있는 축전설비(배터리)와 그리고 직류전기를 교류전기로 전환할 수 있는 직/교류 변환기(인버터)를 갖추어서 각종 전력부하(기기)에 사용하도록 구성되어 있다. 또, 양방향 계량기를 설치하여 생산된 전기를 가정에서 직접 사용하고 남는 전기는 전력상계제도에 따라 전력회사에 판매(역송)할 수 있다.[62]

**[그림 4-16]** 솔라홈의 구성과 사례

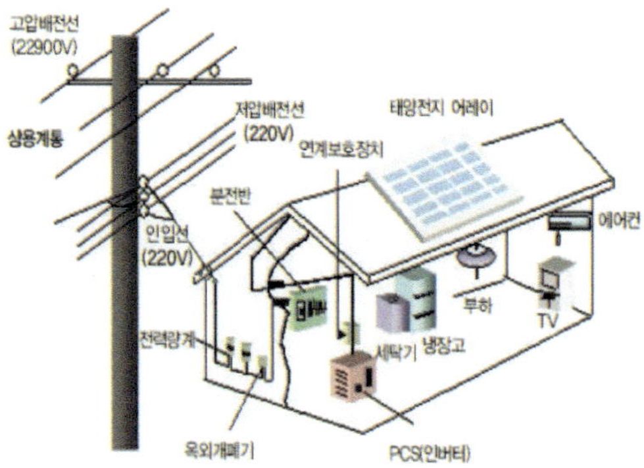

건물일체형 태양광 발전 시스템(BIPV, building integrated photovoltaic)은 건축물의 창호나 벽면, 발코니 및 지붕재 등 건축물의 외피를 구성하는 자재를 태양광 모듈로 대체하여 건물에 필요한 전기의 일부 혹은 전량을 생산하는 방법이다. 이 방법은 앞에서 설명한 솔라홈, 즉 태양광 모듈이 제거되어도 건물의 구조적 기능이 훼손되지 않는 부착형 설비와는 구별된다.

---

62) 전력상계제도는 단원 3 참조

BIPV는 전력 수요처와 생산지가 동일하여 전력의 중앙공급에 의존하지 않는 분산전원 시스템이며 송배전 손실이 없고 친환경적이다. 또, 별도의 설치부지가 필요 없어서 협소한 지형조건에도 설치가 가능하고 건물의 외장재를 대체하기 때문에 건설비용도 낮출 수 있고, 친환경적인 건물로서 건물의 가치가 상승되는 효과도 있다.

우리나라에서 BIPV는 '공공기관 신재생에너지 설치 의무화' 제도와 연계되어 그 시장이 확대될 수 있다. 이 제도는 신재생에너지 설비의 보급과 확산을 위해 공공기관이 신축 또는 증·개축하는 연면적 1,000㎡ 이상의 건축물에 대해 예상 에너지사용량의 일정비율 이상을 신재생에너지로 설치하는 제도이다.

**[사진 4-1]** BIPV 사례들

BIPV는 최근 전 세계적으로 권고 혹은 의무화 하고 있는 제로에너지 건축물(ZEB, zero energy building) 인증제도와 재생에너지 설치 의무화 시장에서 매우 중요하게 부상되고 있다. 제로에너지 건축물이란 건축물에 필요한 에너지 부하를 최소화하고 재생에너지를 생산, 활용하여 에너지 소요량을 최소화하거나 제로가 되는 에너지 중립적 친환경 건

물을 말하는데, 유럽의 경우 제로 에너지 건축물이란 건물의 난방, 냉방, 급탕, 조명, 환기 등을 위하여 건축 구조나 설비면에서 매우 높은 에너지성능을 갖는 건축물을 말한다. 이때 제로에너지의 의미는 해당되는 대지 내 또는 인근지역으로부터 생산된 재생에너지가 포함된다. 우리나라도 2017년부터 제로에너지 건축물 인증제도를 도입하여 공공건물과 민간건물까지 단계별로 시행하고 있다.

**[그림 4-17] 제로에너지 건축물 개념도**

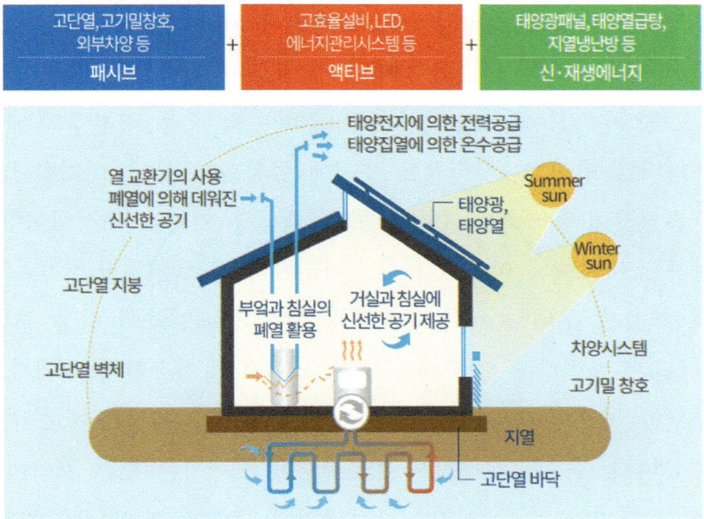


주거용이나 공공 혹은 산업적 건물을 유지, 운영하는 데는 상당한 양의 에너지가 필요하며 그 양은 통계에 의하면 전 세계 총 에너지 소비량의 40%를 차지하고, 또 운송부문에서 배출되는 온실가스보다 더 많은 양의 온실가스를 배출한다고 한다. 따라서 전 세계적으로 건물에 대하여 최소한의 에너지를 소비하고 친환경적으로 설계, 운영할 것이 요구되고 있고 태양 에너지 프로젝트에 대한 각국 정부의 지원도 증가되고 있다.

이런 영향으로 2022년도 BIPV 시스템의 세계 시장규모는 약 180억 US 달러였으며 2030년까지 약 800억 US달러로 성장할 것으로 전망하고 있고 그 기간 동안에 연평균 성장률 21.4%를 기록했다.[63)] 우리나라의 건물일체형 태양광발전 시장은 2020년 1억 1,000만 달러에서 연평균 성장률 21.19%로 증가하여, 2026년에는 3억 6,000만 달러에 이를 것으로 전망되고 있다.[64)]

63) Research and Market, January 2023

솔라팜(solar farm)은 태양광 발전소인데 대규모의 지상 부지에 태양광 발전설비를 설치하고, 생산된 전기는 목적에 따라 분산식 전원으로 지역 내에 공급되기도 하고 중앙 집중식 전력망에 연결하여 공급하기도 한다. 대규모의 농장형태이기 때문에 붙여진 이름이며 솔라파크(solar park) 혹은 솔라 스테이션(solar station)이라고도 한다.

태양광 발전소는 일반적으로 설비용량이 수 MW가 되며 일부 솔라팜의 용량은 150MW 혹은 그 이상에 이른다. 대부분의 솔라팜은 태양추적식으로 설계되어 있어서 태양의 일일 경로에 수직방향으로 방향전환이 가능하여 태양광의 이용효율을 최대화하고 있다.

솔라팜은 그 크기에 따라 유틸리티 규모 솔라팜과 커뮤니티 규모 솔라팜 두 가지 유형으로 나눌 수 있다. 유틸리티 규모의 태양광 발전소는 일반 화력발전소와 같이 '전력망 연계 발전소'라고 할 수 있는데, 그 발전 전력양이 수백 혹은 수천 MW에 이르고 태양광 패널이 지평선 너머로 뻗어 있는 대규모 부지에 설치되어 있다. 이러한 발전소는 생산된 전력을 고전압 송전선에 분배하는 수십만 개의 태양광 패널로 구성되어 전력 공급망(power grid)을 따라 소비자에게 이송된다. 또, 이러한 발전소는 일반적으로 전력공급회사로부터 특정 양의 전기를 구매하는 데 동의하는 전력 구매계약에 따라 운영된다.

커뮤니티 솔라팜은 전력망에 연계되지 않은 독립적 발전소인데 지역사회 가정과 기업을 위해 보통 5MW 이하의 (100kW 규모도 있음) 전기를 생성하는 소규모 태양광 발전소이다. 이런 커뮤니티 솔라팜의 특징은 프로젝트에 참여하는 모든 지역민이 투자하며 운영권한을 공유하고 투자한 주민 수와 생산량에 따라 주민들은 에너지 절감 효과를 볼 수 있다.

이 경우 전력공급 회사는 가정의 에너지 부하에 비례하여 가상 넷미터링(virtual netmetering) 이라는 방법으로 커뮤니티 태양광 발전소에서 생성하는 전기량에 대해 청구서를 공제한다. 또한 커뮤니티 태양광은 분산전원이기 때문에 유틸리티 규모의 발전소와는 다르게 생산된 전기는 가까운 거리에 있는 가정에 독립적으로 전력을 공급하는 데 사용되어서 중앙 전력 공급망에 문제가 있어서 단전되더라도 전력 이용에 문제가 없다.

솔라팜의 설치비용은 일반적으로 와트당 \$0.89에서 \$1.01 사이에 있다.[65] 즉, 태양광 발전소를 지을 토지가 이미 있다고 가정했을 때 1MW 태양광 발전소의 비용은 약 100만 달러가 든다는 뜻이다. 태양광 발전소는 또한 솔라홈 태양광 시스템보다 건설 및 운영 비용이 훨씬 저렴한데, 통계에 따르면 일반적으로 20kW 미만인 주거용 태양광 패널 시스

64) 글로벌 시장동향보고서, 연구개발특구진흥재단, 2021

65) The Solar Energy Industries Association, SEIA, 2021 평균 국가 비용 수치를 기반으로 한 수치임.

템의 설치비용은 W당 3.06 달러인데 비하여 태양광 발전소의 W당 설치비용은 주거용 태양광 발전 설치비용의 1/3도 되지 않는다.

2022년 3월 현재 세계에서 가장 큰 태양광 발전소는 인도 라자스탄 사막 지역에 있는 Bhadla Solar Park이다. 이 솔라팜은 5,700헥타르의 거대한 면적에 건설되었고 2,245M W 의 전력생산용량을 가지고 있고 2020년도에 kWh 당 3.1센트(US)로 전력을 공급할 수 있었다고 한다.

**[사진 4-2]** 세계 4대 솔라파크, 최대 부유식 솔라파크

Bhadla Solar Park, India
위치: Rajasthan, India
설비용량: 2,245 MW

Huanghe Hydropower Hainan Solar Park- China
위치 : Qinghai province, China
설비용량 : 2,200 MW

Pavagada Solar Park, India
위치 : Karnataka, India
설비용량 : 2,050 MW

Benban Solar Park, Egypt
위치 : Aswan Governorate, Egypt
설비용량 : 1,650 MW

부유식 솔라파크, Huaneng Power International
위치: Dezhou, Shandong province. China
설비용량: 320 MW

태양광 전지판(모듈 혹은 어레이)는 운송용 차량에 이용되기도 한다. 태양광 자동차(solar car)는 보통 자체에 고정하거나 차체 일체형으로 태양전지판을 장착하여 햇빛으로부터 차량이 필요한 에너지의 전체 또는 일부분의 전력을 공급받는 전기 자동차이다. 태양광 자동차는 보통 차량 시동용 배터리 외에 내부 전원용 배터리를 별도로 장착하여 차를 운행하지 않을 때 차의 내부 기기 및 보조 시스템에 필요한 전기를 쓰기 위하여 독립 전원으로 이용하기도 한다.

전기버스 혹은 다른 운송용 전기차량에 태양광 전지판을 병용 설치할 경우 전력 공급망에 연결되어 충전하는 충전전력을 절감하고 배터리 수명도 늘리고 충전시간도 줄이는 효과를 얻을 수 있다. 또한 이동과 함께 에너지를 소비하는 냉동차량의 경우 냉동에 필요한 전기의 상당량을 절감하기도 한다. 또, 레저용 차량에 설치된 태양전지판은 차량이 장시간 운행되지 않을 때 조명이나 냉,난방 혹은 차량 내 보조 시스템들의 가동에 사용된다.

태양광 자동차의 태양전지판은 수평, 수직 혹은 태양 추적식으로 장착하여 각도가 자동으로 조정되는 경우가 있고, 차체 일체형으로 만들어서 운행 중 여러 각도로부터 입사되는 태양광에 효과적으로 작용하게 하는 경우도 있다. 또 트레일러 형식으로 별도의 장치를 만들어서 차량의 이동과 함께 사용하는 경우도 있다.

**[사진 4-3]** 태양광 차량의 사례

태양광 전지판은 선박이나 항공기에도 장착되어 이용되고 있다. 태양광 선박(보트)은 태양 에너지를 사용하여 모터, 내비게이션 시스템, 온보드 전자 장치 및 기기에 전원을 공급한다. 선박에 이용되는 태양광 시스템은 주택이나 차량의 태양광 시스템과 거의 동일하게 구성되고 작동하지만 해양 환경의 고유한 요구 사항과 과제를 충족하기 위해 약간의 구조적 차이가 있다.

보트에 장착된 태양 전지판은 태양광으로부터 전기를 생산하여 충전식 배터리 뱅크에 충전되어 전기 흐름을 제어하는 충전 컨트롤러로 보내지고 인버터를 통해 직류(DC)를 교류(AC)로 변환하여 전기 모터, 내비게이션 시스템 혹은 다른 전기기기로 전송된다. 이런 기본적 구조는 태양광 항공기도 마찬가지이다.

**[사진 4-4]** 태양광 선박과 항공기

Silent 55, Silent Yachts, 미국

Elektra One Solar, 독일

우주 태양광발전소(space solar power station, SSP)는 태양광 발전 위성을 이용해 우주공간에서 태양에너지로 발전을 하여 그 에너지를 지구로 보내는 개념이다. SSP의 장점은 태양 에너지를 우주공간에서 이용하므로 지구로 도달할 때 대기에 의한 반사와 흡수가 일어나지 않으므로 에너지를 더 많이 수집할 수 있고, 밤이 없고 또 태양을 수직으로 향하도록 방향을 조정할 수 있기 때문에 지상의 경우보다 더 많은 에너지를 이용할 수 있다. SSP로 생산된 전력은 직접 지구에 전송할 수 없기 때문에 다른 형태의 에너지(예: 마이크로파 혹은 레이저)로 전환하여 무선으로 대기를 통해 지표면으로 보내고 이 에너지를 지상에 있는 수신기로 받을 수 있어야 한다.[66]

**[사진 4-5]** 우주 태양광발전소 모형

NASA

66) Wikipedia

우주 태양광발전소는 1970년대 초반부터 다양한 방법으로 연구되었지만 현재까지 필요한 설비를 우주공간으로 보낼 때 높은 비용때문에 실행 가능한 제안이 없다. 그러나 일부 기술자들은 이것이 먼 미래에 소행성 이나 달의 물질을 이용한 태양광 패널 제작이 가능하고 로켓 이외의 다른 급진적인 새로운 우주발사 기술로 가능할 것으로 추측하고 있다.

Caltech(켈리포니아공과대학교)에서는 2023년 1월에 우주궤도에 발사된 우주태양광발전 시제품(프로토타입)이 작동 중이며 우주에서 전력을 무선으로 전송하고 탐지 가능한 전력을 지구에 처음으로 수신하는 능력을 시연했다.[67]

## 4-3 태양광 전지의 미래

2021년에 전 세계 태양광 발전 누적 시설용량은 940GW에 달했다. 지난 10년 동안 거의 20배 증가했으며 향후 각 나라의 정부가 실제로 실행했거나 개발 중인 정책을 기준으로 할 때(STEPS) 향후 10년 동안 약 3배 증가할 것으로 전망하고 있다. 130개 이상의 국가에서 그린에너지 개발 정책을 추진하고 있고 최근 화력 발전소에 비해서 태양광 발전 경쟁력이 높아지고 있는 것을 주 원인으로 보고 있다. 태양광의 균등화발전비용[68]도 지속적으로 하락하고 있고 유틸리티용 태양광 발전 프로젝트를 위한 자금조달 비용도 낮아지고 있어서 2030년까지 발전비용이 50% 가량 하락할 것으로 예측되고 있다.[69]

국제재생에너지기구(IRENA)가 실시한 연구에 따르면 태양에너지는 2022년 전세계 재생에너지 용량 증가의 약 65%를 차지했다고 한다. 이 기구의 2023년도 재생에너지 용량 통계에 따르면 2022년에는 총 192GW의 태양광 용량이 설치되어 전년 대비 22%가 증가한 것으로 나타났다. 지난해 재생에너지 발전 용량은 295GW(+9.6%) 증가했으며, 이는 태양광 용량이 전 세계 재생에너지 전력 용량 증가의 65.1%를 차지했음을 의미한다.

---

67) Caltech, 2023

68) 균등화발전원가(Levelized Cost of Electricity, LCOE)는 발전소가 1kWh의 전기를 생산하기 위해 설비 운영기간에 발생하는 모든 비용을 수치화해서 나타낸 값을 말한다.

69) Center for Sustainable Systems, University of Michigan (https://css.umich.edu/publications/ factsheets/energy/photovoltaic-energy-factsheet)

**[도표 4-2]** 전 세계 태양광 전지 누적 용량 증가 전망

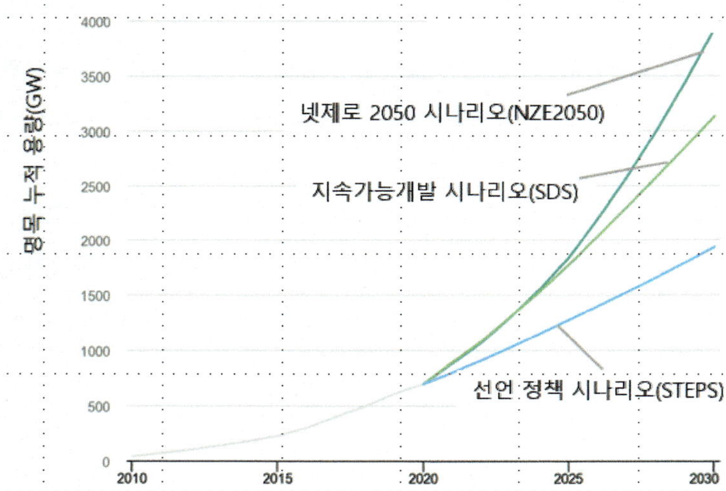


선언정책 시나리오에서 재생에너지는 향후 10년 동안 전 세계 전력 생산량 증가의 약 80%를 차지하며 2025년에는 석탄발전을 추월할 것으로 보고 있고 이런 경향은 다른 두 시나리오에서 더 뚜렷해지면서 태양광 발전은 향후 전기공급에서 주도권을 잡을 것으로 보고 있다. 선언정책 시나리오에서 태양광 발전은 2030년까지 기록적인 투자를 보이면서 매년 12%씩 증가할 것으로 보고 있다.

태양광 전지의 미래는 모듈 생산 비용/가격 문제와 여러가지 소재의 광전효율, 그리고 소재의 물리적 특성에 따른 적용범위의 한계를 극복하는데 그 초점이 있다고 보고 있다.

태양광 발전 모듈 가격은 2009년 이후 89% 가량 하락하여 전 세계적으로 태양광 발전 가격이 1-2¢/kWh 정도로 낮은 수준이다. 도표 4-3는 2009년 이후 4가지 용도에 따른 태양광 1Watt 전력당 설비가격을 기록한 것이다.

**[도표 4-3]** 태양광 전력 1Watt 당 설비가격 추이

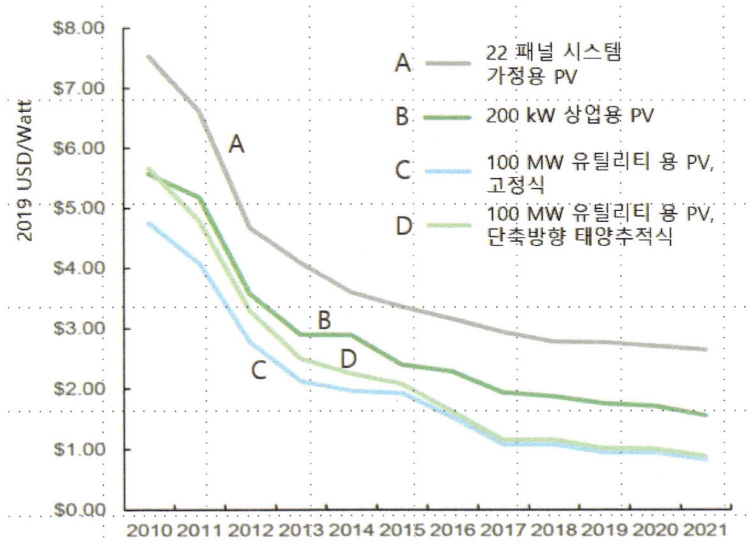


가격뿐만 아니라 순 에너지 비율도 PV 시스템의 미래를 볼 때 중요한 문제가 된다. 순 에너지 비율이란 PV 시스템의 수명 전주기 에너지 출력을 동일 기간을 기준으로 하여 기본 에너지 입력양과 비교한 것이다. 한 보고서에 따르면 비정질 실리콘 PV는 이를 생산하는 데 필요한 에너지 보다 3-6배 더 많은 에너지를 생산한다고 한다. 다결정 셀을 재사용하면 제조 에너지를 50% 이상 줄일 수 있다.

태양광 전지의 소재로는 실리콘, 갈륨 비소(Ga As), 카드뮴 텔루라이드 (CdTe), CIGS, 페로브스카이트 및 일부 유기 화합물을 포함하여 다양한 반도체 소재들이 개발, 상용화되고 있다. 이런 소재들의 광전지 변환효율은 각 소재의 공급망 문제와 함께 비용 효율성 즉 전력 와트당 모듈의 생산비용과 직결되어 있어서 광전지 시장에서 매우 중요한 역할을 한다.

갈륨비소 혹은 갈륨 아세나이드(gallium arsenide, GaAs)는 갈륨과 비소가 합성된 화합물이다. GaAs 태양전지의 광전효율은 약 40%로서 실리콘 태양전지보다 두 배 이상 높다. 카드뮴 텔루라이드(Cadmium Telluride, CdTe)는 카드뮴과 텔루륨으로 형성된 안정된 결정 화합물이다. CdTe는 수kW 급 광전지 시스템에서 결정 실리콘으로 만들어진 태양전지보다 비용이 저렴한 유일한 박막 기술이다.

CIGS 박막 태양전지는 구리, 인듐, 갈륨, 셀레늄 4원소로 이뤄진 Cu(In,Ga)Se2 화합

물을 유리나 플라스틱 기판에 증착해서 만든다. 실리콘 등 여타의 광흡수층 물질보다 광흡수 계수가 커서 박막 태양전지 중에서 가장 높은 광전효율을 가지고 있고, 유연성 박막 소재로서 건축물 일체형 또는 부착형 태양광 설비에 유력하다.

페로브스카이트는 두 개의 양이온과 하나의 음이온이 결합한 특이한 규칙적 입체 구조를 갖는 광물질이다. 페로브스카이트라는 명칭은 러시아의 광물학자 L. A. Perovski의 이름을 딴 것이며 1839년 러시아의 우랄 산맥에서 발견된 산화 칼슘 티타늄(CaTiO3) 광물이다. 페로브스카이트 물질이란 결정구조가 CaTiO3와 동일한 구조를 가진 물질을 말한다.

현재 세계 시장을 지배하고 있는 태양전지는 크게 1세대 태양전지로 불리는 결정계 실리콘 태양전지(c-Si), 그리고 화합물을 활용해 유연성을 키운 2세대 태양전지로 불리는 박막형 태양전지인데, 결정계가 95% 이상을 차지하고 박막형 태양전지가 그 나머지를 차지하고 있다. 연료 감응형 태양전지, 유기 페로브스카이트 태양전지 등의 차세대 소재들은 기술개발 활동이 활발하게 수행되고 있으나 아직 세계 태양전지 시장에서 미미한 점유율을 차지하고 있다.

**[도표 4-4]** 태양광 모듈 소재별 시장점유율

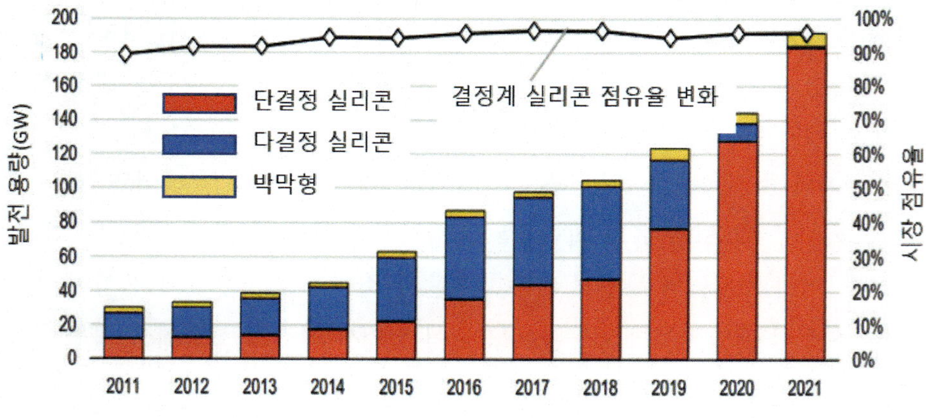


태양전지의 태양에너지를 전기로 바꿔주는 에너지 변환효율은 광전효율이라고 하며, 입사 태양 에너지에 대한 전기로 변환되는 에너지와 비율이다. 현재 대부분의 상업용 태양전지 패널의 효율은 15%~20%이지만, 기록되고 있는 최고 효율은 실리콘 웨이퍼 중에서 단결정 실리콘은 최고 효율이 27%, 다결정 웨이퍼와 박막형의 경우는 22%에 달한다. 따라서 미래에는 더 저렴하고, 소재의 공급망 문제가 없고, 높은 효율을 가진 태양전지 개발에 집중될 것으로 보고 있다.

페로브스카이트 태양전지는 생산비용이 낮으며 그동안 지속적인 연구개발을 통해 광전효율을 25%까지 높였으나 수분과 열에 노출되면 성능이 급격히 떨어지는 단점이 있다. 이를 해결하기 위한 노력이 세계 각국에서 행해지고 있다.

페로브스카이트 태양전지 외에도 상하부에 두 개의 태양전지를 설치 상하부 양면에서 빛을 흡수하는 에너지를 극대화해 효율을 높이는 탠덤 태양전지(페로브스카이트/폴리실리콘 중첩), TOPCon[70], 이종 접합 태양전지 등 기존 태양전지 대비 효율을 높인 고효율 결정질 실리콘 기술이 차세대 태양전지 기술로 주목받고 있다.

**[도표 4-5]** 광전지 소재의 광전효율

| 공전기 기술(소재) | | 셀 광전효율(%) | 모듈 광전효율(%) |
|---|---|---|---|
| 결정질 소재 | 단결정(모노) 실리콘 | 27.6 | 24.4 |
| | 다결정(폴리) 실리콘 | 23.3 | 20.4 |
| | 다중접합 GaAa | 47.1 | 38.9 |
| 박막 소재 | CdTe | 22.1 | 19.5 |
| | CIGS | 23.4 | 19.2 |
| 신흥 소재 | 페로브스카이트 | 25.7 | 17.9 |
| | 유기 화합물 | 18.2 | 11.7 |

소재의 광전효율을 높이는 방법 외에 렌즈나 오목거울을 이용하여 많은 햇빛을 적은 모듈 면적으로 모으는 집광기 PV를 이용하면 태양전지에 빛을 집중시킬 수 있어서 동일한 크기의 모듈로 더 많은 에너지를 전환할 수 있다.

70) TOPCon(Tunnel Oxide Passivated Contact)은 전하선택형 태양전지 혹은 터널 산화물 부동태화 접촉 태양전지라고 하며 다결정 실리콘을 기반으로 하고 있는데 독일의 Fraunhofer Institute for Solar Energy Systems에서 2013년에 업계에 도입했으며 적어도 2019년부터 중국 주류 제조업체에서 사용하고 있습니다. 재조합 손실을 줄이고 셀 효율성을 높입니다.

# 참고문헌/인용자료


**그림 4-1 태양의 복사에너지**

- Olomiyesan, B.M 외, Nigerian Journal of Solar Energy, Vol. 26, 2015

**그림 4-3 부착온실의 낮과 밤의 공기흐름**

- Venturewell (https://sustainabilityworkshop.venturewell.org/)

**그림 4-4 설비형 태양열 이용설비의 구성과 태양열 주택**

- 한국에너지공단 (https://nr.energy.or.kr/)

**그림 4-5 평판형 집열기**

*** 평판형 집열기 집합체 (Masdar City, UAE)**

- Solar thermal collector, Wikipedia, the free encyclopedia

**그림 4-14 태양광 발전 시스템의 구성**

**그림 4-15 솔라셀, 모듈, 모듈 어레이 개념도**

- 송연준, 전문가 연재, 2019. 4., Vol. 59, No. 4

**그림 4-17 제로에너지 건축물 개념도**

- 한국에너지공단, 제로에너지 건축물 인증제도 리플렛

**사진 4-2 세계 4대 솔라파크, 최대 부유식 솔라파크**

- Ornate Solar, 2022 (https://ornatesolar.com/)

**도표 4-1 태양열 이용설비의 활용**

*** 말구유형 (PTC) / 포물선형 (CPC) / 타워형 (CRS)**

- PTC: parabolic trough collector; CPC: compound parabolic collector; CRS: Central Receiver System

**도표 4-2 전 세계 태양광 전지 누적 용량 증가 전망**

- Center for Sustainable Systems, University of Michigan (https://css.umich.edu/publications/factsheets/energy/photovoltaic-energy-factsheet)
- World Energy Outlook 2020 (www.iea.org/weo)

**도표 4-3 태양광 전력 1 Watt 당 설비가격 추이**

- Center for Sustainable Systems, University of Michigan
  (https://css.umich.edu/publications/ factsheets/energy/photovoltaic-energy-factsheet)

**도표 4-4 태양광 모듈 소재별 시장점유율**

- IEA, Special Report on Solar PV Global Supply Chains, 2022

**도표 4-5 광전지 소재의 광전효율**

- Center for Sustainable Systems, University of Michigan
  (https://css.umich.edu/publications/ factsheets/energy/photovoltaic-energy-factsheet)

# Chapter 05
# 풍력 에너지

- 풍력 자원
- 풍력 이용기술
- 풍력 발전기의 구조와 제어
- 풍력발전단지
- 해상 풍력발전단지
- 풍력발전의 미래

## 5-1 풍력 자원

풍력 에너지란 바람의 힘 즉 바람의 운동 에너지인데, 풍차를 이용하여 이 운동 에너지를 기계적 회전력으로 바꾸고 이 회전력으로 발전기를 돌려서 얻어지는 유도전기[71]를 전력공급 계통에 연결하거나 수요가에게 직접 공급하는 에너지이다. 풍력 에너지는 간접적인 태양 에너지인데 지구의 대기권에 들어오는 태양 에너지가 지구의 대기권과 지표면에 흡수되어 대기의 온도가 상승하고 이 때문에 대기의 대류현상 즉 바람이 일어난다.

인류가 풍력을 이용한 역사는 매우 오래되었는데, 기원전 3600년경 이집트에서 풍차를 이용했다는 기록이 남아있다. 이와 같이 고대에는 풍차를 이용하여 곡물을 가공하거나 관개용(농경지에 필요한 용수를 확보하는 것)으로 사용했으며, 19세기에는 범선을 이용하여 바람의 힘으로 항해를 했다. 중국에서는 10세기에서 13세기에 이르는 송나라 시대에 각지에서 많은 풍차를 이용하였다고 전해지고 있고, 유럽에서는 12세기부터 풍차를 사용했고 그 후 수백 년 이상에 걸쳐서 제분과 양수 등 다양한 용도로 사용했다.

근대에는 1880년대에 영국의 J. 브라이스가 수직축의 출력 3kW 풍차로 발전을 하여 배터리에 축적함으로써 25년간 운전을 했다는 기록이 있다. 미국의 챨스 블러쉬가 오하이오주 클리블랜드에 직경 17m의 144개의 블레이드를 가진 용량 12kW 풍차로 발전을 하기도 했으며, 프랑스에서도 샤를 드 고와이용 공작이 풍력 발전장치의 실험을 한 기록이 남아 있다.

현대적인 풍차의 기초를 만든 사람은 덴마크의 폴 라쿨(Poul la Cour)인데 1891년 최초의 풍력 발전장치를 개발한 뒤 1897년에는 직경 22.8m의 대형 풍력 발전장치를 설치하였고 이후 덴마크에서는 상업용 풍차가 성공을 거두면서 전 세계적으로 확대되었고 20세기에 들어서면서 항공기술의 발전과 함께 단기간에 큰 발전을 했다.

현재는 덴마크, 스페인, 중국, 미국, 독일, 등의 국가들을 중심으로 풍차를 적극적으로 개발, 제작하고 있으며, 이들 나라의 주요 5~7개 업체에서 전 세계 풍차의 60% 이상을 공급하고 있다. 2022년의 경우, 공급량의 1위는 덴마크의 Vestas, 2위는 독일의 Siemens Gamesa, 3위는 중국의 Goldwind가 차지했다.

바람에 의한 전 지구의 이론적 연간 에너지 잠재량은 6,000EJ/년으로 추정되고 지상 8 0m 에서 부는 풍력에너지의 총량은 2,250EJ/년으로 알려져 있다. 여러 통계에 의하면 풍

71) 전도성 코일 주위에서 자석을 움직이면 코일 내부의 자기장이 변하게 되며, 이에 따라 코일에 전류가 흐르게 된다. 이러한 현상을 전자기 유도라고 하고, 이때 코일에 흐르는 전류를 유도전류라고 한다.

력의 전 세계 기술적 잠재량은 각 통계마다 기술기준과 여러가지 제약사항 그리고 통계의 가정 등에따라 달라지는데 해상, 근해 그리고 육상 풍력발전을 모두 합쳐서 최소 70EJ/년에서 최고 3,050EJ/년 사이에 있다고 한다.[72] 이는 현재의 세계 전기 생산량(2021년 기준 90EJ/년)을 크게 초과하는 양이며, 향후 현재 수준에 비해 훨씬 더 많은 풍차를 설치할 수 있는 충분한 기술적 잠재력이 세계 대부분의 지역에 존재하는 것을 시사한다.

풍력은 다른 재생에너지와 마찬가지로 그 강도가 지역과 시간에 따라 다르기 때문에(간헐적) 그 이용이 제한적이다. 그러나 풍력은 다른 재생에너지에 비하여(예: solar energy) 발전단가가 현저히 낮기 때문에 현재 전 세계적으로 매우 많이 보급되어 있다.

현재까지 전 세계 풍력 발전설비의 총 설비용량은 837GW이다. 2021년도에 신규로 설치된 풍력 발전설비의 용량은 94GW였으며 이 양은 2020년에 비하여 1.8% 증가한 수치이다. 그 중 72.5GW는 육상 풍력 발전설비(onshore)였다. 2021년도에 신규로 설치된 해상 풍력발전 설비(offshore)는 전년 대비 22.5%가 늘어났는데 현재 전 세계 해상 풍력 발전설비 용량은 57GW이고 이는 전체 용량의 7%에 달한다.

중국의 풍력발전설비 총용량은 2021년 현재 52GW로 풍력시장의 선두를 유지하고 있고 유럽은 독일, 이탈리아, 폴란드를 중심으로 2021년 신규설비가 육상 10GW, 해상 18.1GW에 그쳤는데 유럽이 제시하는 2050년 탄소중립 목표를 고려하면 2030년까지 매년 32GW의 신규 설비가 필요하다고 한다.

향후 탄소중립(Net Zero) 공약이 전 세계적으로 활력을 얻으면 에너지 안보 달성에 대한 새로운 긴급성과 함께 글로벌 풍력 산업에 대한 시장 전망은 더욱 긍정적으로 보인다. 이런 경향으로 보면 향후 5년 동안 557GW의 새로운 용량이 추가될 것으로 예상되고 있는데 이는 2026년까지 매년 연평균 110GW 이상의 신규 설치에 해당한다.[73]

72) R. Wiser, Zh. Yang, Wind Energy

73) Global Wind Report, Global Wind Energy Council, 2022, 2024

**[도표 5-1]** 전 세계 풍력발전 연도별 누적 설비용량

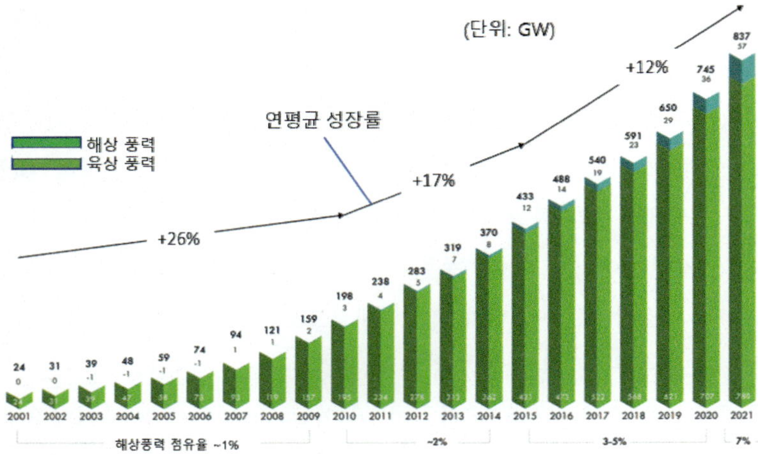


**[도표 5-2]** 전 세계 풍력 발전설비 연도별 신규 증설 예상 2022-2026

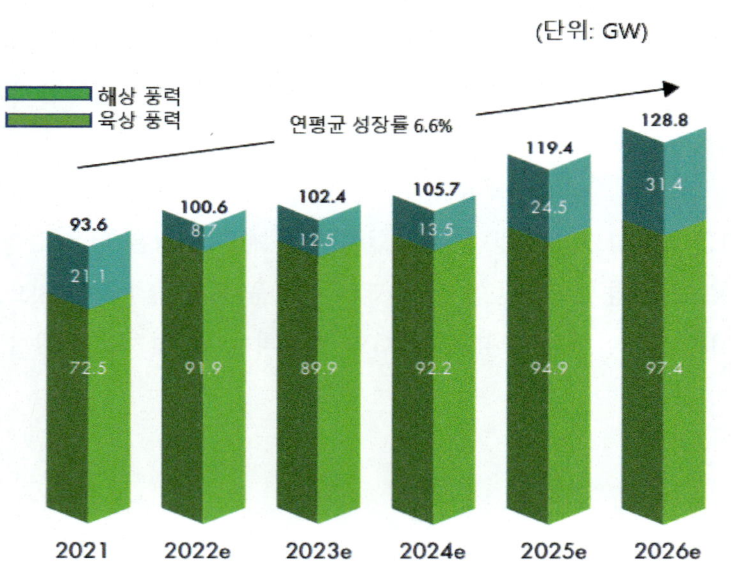


향후 풍력발전에 대한 투자는 투자규모 면에서는 여전히 육상풍력이 우세할 것으로 보이나, 신규 투자의 증가율은 해상풍력이 앞설 것으로 예상되고 있다. 2021년도까지 누적 육상 풍력발전 설비 규모는 72.5GW였으나 2026년에는 97.4GW수준으로 16.9GW 더 늘어 날 것이 예상되나 해상풍력의 누적 발전용량은 동일 기간에 21.1GW에서 31.4GW로

10.3GW 늘어나서 육상풍력 대비 적은 시장확대가 예상된다.

그러나, 육상풍력 발전용량은 2021년에서 2026년 사이 5년 내에 약 34% 늘어나지만 (연평균 증가율은 6.1%) 해상풍력의 동일 기간 내에 약 49% 증가 할 것으로 전망하고 있다 (연평균 증가율은 8.3%). 동일 기간 내 전체 풍력발전 시장의 연평균 시장 증가율은 6.6%로 예상하고 있다.

이러한 경향은 육상풍력은 부지 부족 등의 문제로 신규 발전설비의 투자가 어려운 반면 해상풍력은 육상 대비 우수한 풍황과 설비 이용률이 높으며, 터빈의 대형화로 인한 규모의 경제가 유리한 장점을 보유하고 있기 때문이다.

## 5-2 풍력 이용기술

풍력발전은 바람의 흐름을 이용해서 풍차를 돌리고, 그 동력으로 발전기를 회전시켜 발전하는 것이다. 바람은 질량을 가지는 유체이며 바람이 가지는 운동 에너지는 단위 시간당 일정 면적을 통과하는 바람의 질량에 비례하고 풍속의 제곱(2승)에 비례한다. 풍력 터빈의 경우 바람의 질량은 터빈 날개가 회전하면서 만드는 회전면적을 단위 시간에 통과하는 공기의 질량이므로 터빈 날개의 회전면적과 공기의 밀도 그리고 터빈을 통과하는 바람의 풍속을 곱한 것이다. 따라서, 바람이 풍차를 돌리는 운동 에너지는 풍속의 3승에 비례한다.

이런 물리적 이론에 근거하여 풍차를 이용하여 바람의 에너지를 가능한 한 많이 얻고자 하면 바람이 통과하는 단면적 즉 풍차의 날개(회전체)가 돌아갈 때 만드는 회전면적(wind-swept area)이 커야 하는데, 날개의 직경이 두 배가 되면 얻어지는 바람의 에너지는 4배가 된다. 또, 바람의 에너지는 풍속의 3승에 비례하므로 풍속이 3배가 되면 얻어지는 에너지는 27배가 되기 때문에 풍력발전 설비의 투자성을 결정하는 가장 큰 요소이다. 따라서 오늘날 풍력발전 설비의 날개는 점점 더 크게 만들고, 풍속이 빠른 곳에 풍차를 설치해야 하므로 풍차를 세우는 장소도 풍속이 강하고 변화가 적은 고산지대 혹은 해상으로 되고 있다.

풍차를 이용하여 풍력발전을 하고자 하면 또 하나의 물리적 원리를 아는 것이 중요한데, 이 원리를 '벳츠 법칙' 혹은 '벳츠 한계'라고 한다. 벳츠 법칙은 '회전체를 이용하여 유체 (바람, 물 등)의 운동 에너지를 기계적 에너지로 바꿀 때 회전체는 유체가 가진 운동에너지의 약 59.3%(정확히는 16/27) 이상의 에너지를 얻을 수 없다'는 법칙이다. 이 물리적 법칙(효율)은 독일의 Albert Betz가 1919년에 처음 발표했다.

벳츠 효율은 풍력 터빈 블레이드를 회전시켜 바람의 운동 에너지를 터빈 축의 회전운동 즉 기계적 에너지로 물리적 현상이 변환될 때 필연적으로 손실이 일어나기 때문이다. 따라서, 이 효율을 '공기역학적 효율' 혹은 '터빈 효율' 이라고도 한다. 이런 공기역학적 효율은 회전자와 회전자에 연결된 부분의 기계적 마찰 혹은 발전기의 손실을 고려한 실제 설비의 기계적 효율 개념과는 다른 이론적 효율이며, 기술개발을 하여 개선할 수 있는 효율이 아니다.

**[그림 5-1]** 풍차의 벳츠 효율

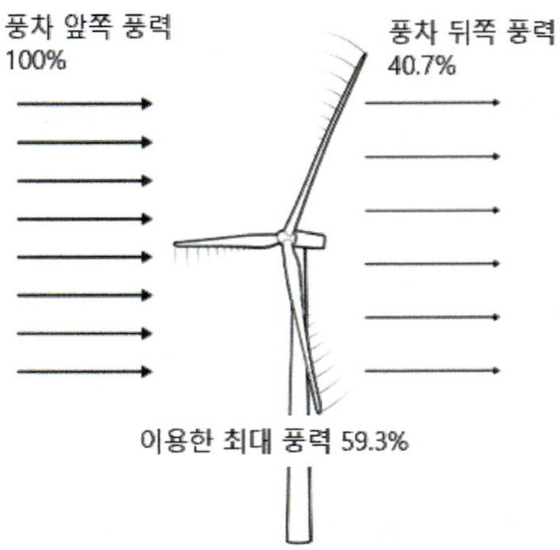


풍차가 바람의 운동 에너지를 100% 회전 에너지로 바꾸기 위해서는 바람이 가진 전체 에너지를 회전체가 가져와야 하는데 이 말은 바람의 속도를 영(제로)으로 만들어야 한다는 뜻이고 따라서 회전체를 완전히(100%) 정지시켜야 한다는 말이다.

그렇다면 회전체는 빈 공간이 없는 접시모양이 되어야 하는데, 이런 접시는 바람이 전혀 통과하지 못하므로 결국 회전체는 회전하지 못하고 정지한다. 이와 정반대의 경우, 만약 단 한 개의 날개만 있다고 가정하면 대부분의 바람은 날개와 접촉하지 못하고 지나가고 말 것이며, 따라서 바람의 운동 에너지는 거의 전부 회전 에너지로 전환되지 못할 것이다.

벳츠 법칙은 회전체 전후를 경계로 한 유체의 에너지 보존법칙을 설명한 이론적 법칙이다. 이 이론에 의하면 풍차가 얻을 수 있는 이론적 최대 효율은 약 59.3%이고 이용하지 못하고 풍차 뒤로 빠져 나가는 풍력은 전체의 40.7%이다. 그러나 풍차의 실효율은 기계적 마찰과 열손실 (주로 발전기, 축대, 동력전달장치 등)에 의하여 벳츠 효율의 한계에 미치지 못하며 오늘 날 공학적으로 가장 잘 설계된 풍차의 효율은 35~45% 사이에 있으며, 이는 현재 상업적으로 보급되고 있는 풍차는 벳츠 효율의 60~75%만 전기 에너지로 바꿀 수 있다는 뜻이 된다.

대부분의 터빈에서 터빈 축은 날개의 회전 속도를 발전기에 적합한 속도(일반적으로 날개의 회전속도보다 발전기의 회전 속도가 더 빠름)로 변경하는 톱니바퀴 열(기어 트레인)로 구성된 기어 박스를 구동한다. 이 기어 트레인이 구동되면 마찰이 일어나서 상당한 에너지가 손실된다. 또한, 회전축을 지지하는 축대에도 마찰손실이 일어나는데 이 모든 기계적 구성요소의 마찰손실을 고려한 효율을 기계적 효율이라고 부른다.

그리고, 전기를 생산하는 풍력 터빈은 기어 박스의 축으로 기계 에너지를 전기 에너지로 변환하는 교류 발전기를 돌리는데, 이때 전류의 주파수가 불안정하여 전력망의 정확한 60Hz(일부 국가에서는 50Hz)와 일치하지 않을 경우가 있다. 그래서, 전력망에 필요한 깨끗하고 안정적인 60Hz 전력으로 변환하려면 몇 가지 복잡한 전력/전자 장치가 필요하다. 이런 발전기와 전력 전자 장치에도 모두 손실을 피할 수 없는데 이런 손실을 고려한 효율을 전기적 효율이라고 한다.

풍차의 실효율(풍력 터빈의 실제 총효율)을 제시하는 매우 좋은 방법은 풍차의 출력계수를 계산하는 것이고, 출력계수는 보통 Cp로 나타낸다. 이 Cp는 풍력발전 산업에서 자주 사용되는 풍력 터빈 즉 풍차 효율의 척도가 된다. Cp는 풍력 터빈이 실제로 생산할 수 있는 에너지와 특정 풍속에서 터빈 블레이드로 흐르는 풍력으로 나눈 값이다. 이러한 방식으로 정의된 풍력계수는 터빈 블레이드, 샤프트 베어링 및 기어 트레인, 발전기 및 전력 전자 장치를 포함하는 다양한 풍력 시스템 구성 요소의 결합된 실효율을 나타낸다. 이 출력계수의 최대값은 물론 벳츠 효율인 0.593이고 위에서 설명한 터빈 효율, 기계적 효율, 전기적 효율 등 모든 효율을 다 고려한 것이 실효율 즉 Cp이다.

특정 터빈에 대한 Cp는 풍차 제조업체에서 측정하거나 계산하며 일반적으로 다양한 풍속에서 제공된다. 특정 터빈에 대해 주어진 풍속에서 Cp를 알고 있는 경우 이를 사용하여 풍력 출력 즉 얻을 수 있는 전력을 추정할 수 있다. 특정 풍력 터빈의 Cp는 풍력 터빈의 전체 시스템 효율성을 측정한 것이고 풍속, 터빈 블레이드 각도, 터빈 회전 속도 및 기타 매개변수와 같은 작동 조건에 따라 다르다.

풍차의 주속비는 풍차 회전체의 날개 끝 원주속도비 (tip speed ratio, TSR)를 말하는데, 주속비는 풍차의 날개 수와 모양을 설계하는데 매우 중요한 역할을 하고 풍차의 효율에 직접적으로 영향을 준다. 주속비는 회전자 날개 끝부분의 원주속도를 실 풍속으로 나눈 값이며, 이 두 속도가 같다면 주속비는 1이 된다. 그러나 주속비가 매우 높으면 소음이 커질 우려가 있고 원심력이 커져서 풍차 날개를 강한 재질로 만들어야 한다. 현재 산업계에서 주로 제작되고 있는 풍력 터빈 중에서 고속 풍차는 주속비가 3.5이상, 중속 풍차는 1.5~3.5, 저속 풍차는 1.5 이하이다. 날개의 수가 하나인 경우는 주속비가 12정도이고 2개인 경우는 6, 다익형의 터빈은 주속비가 약 1 정도이다.

오늘 날 제작되고 있는 풍력 터빈은 출력계수는 대형 풍력발전기의 경우 0.45~0.49 정도 인데 대부분 날개수가 2-3개인 수평축 풍차(프로펠러 형)의 경우이고 날개 수가 많은 다익형인 네덜란드 풍차나 아메리카 다익형의 경우에는 그보다 낮다. 수직축 터빈의 경우 다리우스 형은 0.4 정도이나 사보니우스 형은 그보다 훨씬 낮다. 도표 5-3은 현재까지 개발된 풍력 터빈의 종류별로 터빈의 출력계수를 주속비에 따라 나타낸 것이다.

**[도표 5-3]** 풍차 회전체 날개의 주속비와 풍차 종류에 따른 출력계수

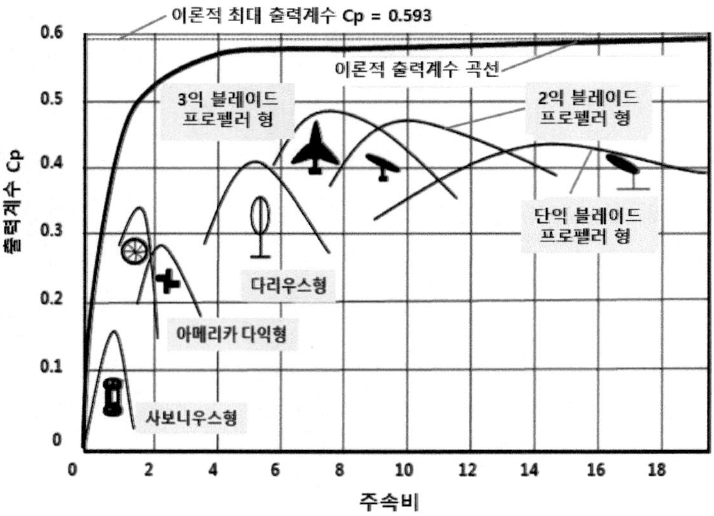


유틸리티 공급을 위한 풍력 발전소의 부지를 결정하거나 가정용 풍력발전 설비를 설치하고자 할 경우 해당 설치 장소의 풍력자원의 현황 즉 풍황을 먼저 조사하고 그 풍황에 가장 적합한 풍력 터빈을 선택해야 한다. 풍황자료는 연평균풍속, 풍력에너지 밀도, 주풍향, 풍속분포 등에 관한 비교적 장기간의 자료인데, 설치 전 2~3년에 걸쳐 현지에서 직접 측정한 자료와 더 장기간에 걸친 기상자료를 인근 기상관측소로부터 추가로 제공받을 수 있다. 해당 부지의 풍황자료는 해당 부지에 설치할 풍력 터빈의 형식(기종)과 용량 그리고 대규모 단지일 경우 설치할 터빈의 개수를 결정할 때 중요한 자료로 쓰인다.

지정 설치장소의 풍황을 조사한 후 풍력 터빈을 선택할 때 가장 기초가 되는 것은 풍력 터빈의 파워커브 (power curve), 즉 풍력곡선(출력곡선)이다 . 풍력곡선은 '발전기 성능곡선'이라고도 하는데 터빈의 제작자가 제공하는데, 풍속의 변화에 따른 특정 터빈의 출력(전력)을 나타낸 그래프이다. 터빈 설치 현장의 풍황을 알고 있고 고려 중인 터빈에 대한 풍력곡선이 있는 경우 연간 출력의 추정치를 얻을 수 있고, 이것이 기대하고 있는

경제성을 충족할 수 있는지를 판단할 수 있다.

풍력곡선을 그리려면 터빈 가까이에 위치한 풍속계를 이용하여 다양한 시간의 풍속(회전자 중심부(허브) 높이의 풍속을, 동시에 풍력 터빈의 해당 전력 출력을 측정한다. 이런 방법을 얻어진 출력곡선은 실제로는 자연스러운 분산으로 인해 부드러운 곡선이 아닌, 그러나 출력이 풍속에 따라 점진적으로 상승하고 어느 특정 풍속 이상에서는 더 이상 증가하지 않고 최고치에 달하는 측정점 열을 제공한다. 이런 측정점의 평균을 취하여 곡선을 그리면 도표 5-4와 같이 주어진 풍속에서 출력의 합리적인 추정치를 제공하는 풍력곡선을 얻을 수 있다.

**[도표 5-4]** 풍력곡선

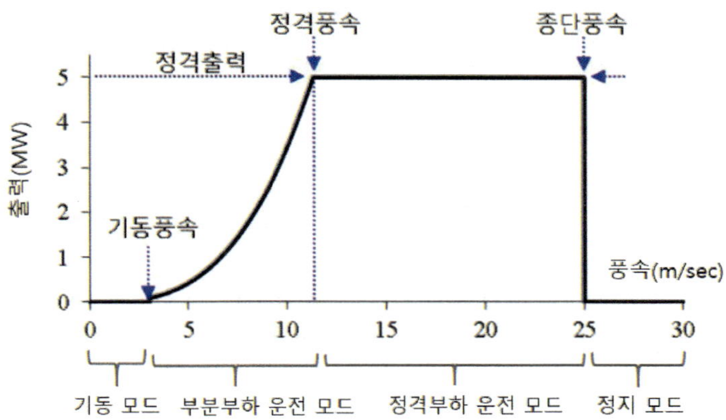


도표 5-4에서 출력곡선을 보면 풍속이 매우 낮으면 바람이 터빈 블레이드에 가하는 회전력(토크)이 부족하여 블레이드를 회전시킬 수 없다. 그러나 속도가 증가하면 풍력 터빈이 회전하기 시작하여 전력을 생산하는데 터빈이 처음 회전하기 시작하여 전력을 생산하는 속도를 '기동풍속' 혹은 컷인(cut-in)속도라고 하며, 일반적으로 초당 3~4m이다.

컷인 속도 이상으로 풍속이 높아지면 그림과 같이 전기 출력 수준이 급격하게 상승한다. 그러나 일반적으로 초당 12-17m 사이의 전력 출력은 발전기가 할 수 있는 한계인데, 발전기 출력에 대한 이 한계를 정격출력이라고 하고 도달한 풍속을 정격출력 풍속이라고 한다. 더 높은 풍속에서는 터빈이 최대 수준으로 전력을 제한하도록 설계, 제어되고 있으며 출력이 더 이상 증가하지 않는다. 이런 출력제한을 수행하는 방법은 터빈마다 다르지만 일반적으로 대형 터빈의 경우 출력을 일정한 수준으로 유지하기 위해 블레이드의 각도를 조정하여 수행하게 된다.

속도가 정격출력 풍속 이상으로 증가하면 터빈 구조에 가해지는 힘이 계속 증가하고 어느 지점에서 회전자가 손상될 위험이 있다.(예: 태풍) 이런 위험을 방지하기 위하여 제동장치를 사용하여 회전자를 정지시키는데 이때 풍속을 '종단풍속' 혹은 컷아웃(cut-out) 속도라고 하며 일반적으로 초당 풍속이 약 25m/sec이다.

일반적으로 대형 풍력터빈은 위의 풍력곡선에 따르는 운전모드를 정하고, 풍력터빈을 대기모드, 기동모드, 발전모드, 정지모드, 및 비상 정지모드로 구분하여 제어한다. 또, 발전 모드 내에서는 부분부하 운전모드와 정격부하 운전모드로 구분되며, 부분부하 운전모드에서는 풍력터빈에서 발생된 전력을 최대한 출력할 수 있도록 최대 전력제어를 수행하고 정격부하 운전모드인 정격풍속 이상 영역에서는 발전전력을 일정하게 유지시키기 위해 날개의 각도를 조정하는 피치제어를 수행하게 된다. 풍력 발전기는 발전 범위내에서 피치 시스템과 전력제어 장치인 컨버터 시스템에 제어신호를 내보내 항상 안정된 영역에서 발전이 가능하도록 제어한다.

**[도표 5-5]** 실측 풍력곡선

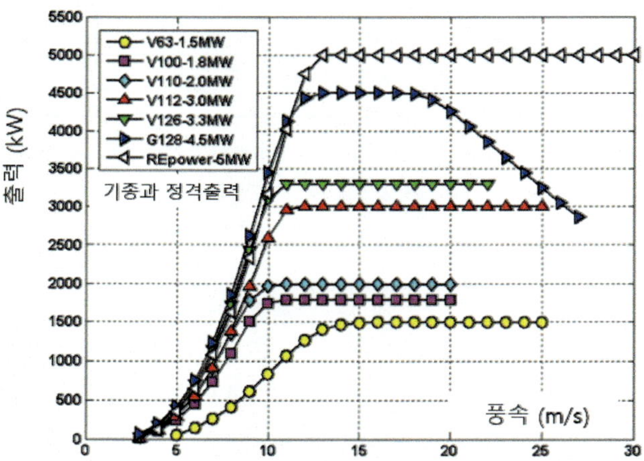


풍력 터빈은 크게 회전축의 방향과 형상에 따라서 구분하는데, 일반적으로 지면에 대한 회전축의 방향에 따라 수평축 터빈과 수직축 터빈으로 나눈다. 도표 5-3에서 풍차 회전체 날개의 주속비와 풍차 터빈의 종류에 따른 출력계수를 보면 수직축 터빈보다는 수평축 터빈이 출력계수가 높은데 그 말은 주어진 풍력 조건에서 수평축 터빈이 더 많은

에너지를 추출할 수 있다는 뜻이다. 따라서 오늘날 산업계에서는 수평축 터빈의 경우 날개가 3개인 3익 블레이드 프로펠러 형 터빈이 대세이고 수직축 터빈의 경우 특별한 조건, 예를 들어 수평축 터빈의 설치가 어려운 건물 위나 선박에 적용되고 있다.

수평축 프로펠러형은 시장에 가장 많이 보급되어 있는데, 위에서 설명한 바와 같이 발전 효율이 좋고 저 풍속에서도 자기 기동이 가능하며, 타워를 높게 하여 풍속이 높은 바람을 이용할 수 있고 블레이드를 크게 할 수 있다. 그래서, 수십 혹은 수백 kW급의 소형도 있지만 중형급은 2~3MW급이 널리 보급되어 있고, 해상에 설치될 경우 3~4MW급도 흔히 볼 수 있으며 최근에는 15MW급의 초대형 터빈도 개발되고 있다. 이런 대형 터빈은 블레이드의 길이가 70m 혹은 그 이상인 것도 있으며 대부분 전력 공급망에 연결되어 유틸리티 전력을 공급하는 풍력 발전소에 세워지고 있다.[74]

**[사진 5-1]** 수평축 프로펠러형 풍력터빈

그러나, 수평축 터빈은 수평 방향으로 부는 바람을 받아 프로펠러를 회전시키는 방법이기 때문에 풍향에 따라 터빈의 방향을 제어하는 제어기구가 필요하며, 블레이드가 고속으로 회전을 하면 주변에 풍절음 (날개 회전음)으로 인한 소음 피해를 줄 수 있다. 또한, 발전장치가 블레이드의 축과 직접 연결된 중심부 즉 타워 상단에 있기 때문에 설비의 유지 보수가 어렵고 그 비용이 비싼 단점이 있다.

소형 풍력터빈은 세계적으로 용량에 따라 구분하고 지원정책을 달리하는데 미국과 중국은 100 kW이하, 독일은 75kW이하로 정해져 있고 일본은 20kW 미만으로 지정되어 있다. 소형 수평축 터빈은 거주지 근방의 작은 언덕이나 공원 혹은 건물 옥상위에 설치되어 전력계통과 연결되지 않고 독립적으로 이용된다.

수직축 풍력터빈은 설치비용이 작고 풍향 제어 기구가 불필요하다. 또 발전기가 지상에 설치되기 때문에 유지보수가 용이하다는 장점이 있다. 수직축 풍력 터빈은 시동풍속을 낮게 설정할 수 있고, 약한 풍속에서도 풍력 발전이 가능하다. 또한, 회전자의 회전 속도

74) 현재 알려진 세계 최대 크기의 풍력 터빈은 해상에 세워진 덴마크 Vestas사의 V236이고 정격출력은 15MW 인데 2021년 2월에 가동되었고 회전자의 직경은 236m이고, 날개의 회전면적은 43,743m2 이다.

가 상대적으로 낮아 높은 정밀도를 요구하지 않으므로 소형터빈으로 많이 활용되고 있다. 수직축 풍력터빈은 양력을 이용한 다리우스(Darrieus) 방식과 항력을 이용한 사보니우스(Savonius) 풍차가 있다.

다리우스 풍차는 강풍에도 소음이 작기 때문에 도심부근 유휴지 혹은 건물의 옥상, 선박의 갑판 위에 설치할 수 있다. 발전능력은 사보니우스 풍차와 프로펠러형 풍차의 중간 정도이다.

**[사진 5-2]** 수직축 풍력터빈

다리우스 풍차는 자력으로 시동이 되지 않기 때문에 다른 풍차를 이용해서 전력을 공급하거나 별도의 전력 공급이 필요하다. 장기간에 걸쳐 안정된 풍속을 얻을 수 있는 환경에만 적합하다. 사보니우스 터빈은 원통상의 날개를 세로로 바라보도록 하여 편심, 조합한 구조인데 항력에 의해서 작동하기 때문에 기동 토크는 크지만 회전수가 낮고 효율도 최대 15%정도이다. 이 터빈은 주로 빌딩의 환풍장치나 양수펌프 등에 사용된다.

## 5-3 풍력 발전기의 구조와 제어

풍력발전기는 바람이 가진 운동 에너지를 흡수하는 회전체(Rotor), 동력을 전달하고 변속하는 구동실(Nacelle), 발전기를 지지하는 지지대(Tower) 그리고 날개의 기동, 제동 및 방향조절을 위한 브레이크, 피치 시스템 및 요잉 시스템이 있는 제어장치 부분 등으로 구성되어 있다.

[그림 5-2] 풍력 발전기의 구조와 구성요소

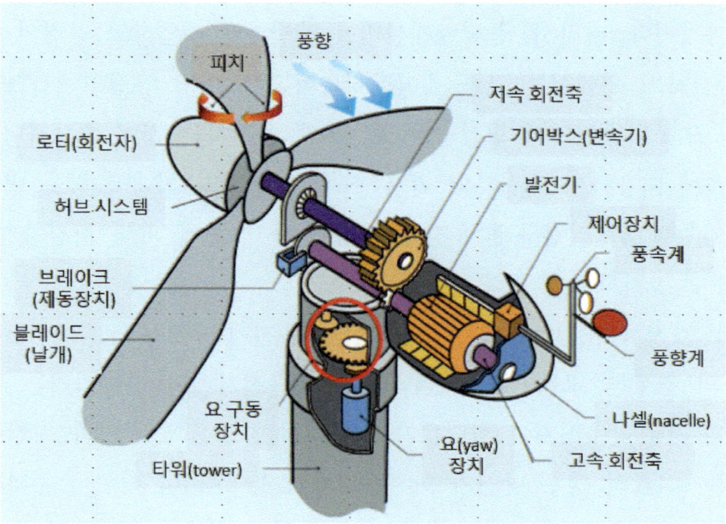


| | |
|---|---|
| 타워(tower) | 풍력발전기를 바람의 하중에 안전하게 견딜 수 있도록 지지해주는 구조물 |
| 블레이즈(blade) | 바람 에너지를 회전운동 에너지로 변환하는 날개 |
| 허브(hub) 시스템 | 주축과 블레이드를 연결 |
| 회전축(staff) | 블레이드의 회전운동 에너지를 증속기 또는 발전기에 전달 |
| 변속기(gearbox) | 주축의 저속회전(20-30rpm)을 발전용 고속회전으로 변환하는 변속장치인데, 기어박스가 없는 풍차는 날개의 축에 직접 연결된 회전체가 원주에 배치된 영구자석에 의하여 유도전기를 일으킨다. |
| 발전기(generator) | 증속기로부터 전달받은 기계에너지를 전기에너지로 전환 |
| 나셀(nacelle) | 회전축, 기어박스, 제어장치 등의 구동장치가 들어 있는 구동실 |
| 요잉 시스템<br>(yawing system) | 요잉 장치는 풍향이 바뀔 때 이를 감지하여 회전축을 풍향에 맞추기 위하여 나셀을 회전하는 장치이다. |
| 피치 시스템<br>(pitch system) | 풍속에 따라 블레이드 각도 조절 |
| 브레이크(brake) | 제동장치 |
| 제어장치(control system) | 풍력발전기가 무인 운전이 가능하도록 한 장치(풍황에 따른 변속) |
| 모니터링 장치 | 원격지 제어 및 지상에서 전체 시스템 상태 판별 |

제어장치: 풍력터빈은 일반적으로 초당 약 15미터의 풍속에서 최대 출력을 내도록 설계된다. 더 강한 바람은 드물기 때문에 더 강한 바람에서 출력을 최대화하는 터빈을 만드는 것은 비효과적이다. 따라서, 풍력발전설비를 안전하게 운영하고 양질의 전기를 가능한 안정적으로 생산하기 위해서는 각종 제어장치들이 필요하다. 양질의 전기를 만들기 위해서는 무엇보다도 풍력발전기의 회전수를 일정하게 유지하는 것이 중요하다. 수시로 변하는 풍향과 풍속에 대응하여 회전자의 회전속도를 발전기가 최대 출력을 낼 수 있는 속도에 맞추어서 가능한 한 일정하게 유지하고 태풍 등 강풍에 의해 회전자가 손상을 입지 않도록 안전하게 정지시켜야 한다.

주파수 제어: 가정이나 산업체에서 사용하는 상용전기는 모두 교류 50Hz 혹은 60Hz이다. (우리나라의 경우는 교류 60Hz) 따라서 풍력발전기에서 만들어지는 전기도 당연히 교류로 그 주파수에 맞추어져야 한다. 이를 위해서는 교류 발전기의 회전속도가 높아야 한다. 교류발전기 4극의 경우 발전기 회전속도가 1,800rpm이 되어야 주파수 60Hz를 출력할 수 있다. 그러나 풍력발전설비의 회전자의 회전속도는 대략 12~23rpm 정도이다. 따라서 발전기에 회전속도 1,800rpm을 공급하기 위해서는 회전속도를 높일 수 있는 증속기가 필요하다. 풍력터빈의 증속은 나셀 내에 장치된 기어박스(변속기어 열)로 한다.

방향제어: 풍력발전기가 최대의 효율을 발휘하기 위해서는 날개의 회전면과 바람이 직각이 되도록 하여야 한다. 이를 위해서는 바람의 방향에 따라서 날개의 회전면을 추종하여 제어하는 기술이 필요한데, 이것을 요(yaw) 제어라고 한다. 요 제어는 풍향계와 구동기어 및 구동모터로 구성되어 있는데, 구동실(나셀) 외부에 설치된 풍향계가 바람의 방향을 검출하고 바람의 방향이 바뀌게 되면 구동모터가 작동하여 바람이 부는 방향으로 나셀을 움직여 날개의 회전면이 바람방향과 직각이 되도록 한다.

속도제어: 바람의 세기에 따라서 회전체(날개)의 회전속도는 달라진다. 날개의 속도가 변하게 되면 발전기의 회전속도가 변하게 되어 발전기의 출력과 주파수에 영향을 미치게 된. 그러므로 날개의 속도는 발전기가 요구하는 최적의 속도에 맞추어서 가능하면 일정하게 유지하는 것이 필요하다.

풍력터빈의 공기역학은 비행기의 경우와 매우 유사하다. 바람을 향하지 않는 표면을 따라 흐르는 공기가 바람을 거스르는 표면의 공기보다 빠르게 움직이기 때문에 블레이드가 회전하도록 당기는 양력(바람의 방향과 수직인 방향으로 밀어 올리는 힘)을 잃는 현상이 생성되고 블레이드가 회전한다. 블레이드의 영각 즉 받음각(angle of attack, 바람의 방향과 날개가 놓인 방향 사이의 각)은 터빈이 받는 힘과 회전력의 양을 결정하는 데 중요한 역할을 한다. 그런데 수시로 변하는 바람의 세기는 조절을 할 수 없으므로 터빈이 얻을 수 있는 출력을 제어하는 것이 효과적인 제어수단이다. 대형 풍력터빈의 출력을 제어하는 공기역학적 방법에는 피치제어(pitch control), 수동식 실속제어(passive stall), 능동식 실속제어(active stall)의 세 가지가 있다.

피치제어는 날개의 각도를 제어하여 날개에 미치는 양력의 크기를 조절함으로써 회전체의 속도를 제어한다. 피치제어는 구동실 외부에 설치된 풍속계와 피치 전동기로 구성되며, 풍속계에서 수시로 변하는 풍속의 정보를 제어 시스템에 제공하고 제어기가 이를 판단하여 피치 전동기를 작동시킨다.

대형 풍력터빈의 피치장치는 블레이드의 종축방향으로 회전이 가능하도록 만들어져 있다. 즉, 블레이드의 공기역학적 특성을 조정할 수 있도록 바람에 대한 블레이드의 영각(angle of attack, 받음각)을 변경할 수 있다. 이는 풍력 터빈의 효율을 개선하거나 터빈을 보호하기 위해 변하는 풍속에 대해 터빈이 받아들이는 회전력을 적정하게 제어하기 위한 것이다.

풍속이 정격값 이하이면 블레이드의 받음각이 최적의 값으로 유지되어 터빈이 바람으로부터 얻을 수 있는 최대 출력을 포착할 수 있다. 풍속이 정격값을 초과하면 피치장치가 활성화되어 출력을 조절하고 제한하여 출력이 설계된 기능 내에서 유지되도록 조정하는데 이 피치 범위는 일반적으로 약 20~25°사이로 되어있다.

**[그림 5-3]** 피치제어의 원리

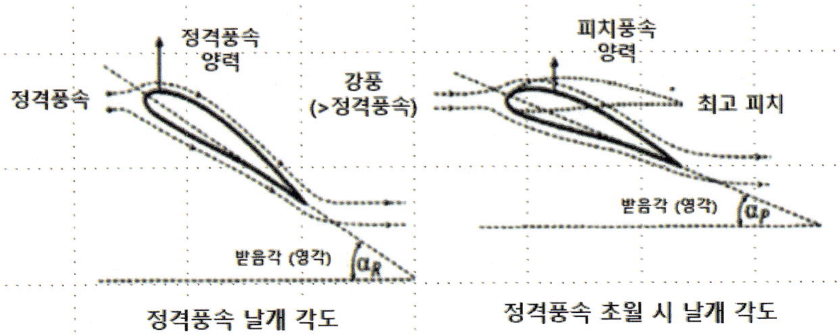


풍속이 더 증가하여 터빈의 한계에 도달하면 블레이드는 바람 방향으로 완전히 기울어져서 (그림 5-3에서 점선으로 표시) 블레이드는 운동력을 받지 않고 따라서 터빈은 회전을 멈추게 된다. 이런 상태를 최고 피치 혹은 풀피치(full pitch) 혹은 페더링(feathering)

이라 한다. 또, 이 최고 피치 상태에서는 기계적 제동장치가 작동하여 터빈을 멈추어 안전한 상태가 되게 한다.

피치장치는 유압식 또는 전기식으로 되어 있는데 전기식 피치 작동장치는 더 간단하고 유지관리가 쉽기 때문에 오늘날 더 일반적이다. 전통적으로 로터 허브에 고정된 모든 블레이드는 하나의 피치장치에 의해 동시에 함께 피치 되는데 최신 풍력터빈은 종종 각각의 블레이드를 개별적으로 피치하도록 설계되어 각 블레이드를 독립적으로 제어하여 더 많은 유연성을 제공한다. 또한 피치시스템은 일반적으로 안전을 위하여 백업에너지 저장시스템(유압식은 축압기, 전기식은 배터리)이 로터 허브에 설치되어 있다.

스톨제어 혹은 실속제어란 한계풍속에서 날개의 뒷면에 난기류가 형성되어 회전자가 더 이상 회전하지 않고 정지되도록 날개의 형상을 공기역학적으로 설계하여 제어하는 것을 말한다. 실속제어는 중소형 풍력발전설비에서 경제성을 고려하여 많이 채택되고 있으며 기계적 장치가 필요 없어 구조가 간단하여 유지관리에 유리한 장점이 있으나, 제동효율이 좋지 못하고 날개의 복잡한 공기역학적 설계(예를 들어 회오리 바람으로 인한 진동방지)가 필요하다는 단점이 있다.

능동식 실속제어는 피치제어와 같이 낮은 풍속에서도 큰 회전력을 얻을 수 있도록 피치 제어를 할 수 있는 블레이드를 가지고 있다. 그렇지만, 피치제어는 블레이드를 바람방향으로 기울여서 양력을 감소시키는 반면에 능동식 실속제어는 발전기에 과부하가 걸리면 블레이드가 더 깊은 실속에 들어가도록 하기 위해 블레이드를 바람방향에 거스르게 반대방향으로 전환하여 양력을 감소시키는 난기류(회오리 바람)를 형성하여 강한 바람으로 인한 과도한 에너지는 흘려버리도록 조절한다.

능동식 실속제어 터빈에서 실속(스톨, stall)현상은 높은 풍속에서 뿐만 아니라 낮은 풍속에서도 블레이드의 영각을 증가시킴으로써 만들어 낼 수 있다. 능동식 실속제어를 사용하면 정격풍속 이상으로 출력을 유지할 수 있는데, 그래서 이 제어 방식은 상업적 대형 MW급 풍력터빈에 이용되고 있다.

**[그림 5-4]** 능동식 스톨제어의 원리

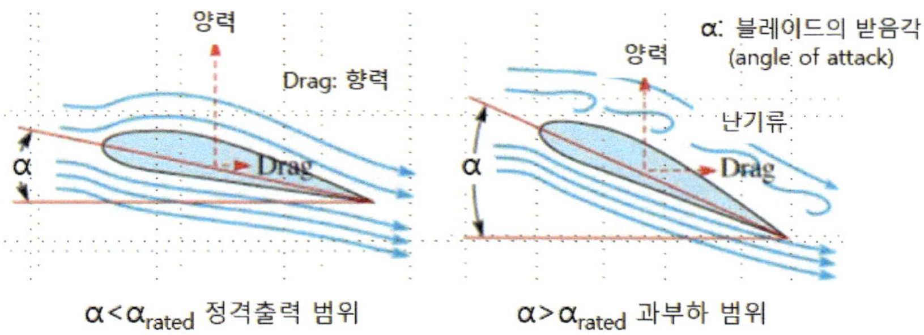


능동식 스톨제어의 장점 중 하나는 돌풍이 시작될 때 기계의 정격출력을 초과하지 않도록 수동식보다 출력을 더 정확하게 제어할 수 있다는 것이다. 또 다른 장점은 수동식 스톨제어 풍력터빈이 일반적으로 날개가 높은 풍속에서 실속되기 때문에 출력이 떨어지는데 반하여 능동식 스톨제어 터빈은 모든 높은 풍속에서 정격출력으로 거의 정확하게 작동할 수 있다는 것이다.

수동식 실속제어를 하는 풍력터빈에는 날개가 최적(정격) 받음각에 맞추어서 고정된 각도로 허브에 볼트로 고정되어 있다. 풍속이 정격값 이하일 때 이 고정된 각도의 터빈 블레이드는 바람으로부터 최대 회전력을 얻을 수 있는데, 풍속이 정격값을 초과하면 강한 바람으로 인해 바람을 향하지 않는 블레이드의 뒷면에 난류가 발생하도록 되어 있다. 이 난기류의 영향으로 양력은 감소하고 풍속이 증가함에 따라 양력을 결국 사라지고 터빈 회전 속도가 느려지는 스톨 즉 실속현상이 일어난다. 실속현상은 항공기에서는 바람직하지 않지만 풍력터빈에서는 터빈 손상을 방지하기 위해 회전력을 제한하는 효과적인 수단으로 쓰이고 있다.

**[그림 5-5]** 수동식 스톨제어의 원리

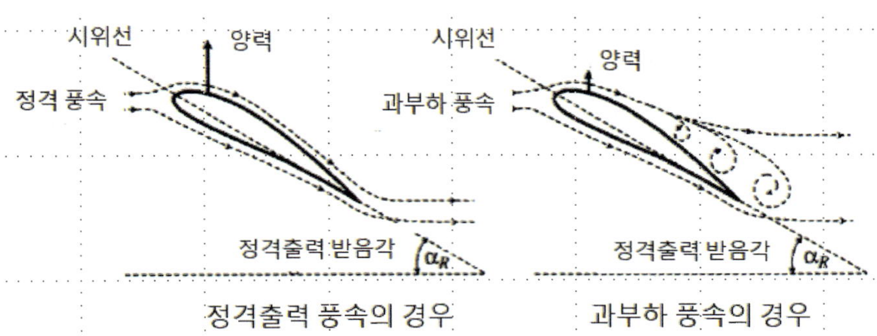

수동식 실속제어에서 블레이드 프로파일은 풍속이 정격값을 초과하는 경우에만 스톨이 발생되도록 공기역학적으로 설계되어 있는데, 이런 실속이 갑자기 발생하지 않고 점진적으로 발생하도록 하기 위해 대형 풍력터빈용 블레이드는 일반적으로 종축을 따라 몇 도 정도 비틀어져 있다. 수동식 실속제어 풍력 터빈에는 복잡한 피치 매커니즘이 필요하지 않지만 블레이드가 공기역학적으로 복잡하게 설계되어 있다.

위 세가지 속도제어 방법은 각각 장, 단점이 있는데, 피치제어는 출력제어를 효율적으로 할 수 있고 기동지원이 가능하다는 장점이 있지만 높은 풍속에서 높은 전력 변동을 피할 수 없고 구조가 복잡하고 비용이 많이 든다. 능동식 스톨제어 방식은 최고(피크) 출력 제어가 터빈의 회전속도에 영향을 주지 않고 효율적으로 할 수 있는 것이 장점이지만, 높은 풍속에서 실속을 유도하기 위하여 발전기의 속도를 떨어뜨려야 하는 것이 단점이다. 수동식 스톨제어는 다른 어떤 제어방법보다 구조가 간단하여 비용이 적게 들지만 대형 터빈에서는 부적합하고 낮은 풍속에서 에너지 전환효율이 떨어진다. 그림 5-6은 이상 설명한 풍력 터빈의 세 가지 속도제어 방법을 풍력곡선에서 표시한 것이다.

**[그림 5-6]** 풍력터빈의 속도제어 방법에 따른 풍력곡선

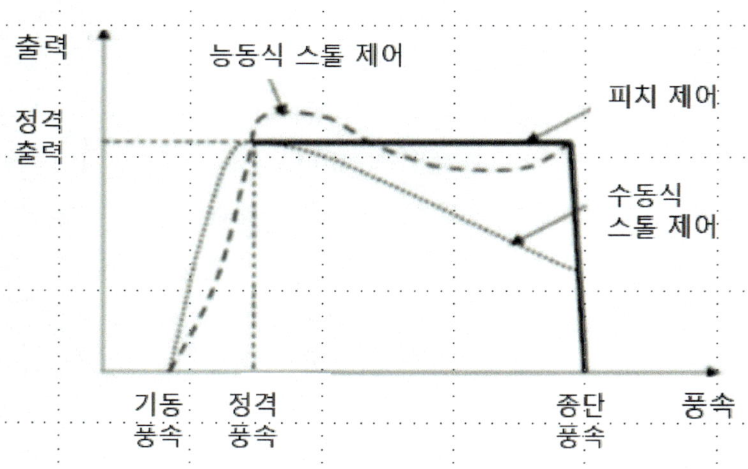

## 5-4 풍력발전단지

풍력발전소라고도 불리는 풍력발전단지(wind farm)는 전기생산을 목적으로 동일한 위치에 비교적 넓은 면적에 분포되어 있는 풍력터빈의 집단을 말한다. 풍력발전단지의 규모는 수십 개의 터빈이 설치된 작은 규모의 단지도 있고, 광범위한 지역에 설치된 수백 개의 풍력 터빈에 이르기까지 다양하다. 풍력발전단지는 육상 또는 해상에 있을 수 있으며, 육상단지(onshore wind farm)는 대부분 장기적으로 바람이 많이 부는 것으로 알려진 넓은 평야(대부분 호수나 바다와 같은 수역 근처) 혹은 높은 산악지역이 아닌 넓은 구릉지역에 설치되고, 해상단지(offshore wind farm)는 수심이 깊지 않은 보통 수심 10m 이내의 바다에 설치된다.

대규모 풍력발전단지에서는 수백 대의 풍력터빈이 수십 혹은 수백 km에 걸쳐 분산 설치될 수 있고 단지 내 터빈 사이의 토지는 농업, 축산업과 같은 다른 목적으로 사용될 수 있다. 해상 풍력단지는 바람을 막는 숲이나 산들이 없기 때문에 육지에 비해 더 높은 풍속을 이용할 수 있어서 설치용량당 발전량이 더 높다.

풍력발전단지를 조성할 때는 보통 후보지에 대한 입지조사와 단지의 산악특성이나 풍황 방해요소를 포함한 지질학적 조사를 한다. 그리고 장기간의 풍황조사 즉 최근 2-3년간 현장 풍황(풍속과 풍향 등)과 해당 지역에 대한 장기간의 기상관측 자료를 바탕으로 풍력자원을 평가한다. 그 후 단지 내 설치 대상이 되고 있는 풍력터빈의 기술적 특성을 고려한 연간 생산가능한 전력을 예측하고, 단지의 면적당 전력생산량을 포함한 경제성을 평가한다.

풍력단지의 경제성을 평가할 때 핵심이 되는 개념은 단지효율(park efficiency)과 단지의 설비 이용률(capacity factor)이다. 단지효율이란 풍력단지 전체의 출력과 동일한 수의 독립형 터빈 출력 간의 비를 말하고, 풍력발전단지의 설비 이용률은 풍력발전단지의 잠재 에너지 생산량(바람의 운동 에너지)과 단지 내에 설치된 풍력발전기의 가동률과 손실률을 고려한 연간 실제 전력생산량의 비율이다. 단지의 설비 평균 이용률은 약 20%인 것으로 알려져 있다.

풍력발전단지에 대한 환경영향평가는 단지 건설기간 중에, 그리고 건설 후에 있을 수 있는 자연 혹은 해당 주거지역에 대한 공해요인들을 사전에 평가하는 것이며, 소음 및 그림자에 의한 공해, 그리고 철새나 주변 생태계에 대한 영향도 조사하게 된다. 또한, 풍력단지에서 발생되는 전자파 때문에 주변지역의 TV나 다른 방송시설에 대한 전자파 영향도 조사의 대상이 된다. 그리고, 인근 주거지역과의 간섭을 최소화할 수 있도록 공공의 수용성을 기본으로 하는 사회적 문제 그리고 주변의 농업, 목축업 등 토지의 용도도 고려하여 진행되며 법적 문제와 단지의 접근성(도로와 그 이용문제 등)도 동시에 고려하게 된다. 특히 대규모 단지는 보통 해당 지역에 있는 전력공급망과 연계되어 운용되기 때문에 유틸리티 공급 시스템의 수용성도 매우 중요하다.

풍력발전단지의 입지가 선정되면 풍력터빈의 단지 내 배치(Micro-siting 혹은 layout 혹은 configuration이라고도 함)를 모사하여 그 단지에서 생산 가능한 연간 발전량을 예측하게 되는데 이때 고려하는 중요한 개념은 풍력터빈 간의 후류영향이다. 후류영향이란 한 장소에 여러 개의 터빈을 설치할 때 한 터빈의 앞쪽 혹은 양 측면의 터빈들이 난기류 때문에 서로 간섭현상을 일으키는 것을 말한다. 풍력단지를 설계할 때는 이 후류영향이 최소화 되도록 터빈 간의 이격거리를 둬야 한다는 개념이다.

풍력터빈의 로터는 높은 난류를 일으켜 바람의 운동 에너지를 감소시킨다. 단일 독립형 터빈과 비교할 때 풍력 단지 내에는 난기류가 증가하기 때문에 인근 터빈에 더 높은 부하가 걸린다. 따라서 두 터빈 사이의 이격거리는 바람 조건에 따라 달라지지만 충분해야 하는데 이격거리를 너무 멀리할 경우 정해진 면적의 단지에 설치할 수 있는 터빈의 수가 적어지기 때문에 단지 내 전체 터빈의 배치를 할 때는 전체적인 경제성을 고려하는 것이 보통이다.

통상적으로는 터빈은 서로 엇갈리게 배치하되 주 풍향을 고려하여 터빈의 앞뒤 간격(downwind space)은 터빈 회전자 직경의 6~8배로 하고, 양쪽 옆에 있는 터빈과의 간격(crosswind space)은 회전자 직경의 4~6배로 한다. 또한 주거지와의 거리는 환경영향평가와 주민과의 협의에 따라 충분한 간격을 둬야 하는데 통상 가장 근접한 터빈과 주거지와의 거리는 500m 이상으로 한다.

**[그림 5-7]** 풍력단지의 터빈 간 간격

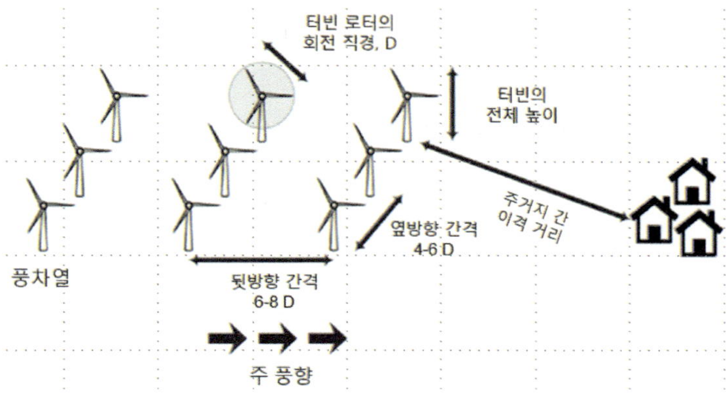


**[사진 5-3]** 육상 풍력발전 단지

## 5-5 해상 풍력발전단지

해상에서는 육지보다 바람의 밀도가 더 높고 풍속과 풍향이 균일하여 풍력발전을 할 수 있는 환경이 더 유리하다. 그리고 발전단지가 연안에 있는 경우 인근 주거환경과 자연환경에 대한 입지제약이 매우 작아서 훨씬 더 넓은 부지를 확보할 수 있고, 해상운송은 육상운송보다 화물의 무게 및 치수에 대한 제한이 거의 없는 것도 큰 장점이다.

해상 풍력 발전소는 거주지로부터 멀리 떨어져 있어서 소음 문제가 적기 때문에 터빈의 날개 끝 속도를 100m/s로 높일 수 있어서 (육지에서는 60m/s로 제한) 고속운전도 가능하고 따라서 높은 발전량도 가능하다. 이런 장점들 때문에 해상단지에서는 중형(2~3MW) 혹은 대형(4MW 이상) 터빈을 한 단지에 수십 혹은 수백 개 이상 설치할 수 있어서 단지 전체 용량이 수백MW 혹은 수십GW의 용량에 달하기도 한다.

해상 풍력단지를 조성하는 것은 소음문제, 그림자, 전자파 방해 등 육상단지의 단점을 해결할 수 있는 장점이 있으나, 해상의 경우에 따르는 수심, 해류, 파랑, 해저지질, 낙뢰, 해양생태계, 여객선 항로 그리고 염수환경에 의한 설비의 부식문제 등 해상환경이 모두 고려되어야 한다. 또한, 풍력발전기와 그 지지탑, 해저 기초 설비 그리고 해저 케이블 등 부속 설비의 설비비 및 유지, 보수비 등은 육상의 경우에는 없는 경제적 요인이 된다.

해상 풍력단지는 또 생산된 전력을 육지로 보내는 송전시설(해상 변전소와 해저케이블)과 육상 계통연결 시스템이 필요하고, 부수적으로는 해류의 영향으로 인한 기초의 침식 혹은 구조물 자중에 의한 굴요를 막기 위한 세굴방지 시스템도 필요하다.

**[사진 5-4]** 해상풍력단지(예)

풍력타워를 안정적으로 고정시켜 줄 수 있는 구조물은 고정식과 부유식 두 가지 유형이 있다. 고정기반 해상 풍력터빈은 일반적으로 수심이 50m 이하로 비교적 낮은 수심인 해상에 설치되고, 평균 풍속이 초당 7m 이상인 지역에 세워진다. 부유식 기초는 깊이가 50m 이상이고 고정기반 방법이 비경제적이거나 기술적으로  불가능 할 때 설치한다.

고정식 기초에는 중력식, 모노폴, 트리포드(삼발), 자켓식 등 여러가지 방법의 구조물이 있는데, 중력식 기초는 낮은 수심에 콘크리트 중량을 이용한 기초형식으로 강철소재와 콘크리트를 사용하여 수심 8m 이내에 설치하는 것이 가능하다. 해저면에 단단한 지반과 지반정리가 필요하고 세굴 방지시설도 필요하다.

모노폴 기초는 가장 일반적으로 사용되고 있는 다른 기초 형식에 비해 경제적인 공법이다. 적용수심은 30m까지 가능하며, 해저지반을 정리할 필요가 없고 설비의 제작이 상대적으로 간단하다.

**[그림 5-8]** 해상풍력 지지구조물 하부기초 형식

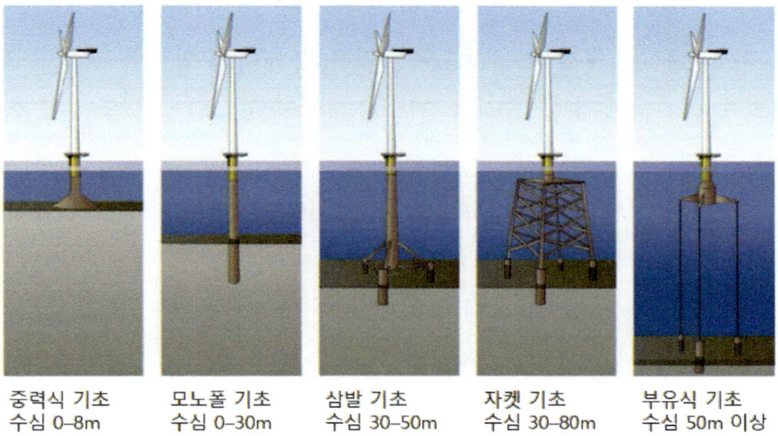


삼발기초(tripod pile)는 수심이 다소 깊은 곳인 30m 이상에서 가능하며 보다 큰 용량의 터빈을 위한 방법이다. 그렇지만 선박 접근이 용이하지 않고 제작 및 설치비가 상대적으로 많이 드는 것이 단점이다. 자켓 기초는 삼발기초의 변형이라고 볼 수 있고 삼발 대신 강재 구조물을 자켓 형식으로 만든 것이 다르다.

부유식은 수심이 50m이상인 곳에 설치할 수 있는데 해상에 떠있는 부유체 위에 풍력 발전기의 타워를 고정시키고 부유체의 운동을 계류 시스템으로 제어하는 방법이다. 이 방법은 보통 해안에서 멀리 떨어진 곳에 설치할 수 있기 때문에 주변환경에 미치는 소음과 전자기파 등의 영향이 적은 장점을 가지고 있다. 부유식은 해상에 떠 있기 때문에 파도나 바람 등의 주위 환경의 영향을 많이 받아서 고정식에 비하여 요동이 큰데, 이 요동을 최대한 작게 되도록 설계하는 것이 관건이다.

## 5-6 풍력발전의 미래

미래의 풍력발전은 전 세계적으로 많은 국가들이 에너지 안보를 강화하고, 보다 적극적인 기후변화에 대응하기 위한 '순배출 제로'(Net Zero)를 달성하는 데 중추적인 역할을 할 것으로 예상된다.

기업체들도 에너지 전환에 적응하고 기업운영을 탈탄소화에 초점을 맞추고 있는데 BP 및 Shell과 같은 대형 석유회사는 해상 풍력 분야에서 입지를 확장하고 있으며, 자동차 제조업체인 General Motors는 부유식 풍력 신생기업에 투자했으며 Microsoft와 같은 거대 기술기업은 풍력터빈을 보다 효율적으로 만들기 위한 혁신기술 개발에 동참하고 있다.

2011년부터 2021년까지 10년간 전 세계 풍력발전 설비용량은 매년 전년 대비 약 10~18%씩 성장세를 기록하여 2021년도에 설비 총 누적 용량 845GW를 달성했다. 이는 그 전 해에 비하여 13.5%, 용량으로는 102GW가 증가한 결과인데, 그 중 83GW는 해상풍력 용량이고 나머지 19GW는 육상 설비여서 해상풍력 발전이 매우 빠른 증가세를 보이고 있다.[75)]

2023년부터 향후 8년간 전 세계 풍력발전 신규 설비는 매년 평균 150GW 이상 추가되어 2030년에 전 세계 누적용량이 1.6GW에 육박할 것으로 예상하고 있다. 이 성장은 중국의 공격적인 탈탄소화 목표와 빠르게 성장하는 해상풍력 덕분으로 평가되고, 유럽에서도 러시아의 천연가스 도입이 어렵기 때문에 풍력발전의 성장세가 강화될 것으로 전망하고 있다. 풍력발전은 2021년 현재 전 세계 발전량의 7%를 차지하고 있는데, 세계적으로 풍력발전에 투자하고 있는 국가는 55개 국이고 이는 2020년도에 비하여 6개국이 늘어난 결과이다.

75) REN21, Renewables 2022 Global Status Report

**[도표 5-6]** 세계 풍력발전설비 연간 용량 증가 전망

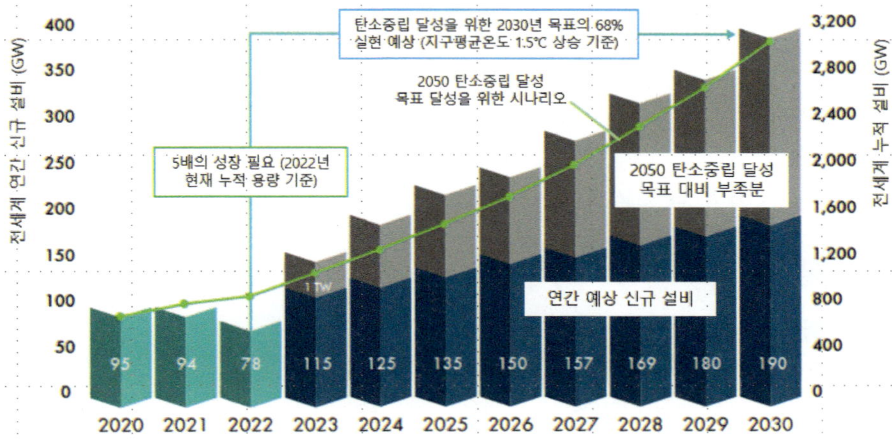


향후 풍력발전의 신규 설비는 육상보다는 해상에 더 많이 투자될 것으로 전망하고 있다. 이는 전 세계가 2050 탄소중립 실현을 위하여 화석연료를 빠르게 재생에너지로 대체하고 재생에너지로 생산된 전력을 이용하여 수소를 생산하여 에너지를 저장하는 기술을 대규모의 해상풍력 설비로 실현하는 계획들이 등장하기 때문이다.2021년에 세계풍력위원회(GWEC)와 국제재생에너지기구(IRENA)는 2050 탄소중립 목표 달성을 위하여 UN Energy Compact[76]에 해상 풍력발전 설비용량 2,000GW를 늘리는 데 협력할 것을 서명했다. 이 약속을 지키기 위해서는 해상풍력발전 설비를 현재 전 세계 총량 60GW에서 향후 10년간 매년 35GW씩 늘려야 한다.[77]또 다른 연구결과에 따르면 전 세계 해상 풍력발전은 2050년도에 630GW에 달할 것으로 보고 있고 그 당시 지구 평균온도 상승 1.5℃를 기준으로 하는 시나리오에 의한 상승 잠재력을 고려할 경우 1,000GW도 내다볼 수 있다고 한다. 특히 아시아 태평양 지역은 해상 풍력발전 설비용량이 2020년 11GW에 불과했지만 2030년 경에 유럽과 세계 다른 지역의 성장을 추월하여 2050년에는 410GW에 달할 것으로 보고 있다. 이 성장은 역시 중국의 빠르게 성장하는 해상풍력 덕분으로 평가되고 있다. 유럽, 중동, 아프리카 지역은 2050년도에 190GW, 그리고 북미지역의 해상 풍력발전은 아직 걸음마 수준이나 바이든 대통령의 행정명령에 힘입어 달할 것으로 전망하

76) UN Energy Compacts는 UN 회원국 및 기타 모든 이해관계자가 자발적으로 참여하여 SDG7 및 순제로 배출(탄소중립)에 대한 진전을 이루기 위한 구체적이고 추적 가능한 행동을 하는 결속을 말하며, SDG7은 UN의 17개 지속가능한 개발을 위한 목표들 중 7번째 목표로써 '모두를 위해 저렴하고 신뢰할 수 있으며 지속가능하고 깨끗한 에너지에 대한 접근을 보장하는 것'이 목표이다.

77) GWEC, Global Wind Report 2023

고 있다. 전체적으로 보면 Net-Zero 시나리오에 따른 세계 풍력 에너지의 잠재력은 2050년도에 1,200GW를 상회할 것으로 보고 있다.

**[도표 5-7]** 세계 지역별 해상풍력 시장 전망(단위: GW)

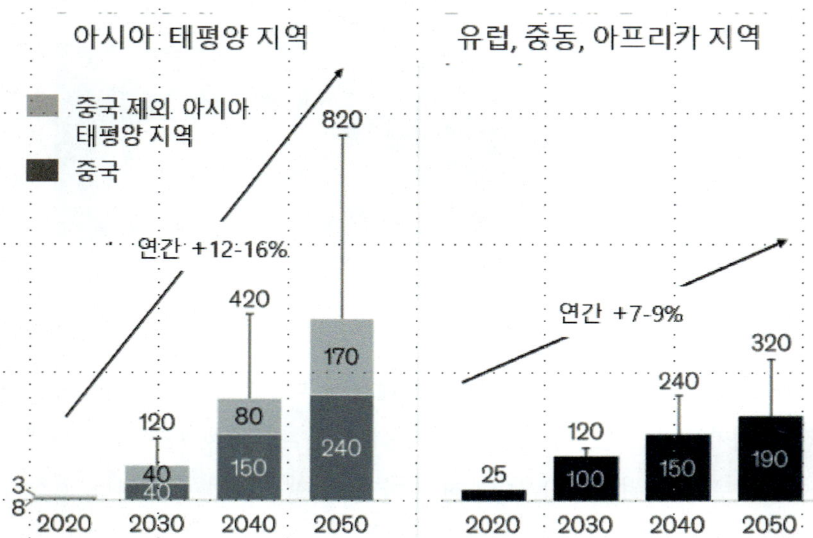


풍력발전은 현재 대부분의 국가에서 기저발전으로 하고 있는 천연가스, 석탄 또는 원자력 발전소와 외부비용을 내부화하여 에너지 비용을 비교할 때 경제적으로 경쟁력이 있다. 그러나, 풍력발전은 바람이 충분히 불지 않는 지역에서는 비용 경쟁력이 떨어진다. 그래서 향후의 풍력발전은 차세대 기술을 접목하여 에너지 전환효율을 올리고, 공급망 관리를 통한 제조기술 개선 그리고 공기역학에 대한 더 나은 이해를 통한 풍력터빈의 설계와 제어기술 제고를 통하여 비용을 더 낮춰야 하는 숙제를 안고 있다.

바람이 풍부한 지역은 보통 전력을 소비하는 도시지역으로부터 멀리 떨어져 있다. 따라서 주거지역으로 전기를 송전할 때 장거리 송전에 따른 비용이 많이 드는 문제를 극복해야 한다. 풍력 자원이 풍부한 지역을 인구 밀집 지역에 연결하기 위해 국가의 송전망을 개선하면 육상기반 풍력에너지 확장 비용을 크게 줄일 수 있고, 해상 풍력의 경우에도 송전과 전력망 통합연결 등의 방법으로 경제성을 높일 수 있다. 또한 원거리에 있는 전력을 수소로 저장하여 소비처가 있는 도시지역으로 운반하는 독립적이고 다양성을 갖춘 에너지의 저장, 운반기술도 풍력발전의 전향적인 미래를 만드는 방법이다.[78)]

또한, 대규모의 풍력 발전단지는 통상적으로 국가 혹은 지역의 기저 전력공급망에 연결되어 운전되고 있는데 이 경우 풍력발전 전력은 출력 변동성과 예측 불확실성 때문에 송전제약, 계통 신뢰도 저하 등의 문제를 유발한다. 이때 보통 변동적 전력에 대하여 출력제한[79]을 하는데 이런 조치는 결국 풍력단지의 설비효율 저감을 초래하여 단지의 경제성을 해치는 결과를 가져온다. 향후에는 발전량의 예측과 실시간 측정, 분석 기술개발 등을 통하여 계통연계성을 높여서 출력제한을 최소화하거나 출력제한 된 전력을 저장하여 예비전력으로 활용하여 손실을 최소화하는 노력을 해야 한다.

풍력 발전소는 기존의 발전소와 비교하여 환경에 미치는 영향이 최소 수준이지만 풍력터빈은 소음을 발생시키고 시각적으로 자연경관을 손상시키기도 한다. 터빈 블레이드에서 생성되는 소음과 경관에 대한 문제 또는 주변 생태계에 주는 영향 등은 입지선정 때 신중하게 고려해야 할 사항이다.

풍력 발전소는 또한 지역 야생동물 생태계에 영향을 줄 수 있어서 적절한 단지의 배치와 지속적인 환경 연구를 통해 풍력 터빈이 주변 야생동물에 미치는 영향을 최소화 하는 노력이 필요하다. 특히 해상 풍력발전 단지가 어류나 해양 포유류의 영향을 주거나 조류(철새)의 이동경로를 방해하는 환경문제는 가볍지 않은 것으로 지적되고 있다.

해상풍력에 따른 환경문제는 지질 환경, 해양수환경, 대기환경 등의 인자가 추가적으로 포함되기 때문에 전 주기적 환경관리가 필요하다. 우선 건설시기에 나타나는 문제, 풍력단지에서 얻은 전력을 전력계통에 인입하는 단계에서 발생하는 문제, 해상풍력 발전의 운영단계에서 발생하는 문제, 풍력발전기의 터빈을 유지하는 과정에서 발생하는 문제, 그리고 마지막으로 내구연한을 채우고 시설물을 해체하는 과정에서 발생하는 문제 등이 있다.[80]

---

78) Power-to-Gas 즉 전력-수소생산 기술은 이 책의 제10장 수소 에너지 참조

79) 출력제한(power curtailment)은 재생에너지의 출력을 강제로 낮추어 제한하는 것을 말한다. 출력제한은 재생에너지원 발전량이 너무 많이 공급되어 이를 조절할 필요가 있거나 송전 혼잡을 피하기 위하여 시행한다. 출력제한을 하면 풍력으로 발전 가능한 전력을 강제로 줄이는 만큼 손실이 발생되어 단지의 설비효율이 떨어진다.

80) 신철호 외, 해상풍력발전의 환경적 · 경제적 영향 분석, 2011

# 참고문헌/인용자료


**도표 5-1 전 세계 풍력발전 연도별 누적 설비용량**

– Global Wind Report, Global Wind Energy Council, 2022

**도표 5-2 전 세계 풍력 발전설비 연도별 신규 증설 예상 2022-2026**

– Global Wind Report, Global Wind Energy Council, 2022

**도표 5-3 풍차 회전체 날개의 주속비와 풍차 종류에 따른 출력계수**

– 정희갑, 풍력 발전 시스템 : 풍력 터빈 출력 성능 시험, 2016

**도표 5-5 실측 풍력곡선**

– 강금석 외, 한국해안 · 해양공학회논문집, 30(4), 2018

**그림 5-2 풍력 발전기의 구조와 구성요소**

– 한국에너지공단, 신.재생에너지센터 (https://www.knrec.or.kr/biz/korea/intro/kor_wind.do)

**그림 5-3 피치제어의 원리**

– I. El-mohr, A. Anas, Renewable Energy Systems, Wind Energy (2)

**그림 5-5 수동식 스톨 제어의 원리**

– O. Apata, An overview of control techniques for wind turbine systems, Scientific African 10 (2020)

**그림 5-6 풍력터빈의 속도제어 방법에 따른 풍력곡선**

– O. Apata, An overview of control techniques for wind turbine systems, Scientific African 10 (2020)

**그림 5-7 풍력단지의 터빈 간 간격**

– C. Moscoloni, Energies 2022 (https://www.mdpi.com/journal/energies)

**사진 5-3 육상 풍력발전 단지**

– NS Energy (https://www.nsenergybusiness.com/)

**그림 5-8 해상풍력 지지구조물 하부기초 형식**

– 윤길림, 한국해양과학기술원, 2015

**도표 5-6 세계 풍력발전설비 연간 용량 증가 전망**

– GWEC, Global Wind Report 2023

**도표 5-7 세계 지역별 해상풍력 시장 전망 (단위 GW)**

– McKinsey & Company, How to succeed in the expanding global offshore wind market, April 20, 2022

# Chapter 06
# 수력 에너지

- 수력자원
- 수력발전 설비
- 수력발전 효율과 수차
- 소수력 발전
- 양수발전

## 6-1 수력자원

수력(hydropower)은 태양열에 의하여 바다나 육지의 물이 증발되어 대기 중에 구름상태로 머물다가 수분이 포화상태 이상이 되면 지상으로 강하하는 물의 자연적인 순환을 이용한 간접적 태양 에너지이다. 수력발전은 하천이나 호수 또는 저수지 등에서 물이 갖는 위치 에너지를 이용하여 수차(터빈)를 돌려서 기계적 에너지로 전환하고, 이것을 다시 전기적 에너지로 전환하는 발전방법이다.

물의 자연순환은 water cycle 혹은 hydrologic cycle이라고 하는데, 증발과 응축, 강수가 그 기본이며 시작과 끝이 없다. 물의 순환을 일으키는 태양열은 바닷물의 온도를 올려서 수증기 상태로 대기로 증발시킨다. 얼음과 눈은 수증기로 바로 승화할 수 있다. 식물로부터 증산(발산)한 물이나 땅으로부터 증발한 물도 역시 수증기 상태로 대기로 분산된다. 수증기는 대기로 올라가며 온도가 차가워지면 구름으로 응축된다. 대류는 지구 주위의 구름을 움직이며 구름의 입자는 충돌하고 상승하다가 비나 눈으로 되어 강수현상이 일어난다. 이 때 비는 땅 위로 떨어져 지표면에 흐르지만 눈의 일부는 고산지대나 극지방에 내리면 만년설이나 빙하로 쌓이기도 한다.

이런 얼어 있는 눈도 대기의 온도가 올라가면 녹아서 물이 되어 지표면 위를 흐른다. 흐르는 물의 일부는 골짜기와 강으로 들어가 바다로 흐르거나 호수로 모인다. 이 과정에서 대부분의 물은 침투과정을 거쳐 땅으로 스며들어 대수층을 보충한다. 침투수 중 일부는 다시 지표면으로 흘러나오고 일부 지하수는 땅의 틈새에 들어가 지하수가 된다. 모든 물은 시간이 지나면서 계속 흐르며 일부는 바다로 다시 흘러 들어간다. 이렇게 물의 순환은 끝이 없이 거듭된다.

**[그림 6-1]** 물의 자연순환

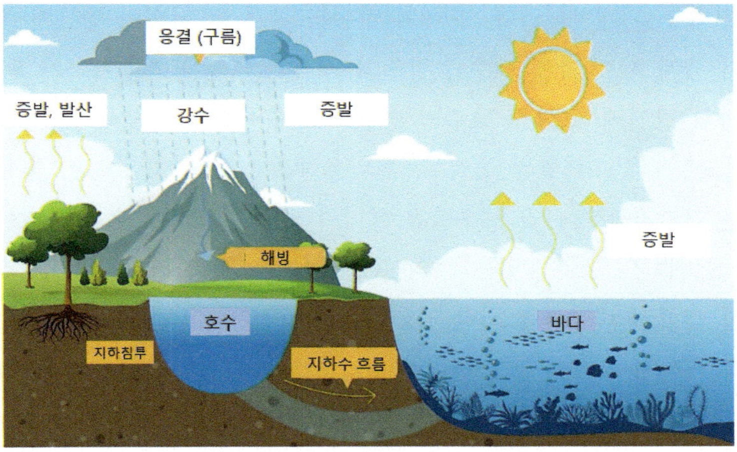


수력을 처음으로 이용한 것은 고대 중국의 한나라와 그리스, 로마인들이 곡물을 갈기 위해 물레방아를 이용했고, 중세에는 수력을 제재소나 철을 가공할 때 이용한 것으로 알려져 있다. 1771년에는 영국의 Richard Arkwright가 면사를 생산하는데 수력을 처음으로 공장규모로 이용했다고 기록되어 있다. 수력으로 전기를 생산하는 수력발전은 19세기 초에 이루어졌는데, 1827년 프랑스의 Benoit Fourneyron가 처음으로 6마력의 힘을 가진 터빈(수차)을 개발한 것이 최초라고 한다. 그 후 미국의 여러 곳에서 수력으로 곡식가공이나 지역의 몇 건물에 전기조명을 하기 위하여 개발되었는데 1895년에는 당시 가장 규모가 큰 Edward Dean Adams 발전소가 나이아가라 폭포에 세워졌다.[81]

오늘날 수력발전에 사용되는 현대식 수력터빈(수차)은 1849년 영국계 미국인 엔지니어 제임스 프란시스(James Francis)가 개발한 프랜시스(Francis)터빈이 최초였으며, 이 수차는 오늘날에도 널리 사용되는 수력터빈이다. 1870년대에는 미국의 발명가 Lester Allan Pelton이 충동식 터빈인 Pelton 수차를 개발하여 1880년에 특허를 받았다. 또, 20세기에 들어와서 1913년에 오스트리아의 Viktor Kaplan이 조정 가능한 블레이드가 있는 프로펠러형 터빈인 Kaplan 터빈을 개발했으며 이 또한 오늘날 널리 사용되고 있다.

20세기 초기에는 세계적으로 수백 개의 수력발전소가 세워졌고 1905년에는 중국의 Xi ndian 강에 설비용량 500kW급의 수력발전소가 세워졌으며, 1929년에는 미국 동부 후사토닉 강에 세계 최초로 양수발전소가 지어졌다가, 20세기 중반에는 미국의 뉴딜정책과

81) 2022 Hydropower Status Report, IHA, International Hydropower Association

세계 2차 대전 이후 경제회복 정책에 힘입어 유럽, 구소련, 북미지역 그리고 일본에서 수력발전이 빠른 속도로 개발되었다. 20세기 말에는 환경 및 사회적 영향에 대한 세계적 이해가 높아져서 세계 각 국가에서 수력 발전의 가치와 역할을 재평가하게 되었고, 지속 가능성과 지역사회 발전에 초점을 맞추는 방향으로 수력발전 개발에 큰 변화를 가져왔다.

2021년까지 전 세계 수력발전 누적 총 설비용량은 1,360GW이고 이 중에서 165GW는 수력을 이용한 전기저장 방법인 양수발전 설비이다. 그리고, 2021년 한 해에 신규로 설치된 수력발전 설비는 약 26GW였는데 역시 중국이 그 중 가장 많은 21GW를 차지했다. 또, 2021년 한 해에 수력발전에 의한 전 세계 총 발전량은 약 4,300TWh였으며, 이 양은 그 해 전 세계 에너지 수요의 6%, 전력 생산량, 28,000TWh의 약 15%에 해당한다. 양수발전 설비는 2021년에 신규로 4.7GW가 지어졌다.

**[도표 6-1]** 2021년 현재 세계 지역별 수력발전 누적 및 신규 설비용량

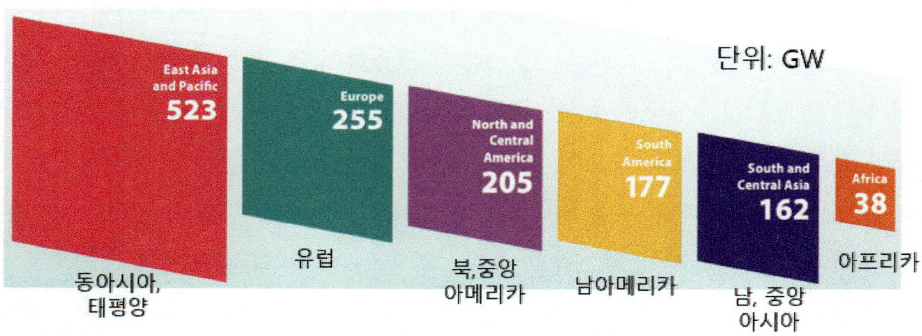


수력발전의 잠재량은 세계 모든 곳의 유거수(땅 위를 흐르는 빗물)와 하천 흐름을 포함한 자연 유출수를 모두 합해서 수력발전에 활용할 수 있다는 것을 전제로 한 에너지 생성 총량을 말하는 것이다. 그러나 이 양은 기술적이고 경제적인 그리고 그 외 다른 모든 현실적 제약조건을 고려하지 않은 이론적 잠재량이다.

모든 조건을 다 고려한 현실적이고 근거가 뚜렷한 잠재량은 아니지만 개발가능성을 암시적으로 보여주는 전 세계 수력발전 설비 잠재량은 양수발전 시설을 포함해서 3,800GW이고, 이 중에서 548GW는 2020년 현재 건설 중이거나 건설하기로 계획 혹은 공지된 설비량이다. 한편 2020년 현재 기 개발된 설비 용량은 1,330GW인데 아프리카와 남·중앙아시아지역이 다른 지역에 비해서 적게 개발된 것으로 알려져 있다.

좀 더 구체적이고 가까운 미래를 예측하는 보고서에서는 전 세계 수력발전 설비 총량

이 2030년에 약 1,560GW로 된다고 보고 있다. 이 수치는 2020년에서 2030년 사이에 수명이 다하는 설비와 그사이에 새로 지어지는 신규 설비를 고려한 순 증가량 230GW를 고려한 것이다. 이 순 증가량 중에서 동아시아 · 태평양 지역이 전체의 44%로 가장 많다.

**[도표 6-2]** 세계 지역별 수력발전 설비의 암시적 잠재량과 2020년 현재 기 개발량

| 지역 | 암시적 잠재량(GW) | 2020년 현재 기 개발 설비 용량(GW) |
|---|---|---|
| 아프리카 | 630 | 38 |
| 동아시아·태평양 | 1,100 | 502 |
| 유럽 | 350 | 254 |
| 북·중미 | 620 | 205 |
| 남미 | 500 | 177 |
| 남·중앙아시아 | 600 | 154 |
| 전세계 | 3,800 | 1,330 |

가까운 미래의 범세계적 수력발전 개발 경향은 이와 같이 지역적인 차이가 뚜렷할 것으로 보고 있고, 또 양수발전의 양적 성장도 괄목할 만한 추세가 될 것으로 보고 있다. 현재 건설 중이거나 건설하기로 계획된 양을 지역별로 보면 동아시아와 태평양 지역, 아프리카, 그리고 남 · 중앙아시아 지역이 두드러진다.

양수발전은 가장 유력한 전기저장 방법으로 인정되면서 현재 건설 중이거나 건설하기로 계획된 설비가 완성되면 전 세계 양수발전 설비는 현재의 두 배가 될 것으로 보고 있다. 이런 경향은 또 향후 전 세계적으로 지구온난화에 대응하는 "탄소중립" 정책을 강하게 추진하기 때문에 재생에너지, 특히 풍력발전과 태양광 발전이 대폭 늘어나면서 더욱더 중요해질 것으로 본다.

## 6-2 수력발전 설비

수력발전이란 하천 또는 저수지 등에서 물이 갖는 위치에너지를 수차(터빈)를 이용하여 기계적 에너지로 변환하고 이것을 다시 전기에너지로 변환하는 발전방식이다. 수력발전은 낙차를 얻는 방법과 유량을 얻는 방법에 따라서 그 종류를 나눌 수 있다. 낙차를 얻는 방법에는 자연하천의 구배를 그대로 이용하는 수로식 방법, 댐을 설치하여 저수지 또는 조정지를 만드는 방법, 그리고, 유역변경에 의한 방법 등이 있다. 유량을 사용하는 방법은 유입식 발전, 조정지식 발전, 저수지식 발전, 양수식 발전, 그리고, 조력 발전 등이 있다.

수로식(run-of-river)은 강물 막이식이라고도 하는데, 하천경사가 급한 중류 혹은 상류 지역에 적용되고 댐(dam)으로 강물을 막아서 이용하는 발전방식이며 우회수로를 만들어 수로의 중간에 건설한 발전소로 강물을 공급하거나 댐에 붙여 건설한 발전소로 강물을 직접 공급할 수도 있다.

저수지식(storage 혹은 reservoir)은 유역변경식이라고도 하는데, 경사는 급하지 않으나 유량이 많은 하천에 이용되고 우기에 유역(강이 빗물, 눈 등의 강수를 모으고 있는 한정된 구역) 내에 쏟아지는 강우를 모아 도수로(대개 수압을 받는 수평/수직 터널 혹은 관, penstock으로 구성)를 만들고 물을 도수로의 아래에 건설한 발전소로 보내는 방식이며 저수지와 발전소 사이의 낙차(water head)를 이용한다.

양수식 발전(pumped storage)은 저지대에 있는 저수지 물을 펌프로 양수하여 고지대의 저수지에 모았다가 그 물을 다시 저지대로 보내어 발전하는 방식이다. 양수발전을 이용하면 전력사용량이 적은 야간에는 물을 양수하여 전력을 물의 위치 에너지로 저장하고 주간에는 그 물로 발전을 하여 에너지를 효율적으로 사용할 수 있다.

**[그림 6-2]** 수력발전 설비

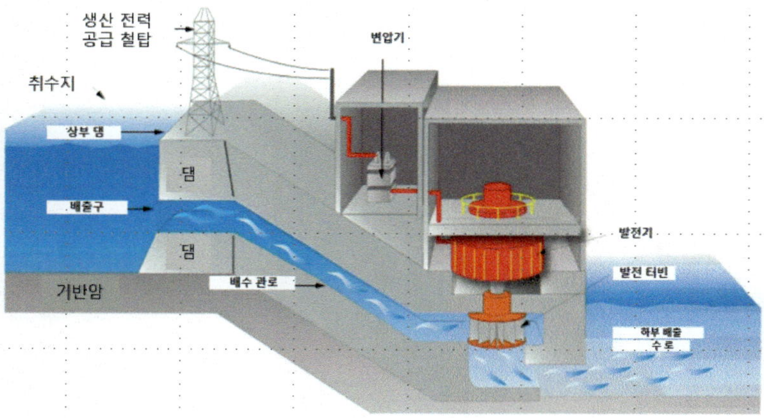

수력발전은 또 도표 6-3과 같이 그 발전설비 용량에 따라 구분할 수 있다.

**[도표 6-3]** 발전설비 용량에 따른 수력발전의 분류

| 구분 | | 설비용량 기준 | 용도 |
|---|---|---|---|
| 수력발전 | 대수력 | 100MW 이상 | 대규모의 전력망에 연결된다. |
| | 중수력 | 10-100MW | 소, 중규모 전력망에 연결된다. |
| 소수력 발전 | 소수력 | 1-10MW | 소규모 전력망에 연결되기도 하나, 독립적으로 운용되기도 한다. |
| | 미니 수력 | 100-1,000kW | 전력망으로부터 거리가 먼 소규모 마을이나 산업체에서 독립적인 분산형 전원으로 이용한다. |
| | 마이크로 수력 | 5-100kW | |
| | 피코 수력 | 5kW 이하 | |

대수력과 소수력을 구분하는 용량은 국제적으로 정해져 있지는 않다. 미국에서는 대수력은 30MW이상, 소수력은 10kW-0MW, 그리고 마이크로 수력은 100kW 이하로 구별하고 있다. 유엔산업개발기구(UNIDO)와 유럽 그리고 국제수력학회에서는 10MW까지를 소수력 발전설비의 용량으로 정하고 있지만 중국을 비롯한 몇몇 다른 국가에서는 소수력의 용량을 다르게 규정하고 있다.[82)]

대규모 수력발전 개발에는 대형 댐과 거대한 양의 물을 저장하는 저수지가 포함되는데 일반적으로 대형 전력망(power grid)에 연결된다. 최근에 와서 대규모 수력발전은 높은 투자비용과 긴 투자회수기간, 그리고 막대한 환경적 영향(경작지 손실, 강제 이주, 질병 및 생물다양성 피해 등)과 사회적 영향때문에 개발이 제한되고 있다.

소규모 수력 발전소는 일반적으로 강물을 이용하는 수로식이다. 그래서 대부분의 소수력 발전은 대규모 설비에 따르는 단점이 없이 수력발전의 환경적인 장점과 분산발전의 장점을 살릴 수 있다. 즉, 낮은 에너지 분배비용, 무시할 만한 환경비용 그리고 낮은 유지보수 및 관리의 현지화를 실현할 수 있다. 소규모 수력발전소에서 생성된 전력은 전력의 중앙공급 인프라와 관계없이 독립적으로 해당 지역의 농산물 가공, 양수시설, 조명 그리고 지역 소기업에서 사용할 수 있다.

82) Hydro power basics, Energypedia (https://energypedia.info/wiki/Hydro_Power_Basics#By_Size)

소규모 수력발전은 대규모 수력발전소에 비해 지역환경으로의 통합이 쉬워서 최근 세계 여러 지역, 특히 다른 에너지원의 개발이 가능하지 않거나 경제적으로 매력적이지 않은 외딴 지역에서 증가하고 있다. 그러나 규모가 큰 대수력 발전 시설은 규모의 경제로 인해 발전비용이 낮고, 또 한 강유역의 외딴 지역에 위치한 대규모 수력발전 프로젝트 하나는 많은 강 유역에서 동일한 전력을 생산하는 여러 개의 소수력 발전 프로젝트의 누적 영향보다 부정적인 영향이 적을 수 있다.

## 6-3 수력발전 효율과 수차

수력발전소에서 이용하는 물의 위치 에너지는 단위시간 당 수로에 흐르는 물의 양과 낙차(취 수구와 방수구의 수위차, 수두라고도 함, hydraulic head)의 곱에 비례한다. 그런데 이렇게 계산하는 낙차는 총 낙차(자연 낙차라고도 함)이고, 보통 수력발전 설비는 경사진 수로 혹은 도관을 이용하기 때문에 물의 유효 낙차는 수로경사에 의한 손실과 취수구 및 방수구 손실, 수압관의 손실 등 전체 손실 낙차를 제외한 나머지 낙차이다. 유효 낙차와 총 낙차의 비를 발전소의 수력 효율이라고 하는데 일반적으로 전체 손실 낙차는 총 낙차의 5~10% 정도이다.

그러나, 수력발전소의 전체 효율 즉 실효율은 이 수력효율 외에도 수차 내에서 손실되는 유량을 고려한 체적효율, 수차의 마찰에 의한 기계적 손실 등을 모두 고려하여 계산한다.

**[그림 6-3]** 수력발전소의 낙차와 손실

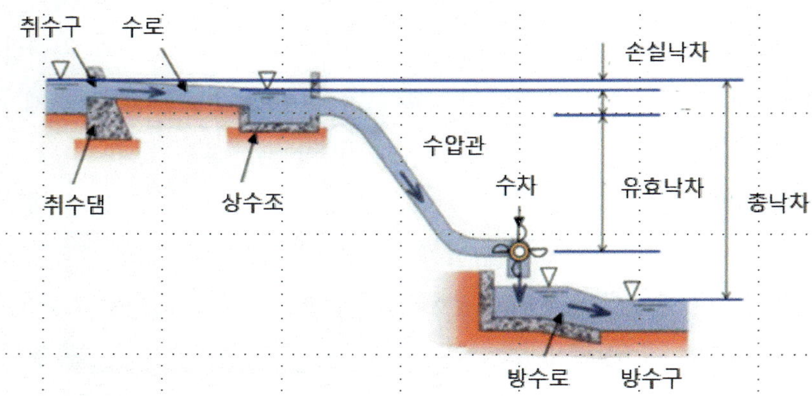


수력발전소에서 사용하는 수차 즉 터빈은 이용하는 물의 양이 많고 낙차가 작을 때와 반대로 물의 양은 적고 낙차가 클 경우에 따라 그 종류가 다른데, 전자의 경우에는 보통

반동식(reaction type) 터빈이 사용되고 후자의 경우에는 충동식(impulse type) 터빈이 사용된다.

반동식 터빈은 물의 압력과 유동력이 결합된 힘으로부터 동력을 얻는데, 회전차 깃의 입구에서의 충동작용 (물이 부딪히는 작용)과 출구에서의 반동작용(물이 차내 버리는 작용)에 의해 물의 동력이 회전차에 전달된다. 수차의 러너(runner)는 물에 완전히 잠겨 있으며 물이 직접 터빈 날개(블레이드)에 개별적으로 부딪히지 않고 날개의 전후 압력차에 의하여 회전시킨다. 반동식 터빈의 대표적인 것은 프랜시스 터빈(Francis turbine)과 프로펠러 형태인 카플란 터빈(Kaplan turbine)이 있다.

프로펠러 수차는 물이 터빈의 축과 같은 방향으로 유입되는 축류식 수차인데 축류 펌프와 원리는 같고 에너지의 주고 받음 즉 물의 흐름이 반대이다. 보통 한 개의 러너와 3~6개의 날개로 되어있고 물이 터빈에 도달하면 회전을 제공하는 나선형 도관 덕분에 전체 날개에 골고루 공급된다. 프로펠러가 가변익으로 되어있어서 낙차 혹은 부하에 따라 날개와 가이드 베인(guide vane)의 각도를 조정할 수 있게 만든 프로펠러 터빈이 카플란 수차이다.

**[그림 6-4]** 프로펠러 수차

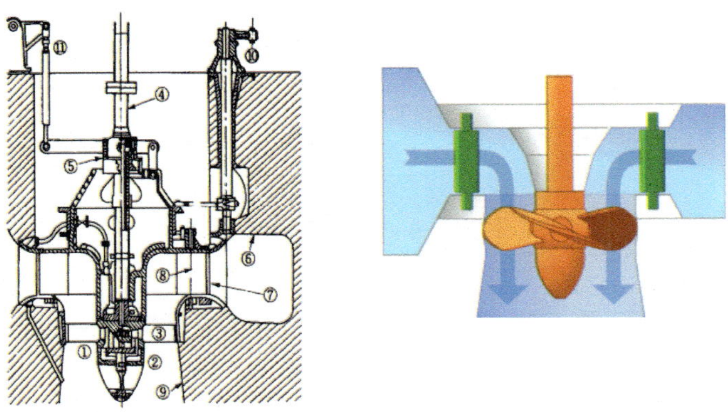

프랜시스 터빈은 최초의 현대식 수력 터빈이었으며, 1849년에 영국계 미국인 엔지니어 James Francis가 발명했다. 이 터빈에는 일반적으로 9개 혹은 그 이상의 고정 날개가 있고 러너 바로 위와 그 주변에 물이 달팽이 모양의 관로를 통과한다. 출구의 회전 중심부근에서 유동은 회전성분을 잃고 축방향으로 빠져 나가는데, 회전 운동량이 감소한 만큼 구동력을 받으므로 반동 터빈이라고 부른다. 프랜시스 터빈은 사용빈도가 가장 크고 일반적으로 낙차가 중간 정도이거나 높은 곳(40-600m)에 사용되지만 낮은 낙차에도 사용되고 수평 및 수직 방향에 다 적용되고 있다.

**[그림 6-5]** 프랜시스 수차

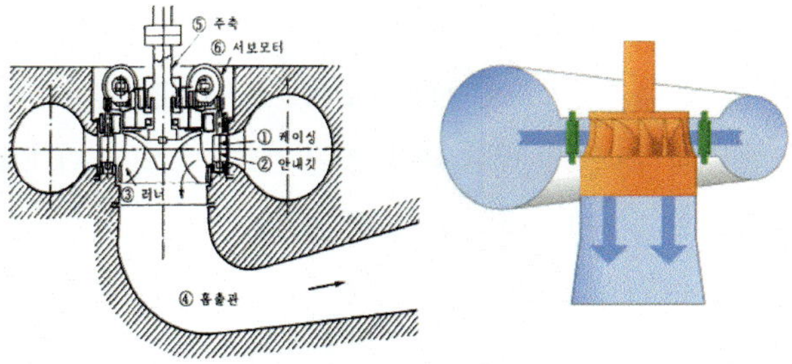


반동식 수차에는 이밖에도 사류식 수차(diagonal turbine)가 있다. 사류식 터빈은 데리아 (Deriaz) 수차라고도 하는데, 물을 러너 축에 대해서 경사진 방향으로 통과시켜서 회전력을 얻는 수차이다. 이 수차는 프랜시스 수차와 카플란 수차의 중간 구조이며 카플란 수차와 마찬가지로 가동날개를 가지고 있어 부하변동이나 낙차의 변동에 대해 각도를 변경한다. 프랜시스 수차에 비해서 변동낙차, 변동출력 특성이 좋고 카플란 수차에 비해서 날개에 작용하는 하중이 작아서 조작기구도 작고 손실이 적다. 사류식 수차는 보통 낙차 범위 40~200m에서 사용한다.

**[그림 6-6]** 사류식 수차

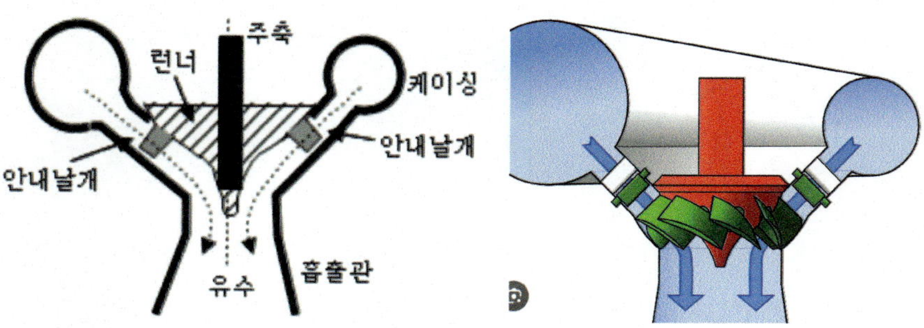


충동식 터빈은 일반적으로 물이 고속으로 노즐로 유입되고 노즐로부터 분사된 물을 러너 주변에 부착된 버킷(bucket)에 작용시켜 그 충동력으로 회전력을 얻는 수차이다. 노

즐 내에는 니들을 설치하고, 이것을 전후로 움직여서 제트의 단면적을 변화시킴으로 물의 분사량을 조정한다. 충격식 터빈의 대표적인 것은 펠톤 터빈이다. 펠톤 터빈은 1870년대에 미국 발명가 Lester Allan Pelton에 의해 발명되었다. Pelton 휠에는 한 개 혹은 수 개의 물 분출구(젯트, jet)가 설치되어 폭기된 공간으로 물을 뿜어내고 회전체의 버킷에 충돌하도록 되어 있다.

**[그림 6-7]** 충동식 수차

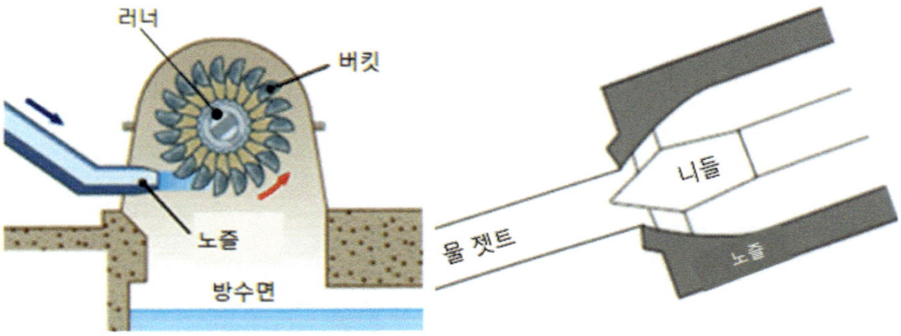


## 6-4 소수력 발전

소수력 발전은 발전소 시설용량 10 MW이하의 수력발전을 말하며[83] 전력망으로부터 거리가 먼 소규모 마을이나 산업체에서 독립적인 분산형 전원으로 이용한다. 소수력 발전은 대규모의 수력발전에 필요한 충분한 수자원의 확보가 어려울 경우 혹은 대규모의 수력발전 시설이 지역에 주는 환경문제 때문에 수용되지 못할 경우 친환경적인 대안이 될 수 있다. 소수력 발전은 설비가 간단하고, 환경 및 사회경제적 측면을 염두에 두고 개발할 경우 경제 자립도가 부족한 신흥 공업국가들에게는 에너지 자립도를 올릴 수 있는 좋은 길이 된다. 또, 유럽이나 북미지역 등 경제개발 선진국에서는 대규모의 수력발전 자원이 이미 소진되었거나 환경문제 때문에 청정 에너지원을 최대한 많이 이용하는 차원에서 소수력 개발에 관심이 집중되고 있다.

2022년 현재 전 세계 소수력(10MW이하) 누적 시설용량은 79GW이었는데, 이 양은 2013년 용량의 약 10%가 늘어난 것이며, 2021년까지 수력발전 누적 총 설비 용량, 1,360GW의 약 6%에 해당되고 아시아 지역이 전체의 65%를 차지했다. 2019년 현재 전 세계 소수

83) 국가에 따라 소수력의 시설 용량 기준은 다르나 보통 10-30MW 용량의 발전소 설비를 말한다.

력 발전 개발 잠재량은 229GW로 조사되었는데, 이 양은 2013년 조사되었던 177GW보다 약 25%가 늘어 난 것이다. 지역별로 본 소수력 개발 잠재량도 아시아 지역이 약 138GW로 전체 잠재량, 229GW의 60%를 차지하고 있으며, 특히 경제개발도상국가들의 소수력은 전체 잠재량의 34%만 개발된 것으로 보고되었고 주로 아프리카, 남아메리카 그리고 아시아 지역에 개발 여지가 많은 것으로 알려져 있다.

**[도표 6-4]** 전 세계 지역별 소수력 누적 설비용량과 개발 잠재량

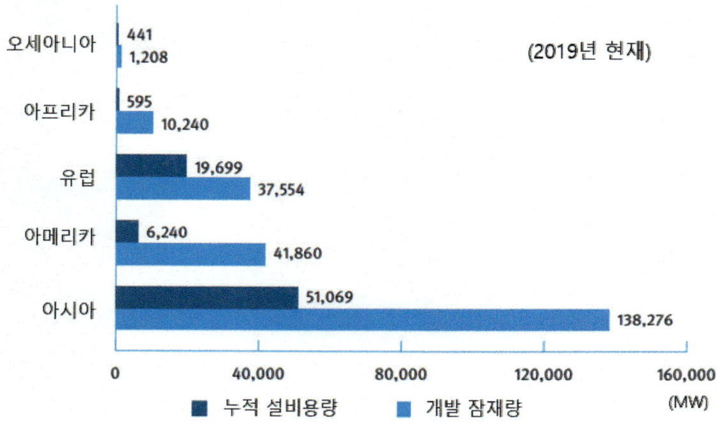


소수력 발전은 소규모 전력망에 연결되는 경우도 있지만 수 백 kW급 혹은 수 kW급은 보통 전력망으로부터 거리가 먼 소규모 마을이나 산업체에서 독립적인 분산형 전원으로 이용한다.

또, 아주 작은 규모는 개인 가정에 필요한 전력을 위하여 이용되기도 한다.

소수력 발전은 중앙공급식 전력망으로부터 격리되어 있고 에너지 수요밀도가 낮은 도시 외 지역에 적합하다는 것이 개발 전략의 중심에 있으며, 그런 지역의 에너지 자립을 촉진하고 온실 가스 배출량을 줄이는 효과를 가져온다. 대규모 수력발전이 환경 및 생태계에 악영향을 미치는 반면, 국지적인 지역 조건과 조화를 이뤄 비교적 환경친화적이다.

소수력 발전은 일반적인 대규모 수력발전과 시설의 구성에서 큰 차이가 없다. 소수력 발전은 크게 수로식, 댐식 그리고 터널식 3가지로 나눌 수 있다. 수로식은 자연적으로 발생하는 하천의 낙차와 유량을 이용하는데, 물의 속도가 빠른 상, 중류에 적합하고 하천을 따라 완만한 경사의 수로를 내고 하천의 급경사와 굴곡 등을 이용하여 수로에 의해 낙차

를 얻는 방식이다. 수로식 발전의 설비구성은 일반 수력발전소의 경우와 다르지 않는데 수량이 적기 때문에 계절과 강우량의 영향을 많이 받는다.

댐식은 하천의 일부를 막아 인공적으로 만든 댐에서 발생하는 낙차를 이용하는데, 규모가 작은 댐이기 때문에 풍부한 유량을 확보할 수 있는 중, 하류에 주로 설치되고 하천의 경사가 완만하나 유량이 풍부한 곳과 낙차는 크나 하천의 수위변동이 심한 지역에 적합하다. 마지막으로, 터널식은 수로식과 댐식을 혼합한 방식인데 우선 하천의 상류에 댐을 만들고 반대편 산에 터널을 뚫어서 댐으로 얻어진 낙차와 하류부의 경사를 함께 이용하는 발전소이다.

**[그림 6-8] 소수력 발전소 설비 개념도**

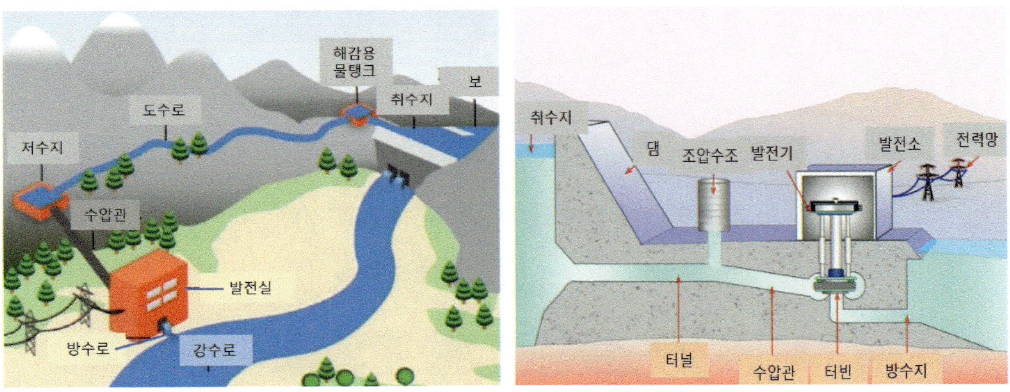


## 6-5 양수발전

양수발전(pumped storage hydropower)은 심야에 전력수요가 적을 때(경부하) 값싼 잉여 전력을 양수동력으로 이용하여 하부 댐의 물을 상부 댐에 양수하여 전력을 물의 위치 에너지로 저장하였다가 하루 중 전력수요가 커지는 때(첨두부하) 그 물을 이용하여 발전하는 설비이다. 양수발전은 그래서 수위차가 300m이상인 두 개의 인접한 저수지 즉 상부 저수지와 하부 저수지 그리고 지하 발전소 등 크게 3개의 설비를 갖추고 있다.

양수발전은 기저전력과 첨두용 전력으로 이루어진 전력계통에서 전력 수요량의 일부를 보충하여 전체적인 발전효율과 설비 이용율을 향상시키고, 전체 전력계통의 경제적인 운용을 높일 수 있도록 하는 방법으로써 용량이 매우 큰 배터리와 같다고 할 수 있다. 또한 양수발전은 태양광, 풍력 등 재생에너지의 간헐성에 따른 출력량 변동에 대응하고 재생에너지의 잉여전력을 저장할 수 있는 전력 저장장치로 이용할 수 있다.

**[그림 6-9]** 양수발전소의 원리

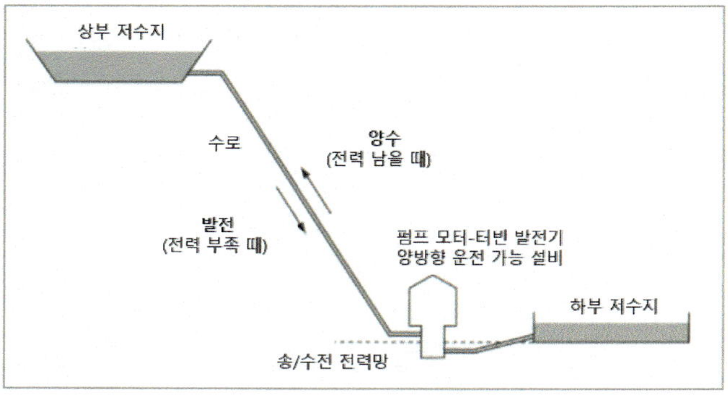


**[그림 6-10]** 전력공급망 내 양수발전의 역할

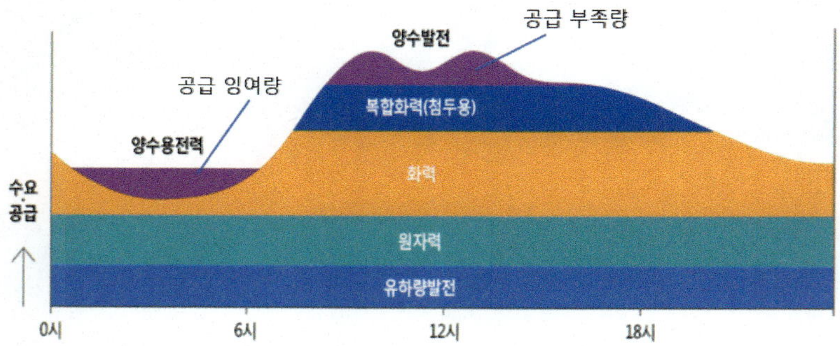


양수발전 시스템은 1890년대에 이태리와 스위스에서 처음으로 사용되었고 미국에서는 1930년에 처음으로 설치되었는데, 현재는 세계 여러 나라에서 매우 중요한 전력저장 수단으로 사용되고 있다. 양수발전 시스템에 의한 전력저장은 현재까지 가장 큰 용량의 그리드 에너지 저장 형태이며, 2022년 현재 가동 중인 전 세계 모든 전력저장 설비의 약 95%를 차지하고 총 시설용량이 137GW에 달하고 전력양으로는 9,000GWh에 이른다.[84] 또, 국제수력학회가 발표한 자료에 따르면 전 세계적으로 60만 곳이 넘는 양수발전 가능

84) Renewable Energy Statistics 2023, IRENA

지역이 있다고 한다.

양수발전은 폐쇄식(순양수식, closed-loop type)과 개방식(혼합 양수식, open-loop type) 두 가지 방법이 있다. 개방식은 상, 하부 저수지 모두 자연적인 강우에 의한 강물, 하천 등의 유역과 연결되어 유입수가 있는 경우 자연유량을 합쳐서 발전하는 경우이고 폐쇄식은 양 저수지의 물이 강우에 전혀 영향을 받지 않은 오프리버 시스템(off-river system)이다. 그리고, 저수 용량의 대소에 따라 일간 조정식, 주간 조정식 또는 연간 조정식으로 나누기도 한다.

일간 조정식은 하루 중 전기수요가 적은 야간에 물을 상부 저수지로 끌어올리고 전기수요가 많아지는 주간에 전기를 생산하는 방식으로, 저수지 용량이 최대 출력을 기준으로 6~7시간 이하인 것을 말한다. 주간 조정식은 일간 조정식보다 저수지 용량이 좀 더 크고 일간조정을 하는 것 외에도 주말·공휴일 등 전기수요가 적을 때에도 상부 저수지로 물을 끌어올려 전기수요의 주간 변동에 대한 조정을 한다. 이 경우 저수지 용량은 최대출력을 기준으로 6~12시간 정도인 것이 많다. 또, 연간 조정식은 상부 저수지에 천연호수와 같은 대용량의 저수지를 가진 것인데, 풍수기의 잉여전력을 이용해 양수하고 갈수기에 이 물을 사용해서 발전하는 방식을 말한다.

양수발전은 또, 수차, 펌프, 발전기, 전동기의 결합방식에 따라 별치식, 탠덤식, 펌프수차식으로 구별하기도 한다. 별치식은 발전용 수차, 발전기와 양수용 펌프, 전동기를 별도로 설치한 방식을 말하며, 탠덤식은 발전기와 펌프 구동용 전동기를 공용해서 펌프·수차·발전 전동기를 동일한 축에 결합한 방식이다. 펌프 수차식은 펌프와 수차, 발전기와 전동기를 공용하며 이를 모두 직결시킨 것이다. 최근의 양수발전소는 대부분 펌프 수차식이다.

펌프 수차식의 경우 양수발전소에서는 물을 상부 저수지로 끌어 올리는 펌프와 물을 하부 저수지로 흘리면서 발전할 수 있는 터빈(수차) 두 가지 역할을 교차로 할 수 있는 가역 펌프터빈(reversible pump-turbine)을 사용한다. 이 펌프터빈은 회전차(날개)의 회전을 정방향과 역방향·양방향으로 교차하여 한 대로 펌프 및 터빈 역할을 동시에 할 수 있는 중간구조의 기계이다. 따라서 양수 시 펌프를 구동할 수 있는 전동기와 발전 시 전기를 생산할 수 있는 발전기(터빈) 즉 전동-발전기(motor-generator)를 갖추고 있어야 한다. 따라서, 펌프수차의 회전차는 펌프로서 설계를 한 후 수차용 효율을 높이기 위한 설계를 추가한다.

펌프수차도 통상 수력발전소의 경우와 같이 낙차에 따라 프랜시스형 펌프수차 (낙차 150m부터 500m 사이), 사류형 펌프 수차(낙차 30m부터 150m사이) 그리고 프로펠러형 펌프수차(낙차 30m 이하)가 있다

[그림 6-11] 펌프수차의 작동원리

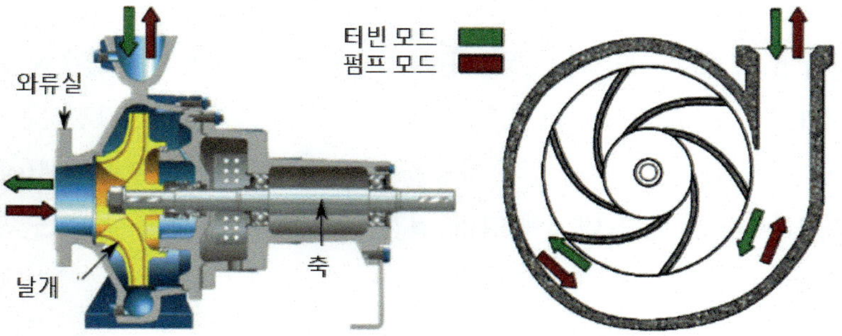


양수발전 설비의 전력저장(생산) 능력은 상, 하 저수지의 크기와 낙차에 비례하고 생산하는 전력의 양은 발전용 터빈의 크기에 비례한다. 예를 들어, 수영장 두 개 크기의 상,하 저수지를 갖추고 있고 500m의 낙차가 있다면 3MW의 양수발전 설비가 가능하고 3.5MWh의 전력을 저장할 수 있다.[85)]

양수발전소는 보통 상부 저수지와 하부 저수지의 수위차가 300m 이상인 곳이 적합한데, 저수용량이 큰 곳, 수로식일 경우 지하 발전소 설치에 적합한 지형 그리고 고낙차 지역이면서 수로 연장이 짧은 곳 또, 송전선 연결이 용이한 곳이 양수발전소 건설에 유리한 입지조건이다.

예를 들어 우리나라 전라북도 무주군 적상면에 있는 무주 양수발전소는 1995년에 준공되었으며 설비용량이 60만㎾ (30만kW × 2기 터빈)인데 상부 댐의 체적은 약 93만 ㎥이고 하부 댐의 체적은 약 46만㎥이다. 해발 860m인 적상산 상부에 위치한 적상호와 해발 280m인 하부 댐인 무주호간 약 580m의 낙차를 이용해 발전하고 있다.[86)]

양수발전은 기동성이 타 에너지원의 발전설비보다 상대적으로 우수하여 전력계통의 돌발적인 사고 등에 적극적으로 대처할 수 있기 때문에 한 국가 혹은 한 지역의 전력계통의 전력수급상의 신뢰도를 높이고 또 양질의 전력을 공급할 수 있는 역할을 한다. 단점은 물을 전기로 끌어올렸다 떨어뜨리면서 전기를 생산하기 때문에 당연히 전체 생산전력은 일반적인 방식으로 생산한 전력보다 줄어들어 효율이 떨어지는 것이다.

2021년까지 전 세계 수력발전 누적 총 설비용량 1,360GW중에서 165GW는 양수발전 설비이다. 국제수력학회(IHA)에 따르면 현재 전 세계적으로 100여개의 양수발전 프로젝

85) 국제수력학회 (IHA, International Hydropower Association))

86) Electric Power Journal, 2016 (http://www.epj.co.kr)

트가 검토 혹은 건설 중에 있으며, 2030년까지 전체 설비용량이 현재의 161GW에서 50%가 증가한 240GW에 달할 것으로 보고 있고, 전력 생산량은 9,000GWh가 된다고 한다. 국제재생 에너지기구(IRENE)에 따르면 전 세계적으로 양수발전 설비는 2050년까지 현재 설비용량의 3배인 420GW까지 증가할 것으로 보고 있다.

설비의 유연성과 전력 저장능력을 고려하면 양수발전은 다른 어떤 전력저장 방법보다 우위에 있다. 2020년 현재 양수발전소를 포함한 기존의 모든 수력 발전소의 전력저장 능력을 결합하면 단일 사이클 전체에서 총 1,500TWh의 전기 에너지를 저장할 수 있다. 이는 유럽 연합의 현재 연간 전력수요의 거의 절반에 해당하는 양이며 오늘날 전 세계 양수식 수력발전소가 수용할 수 있는 것보다 약 170배 더 많은 에너지이고 전기자동차를 포함한 모든 배터리 용량보다 거의 2,200배 더 많다.

양수발전 설비는 특히 풍력이나 태양광 에너지와 같은 재생에너지 설비와 연결할 경우, 전기 출력의 변동(간헐성)이 크고 출력조정이 쉽지 않은 재생에너지 전기를 저장하여 수요가 필요한 시간대에 양질의 전력을 공급하여 출력조정을 효율적으로 할 수 있는 방법이다. 양수발전 시스템을 에너지 저장장치로 이용하는 것은 전기를 배터리를 이용하여 저장하는 ESS(energy storage system)보다 훨씬 더 큰 용량으로 전기를 저장할 수 있고 ESS의 안전성 문제도 극복할 수 있다.

전 세계 양수 발전수의 전력저장 용량은 2030년까지 7% 증가한 9TWh로 예상된다. 이러한 성장은 ESS 저장 용량(전기 자동차 포함)이 그때까지 10배 이상 확장될 것으로 예상해도 배터리 저장용량보다 훨씬 높게 유지될 것으로 보고 있다.[87]

87) Hydropower Special Market Report, IEA, 2021

**[그림 6-12]** 전력저장 능력의 비교

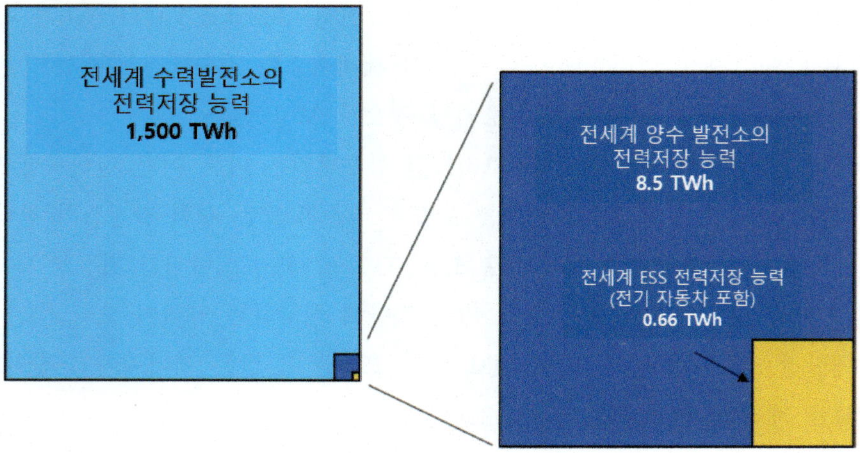


양수발전소의 환경문제는 기본적으로 수력발전 설비의 경우와 유사하나 대규모의 설비가 아닌 경우 부정적 환경영향은 크지 않고, 특히 소형 양수발전은 입지 규모가 작고 부가되는 형질변경과 토목공사도 작다. 양수발전은 그러나 두 댐의 낙차가 클수록 발전효율이 크기 때문에 상부 댐이 산 정상부에 위치해야 하는 입지적 특성을 가지고 있어서, 산의 정상에 댐이 건설될 경우 지형변화와 생태계 훼손은 문제로 지적될 수 있다. 그리고, 양수발전 설비를 위한 진입로, 변전시설, 송전시설, 편의시설, 토석장 등의 면적을 포함시키면 환경 피해는 더 심각해질 수 있고 댐 수몰 예정지의 야생 동식물에 대한 영향도 있을 수 있다.

## 참고문헌/인용자료


**그림 6-1 물의 자연순환**

- WorldAtlas (https://www.worldatlas.com/the-water-cycle.html)

**도표 6-1 2021년 현재 세계 지역별 수력발전 누적 및 신규 설비 용량**

- 2022 Hydropower Status Report, IHA, International Hydropower Association

**도표 6-2 세계 지역별 수력발전 설비의 암시적 잠재량과 2020년 현재 기 개발량**

- Hydropower 2050, IHA, 2020

**그림 6-2 수력발전 설비**

- 에너지단열경제, 2019

**도표 6-3 발전설비 용량에 따른 수력발전의 분류**

- 김성철 외, 물과 미래, Vol. 52 No 1. 2019

**그림 6-3 수력발전소의 낙차와 손실**

- 강보선, 대학공개강의서비스(KOCW), 신재생에너지 응용

**그림 6-4 프로펠러 수차**

- 강보선, 대학 공개강의 서비스(KOCW), 신재생에너지 응용

**그림 6-5 프랜시스 수차**

- Office of Energy Efficiency & Renewable Energy (https://www.energy.gov/eere/water/types-hydropower-turbines)

**그림 6-6 사류식 수차**

- 강보선, 대학 공개강의 서비스(KOCW), 신재생에너지 응용

**그림 6-7 충동식 수차**

- 강보선, 대학 공개강의 서비스(KOCW), 신재생에너지 응용

**도표 6-4 전 세계 지역별 소수력 누적 설비용량과 개발 잠재량**

- UNIDO, World Small Hydropower Development Report, 2022

**그림 6-8 소수력 발전소 설비 개념도**

- US DOE(Department of Energy)

**그림 6-10 전력공급망 내 양수발전의 역할**

– 한국수력원자력(주)

**그림 6-11 펌프수차의 작동원리**

– J. Graciano-Uribe 외, Journal of Sustainable Development of Energy, Water and Environment Systems Volume 9, Issue 4, 2021

**그림 6-12 전력저장 능력의 비교**

– Hydropower Special Market Report, IEA, 2021

# Chapter 07

# 해양 에너지

- 해양 에너지의 종류와 자원
- 조력발전
- 조류발전
- 파력발전
- 해수온도차 발전
- 해수염분차 발전

## 7-1 해양 에너지의 종류와 자원

해양 에너지(marine energy)는 바다의 조석현상을 이용하는 조력발전과 조류발전, 파도현상을 이용하는 파력발전 그리고 온도차, 염분차 등을 이용하여 전기를 생산하는 방법 등이다. 해양 에너지를 이용하는 것은 육상의 경우와 비교해서 부지확보가 쉬워 대규모로 이용하기에 유리하고 소음과 경관 피해 등이 적다. 특히 조석현상을 이용하는 해양 에너지는 태양 에너지나 풍력과 달리 간헐성이 없는 안정된 에너지이며 따라서 추출할 수 있는 에너지의 양을 비교적 정확하게 예측할 수 있다.

조사에 따르면 지구상의 해양 에너지의 이론적 연간 총 잠재량은 7,300EJ/년이고 이 양은 풍력 에너지의 잠재량, 약 6,000EJ/년보다 많다. 전체 해양 에너지 잠재량 중에서 온도차에 의한 해양 열에너지가 7,200EJ/년으로 전체의 대부분을 차지한다.[88] 설비용량으로 나타낸 우리나라의 해양 에너지 잠재량은 조류 에너지가 430GW, 조력 에너지가 13GW, 파력 에너지가 129GW, 그리고 해수 온도차 발전 64GW 등 총 636GW의 해양 에너지가 부존되어 있는 것으로 평가되고 있다. 여기에 해상풍력 33 GW, 해상 태양광 5.4GW 등 넓은 영역의 해양 에너지를 포함할 경우 그 잠재력이 매우 크다.[89]

## 7-2 조력발전

조석현상과 파도는 바닷물이 상하로 움직이거나 수평으로 흐르는 현상인데 그 중에서 조석현상은 달, 지구, 태양사이의 기조력(tidal force, 지구에 미치는 태양과 달의 인력)에 의한 밀물과 썰물의 흐름을 말한다. 파력은 바람에 의해 일어나는 바닷물 표면이 상하로 움직이는 표면파(wind wave)인데 그 규모가 작으면 잔물결, 크면 파도라고 부른다. 대양의 파도는 육지에 부딪히기까지 먼 거리를 퍼져 나가며 그 높이가 30m에 이르는 큰 규모도 있다. 해양 에너지 중에서 온도차 발전, 염도차 발전은 각각 해양의 수심에 따라 수온이 다르고 염분의 농도가 다른 현상을 이용하는 에너지를 말한다.

조력발전(tidal range power 혹은 tidal power)은 바다의 밀썰물 현상이 일어나는 해안에 방조제나 댐을 설치하여 조수간만의 차이(tidal range)를 이용하여 전기를 생산하는 것이다. 조수(혹은 조석수)현상으로 인해 해면 높이의 차이가 생기고 이 과정에서 발생하

---

88) Th. B. Johansson 외, International Conference for Renewable Energies, Bonn, January 2004

89) 황수진 외, 국내 해양에너지 이론적 잠재량 산정 연구, Trans. of Korean Hydrogen and New Energy Society, Vol. 30, No. 5, 2019

는 바닷물의 위치에너지를 이용하여 전기를 생산하는 발전 방식이며 조수발전이라고도 한다. 조류현상 즉 밀썰물 현상은 달의 하루 주기, 24시간 50분 동안에 한 번은 인력에 의해서, 또 한 번은 원심력에 의해서 두 번 일어난다.

조력발전의 기본 원리는 조수가 밀려드는 만조일 때 수문이 열려 저수지(조수호)가 채워져서 간조일 때 즉, 터빈을 작동시킬 만큼 충분한 낙차를 얻을 때 물을 방류하여 발전기를 작동시키는 것이다. 조력발전으로 얻을 수 있는 에너지의 양은 조수호의 면적에 비례하고 조수간만 수위차의 제곱에 비례한다. 그리고 이 수위차는 조수현상에 따라 즉 시간에 따라 최대치에 최소치까지 점진적으로 변하며, 따라서 얻을 수 있는 전력의 양도 한 주기 내에서 점진적으로 변한다.

조수간만 현상은 조수의 간조와 만조 현상을 말하는데 간조와 만조는 달 또는 태양의 인력이 지구에 미쳐 바닷물을 끌어당겨서 일어나는 현상이다.[90] 즉 바닷가에서 바라보면 시간의 경과에 따라 규칙적으로 해면 높이가 높아지기도 하고 낮아지기도 하는 현상 즉 조석(tide)이 생기는데 이런 해수면의 상하운동은 동시에 바닷물의 수평적인 흐름을 가져온다. 즉, 밀려들어오는 물(밀물)에 의해 해수면이 올라가고, 쓸려나가는 물(썰물)에 의해 해수면이 내려가는 바닷물의 흐름(조류)을 일으킨다. 바닷물의 만조와 간조의 높이차를 간만의 차 또는 조차라고 하며 조차는 지구가 육지와 수심이 일정하지 않은 바다로 구성되어 있기 때문에 지역에 따라 그 정도가 다르다. 예를 들어 조류는 수심이 얕은 대륙붕과 해안선이 들쭉날쭉하는 곳(만, 좁은 해협, 석호 및 강어귀 등)에서 강하게 나타난다.

---

90) 태양이 지구에 미치는 인력은 태양보다 가까운 거리에 있는 달이 지구에 미치는 인력의 약 44% 정도이다. 따라서, 간만의 차이는 달의 인력에 의해 좌우된다.

**[그림 7-1]** 해수의 조수현상

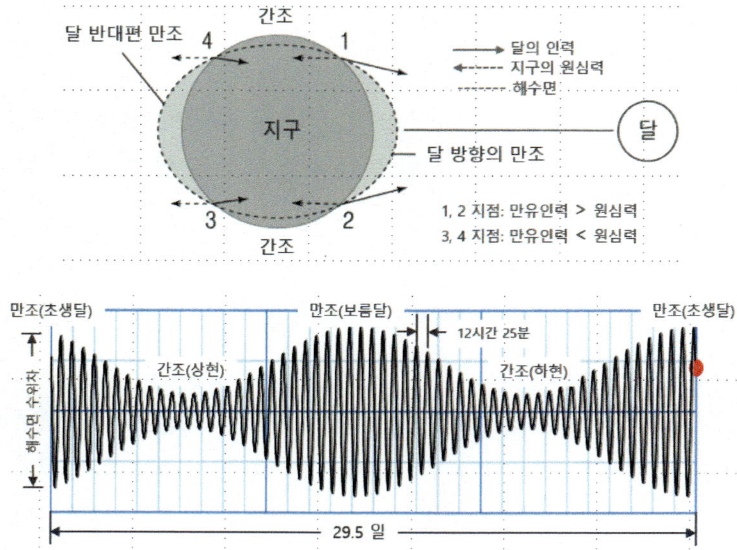


세계적으로 조수현상에 의한 에너지의 양은 약 3,000GW로 추정되는데 그중에서 지역적인 조건과 기술적 가능성 때문에 조력발전이 가능한 설비의 용량은 120GW에서 400GW 사이에 있는 것으로 알려져 있다. 현재 세계적으로 설비용량이 가장 큰 조력발전소는 2011년에 가동된 우리나라의 시화호 조력 발전소이며 그 설비용량은 254MW이다. 프랑스에 있는 랑스(Rance) 조력발전소는 1966년에 가동되었으며 240MW의 설비용량으로 설비가동율이 40%일 때 연간 약 600GWh의 전기를 생산한다.

조력발전은 하루 두 번 밀물과 썰물 때 발생하는 외해와 내해의 수위차를 이용하여 수차 발전기로 전기를 생산하는 것이기 때문에 조수간만의 차가 큰 지역이 조력발전에 유리하고 또 내해의 면적이 큰 만을 가진 지역이 유리하다. 조력발전은 크게 한 방향 발전인 단류식과 양 방향 발전인 복류식으로 구분되며, 단류식은 또 발전시기가 밀물 때 혹은 썰물 때인가에 따라 다시 창조식과 낙조식으로 분류된다. 창조식은 밀물 시 외해와 호수의 수위차를 이용하여 발전하고 썰물 시 물을 방류하는 발전방식이고, 낙조식은 밀물 시 호수를 물로 채운 후 썰물 시 호수와 외해의 수위차를 이용하여 발전하는 방식이다. 해역 조건에 따라 적합한 방식을 택하게 되는데 발전효율 측면에서는 낙조식 발전이 창조식 발전에 비해 약간 유리하다.[91)]

---

91) 조력발전 시스템 성능향상 기술개발, 한국해양과학기술원, 2012

조력발전소는 바닷물을 막아서 외해(먼 바다)와 내해(혹은 해수 저수지)로 분리하는 댐과 같은 방조제(tidal barrage)와 배가 드나들 수 있는 통선문 그리고 수차와 발전기가 설치되어 있는 곳의 물흐름을 막거나 가능하게 하는 수문(sluice gate)과 수문 구조물로 이루어진다.

조력발전 설비의 중요한 기술적인 문제점은 철강소재를 포함한 발전시설 재료의 부식이다. 특히, 수차 발전기의 경우 유속이 빨라서 해수 중에서 강재의 부식이 심하여 그 방지대책으로 합금 소재를 사용한다.

**[그림 7-2]** 조력발전소 설비와 벌브형 수차 발전기의 구조

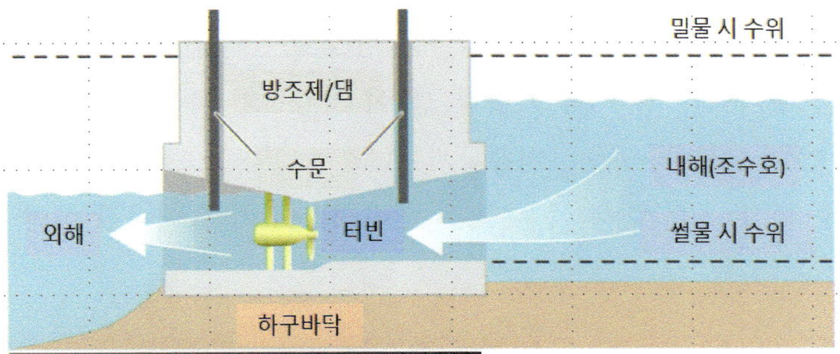

조력발전은 앞 장에서 설명한 강물의 흐름을 이용하는 수로식 혹은 댐을 이용하는 저수지식 수력발전과 그 원리가 동일하여 수력발전과 유사한 형태의 수차 발전기를 이용하게 된다. 그러나 수력발전과 조력발전이 다른 점은 그 이용 가능한 낙차가 통상의 수력발전에 비해 상대적으로 작고 또한 수력발전은 비교적 낙차가 일정한 반면 조력발전에서는 시간에 따라 낙차가 계속 변한다는 점이다. 일반적으로 이러한 형태의 발전방식에서는 저낙차일 경우에도 효율이 좋은 수차 발전기가 필요하다.

이러한 목적으로 개발된 것이 벌브(bulb)형 수차 발전기인데 이 수차는 유로 내에 수차와 발전기가 벌브 케이징에 끼워진 형태로 설치되어 있고 프로펠러형의 러너를 사용하

고 있다. 이 수차의 특징은 물흐름의 변화에 따라 수차 날개의 각도를 조정하고, 유량조절 수문을 개폐하며 통과유량을 조절할 수 있도록 함으로써 저낙차에서도, 그리고 계속 변하는 낙차에서도 발전효율을 극대화할 수 있다는 점이다. 또한 구조적으로 간단하기 때문에 필요한 토목구조물을 최소화할 수 있다.[92]

조력발전은 입지조건이 조석간만의 차가 큰 지역으로 한정되어 있는데, 밀물과 썰물 시 해수면의 평균 높낮이 차이가 최소 3m 이상이어야 한다.[93] 조력발전의 단점은 조차의 변화가 연중 일정하지도 않고 또, 조차가 발전조건에 맞지 않아서 일정한 시간대에는 발전을 할 수 없는 것이다. 또한, 깊은 바다에 설치되어 소음은 없지만 시설기반 비용이 많이 들고 거센 물살과 압력 때문에 유지보수가 힘들고 많은 비용이 드는 단점도 있다.

조력발전소가 해양 생태계에 미치는 영향은 항상 논란의 대상이 되고 있다. 수문 안팎의 해수 흐름의 양이 적어서 식물성 플랑크톤이 급증하기 때문에 해양의 먹이사슬에 악영향을 줄 수 있고 어류의 이동도 자유롭지 못할 수 있다. 또한, 염분의 농도에도 큰 변화를 가져올 수 있고 특히 내해 혹은 호수 내에 침전물이 늘어나서 해양 생태계에 악영향을 줄 수 있다.

## 7-3 조류발전

조류발전(tidal current/stream power)과 조력발전은 모두 바다의 조석현상을 이용하지만 조류발전은 조석현상으로 인하여 해수의 흐름이 빠른 해역에 댐이나 방조제의 설치 없이 해류만을 이용하여 바닷속에 설치한 터빈을 돌리는 발전방식이다. 해수의 흐름이 빠른 지역은 자연적으로 만들어진 곳일 수 있지만 유속이 빠르지 않은 곳은 인공 구조물을 설치하여 수로의 폭을 좁혀서 발전기 수차를 돌릴 수 있는 빠른 유속을 얻을 수도 있다.

해수의 흐름을 이용하는 조류발전은 유체의 흐름을 이용하는 것이므로 바람 즉 공기의 흐름을 이용하는 풍력발전과 그 원리가 같고, 따라서 유체의 운동 에너지를 이용하는 터빈을 돌려서 전기를 생산한다. 그러나 조류발전은 해수를 이용하기 때문에 해수의 밀도가 공기의 밀도보다 훨씬 높아서 터빈 날개의 단위면적 당 발전량이 풍력발전의 경우보다 4배 더 많다. 또, 발전단지(farm)의 면적으로 비교하면 같은 크기의 단지면적에서 조류발전은 풍력발전단지 보다 5배 더 많은 전기를 얻을 수 있다.[94]

92) 조력발전 시스템 성능향상 기술개발, 한국해양과학기술원, 2012

93) 전세계에서 현재 가동 중인 15 곳의 조력발전소 조차는 4-12m 사이이다.

**[그림 7-3]** 조류발전의 원리

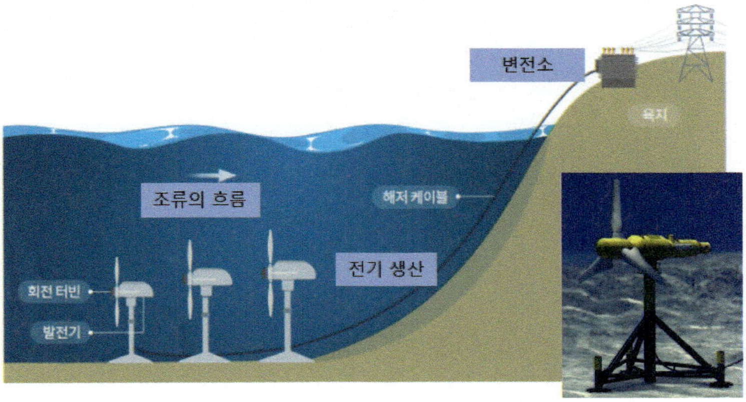


조류발전의 역사는 그리 길지 않다. 스코틀랜드의 Shetland섬 북단 해역에 2016년부터 2023년까지 100kW 터빈 6개를 순차적으로 설치한 Shetland Tidal Array는 생산전력을 전력망에 공급하는 세계 최초의 조류발전 터빈 배열이다. 스코틀랜드 북단 Bills bay에 건설된 MeyGen 프로젝트는 현재 세계에서 가장 큰 조류발전 단지인데 2014년에 1단계 건설 인가를 받아 그 후 4단계에 걸쳐 전체 269개의 터빈으로 398MW의 설비용량을 갖추도록 되어 있다. 2016년부터 2023년 3월까지 누적 발전량 51GWh를 기록했다.[95] 우리나라에는 해수의 유속이 매우 빠른 곳으로 알려진(시속 21km) 울돌목 조류발전소가 현재 시험단계에 있다. 전 세계 조류발전 설치가능 용량은 약 50GW 규모이며, 유럽이 약 12GW을 차지하고, 그중에서 영국이 약 6GW 규모를 차지하는 것으로 알려져 있다.

94) 조류 에너지는 유속의 3제곱에 비례하고, 해수의 밀도는 1,025kg/$m^3$로 공기 밀도 1.2kg/$m^3$보다 약 850배 높다. (1기압, 20℃ 기준)

95) Institution of Mechanical Engineers, 2017

[사진 7-1] MeyGen 프로젝트 조류발전 단지

[사진 7-2] 조류발전 터빈의 종류

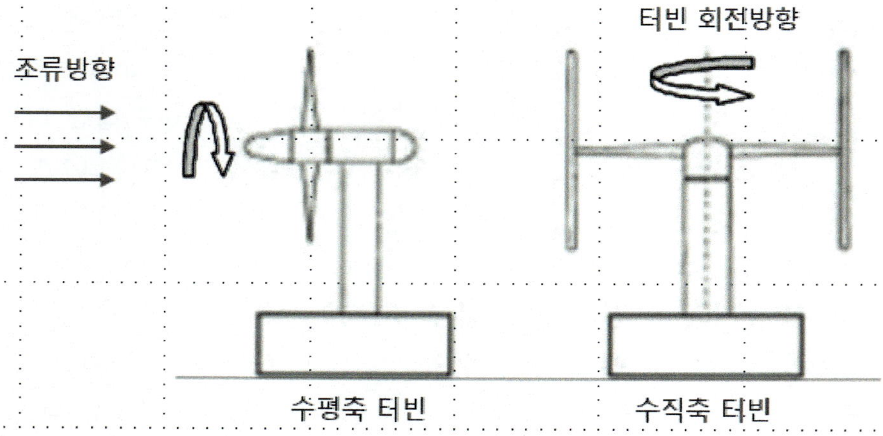


조류발전에 사용되는 터빈은 바닷물 흐름의 방향(유향)과 터빈의 회전축 방향에 따라 크게 수평축 터빈과 수직축 터빈으로 구분된다. 수평축 터빈은 기동속도가 낮고 부하변동이 자유로워서 효율이 높은 반면 해수 흐름 방향에 따른 제어가 안되고 유지관리비가 높다. 수직축 터빈은 효율은 상대적으로 낮으나 모든 물흐름 방향에 대해 일정한 효율을 가지며 안정적인 기동이 가능하고 유지관리비가 상대적으로 낮다. 수직축 터빈은 또, 기동원리에 따라 크게 양력식 터빈과 항력식 터빈으로 구분되는데, 양력식은 터빈 날개의 앞쪽으로부터 흘러오는 해수의 속도가 날개의 평탄면보다 그 반대쪽 곡면부에서 더 높아서 날개에 양력이 발생하는 것을 이용하고, 항력식은 유향에 수직인 면에 작용하는 힘을 이용하는 원리이다. 항력식의 경우 날개의 회전속도는 해수의 속도보다 클 수 없다.[96]

조류발전은 유속이 1m/s 내외인 곳도 가능하다고 알려져 있지만 경제성 있는 발전을 위해서는 조류의 흐름이 최소 2m/s 이상이며 조류 흐름의 특징이 분명한 지역에만 설치가 가능하다. 그러나 이런 조건을 갖춘 지역이 많지 않으며, 유속이 빠를수록 에너지 생산에 유리하지만 그 만큼 설비의 설치가 어렵다. 세계적으로 조수 에너지의 적정지로 파악되는 지역은 북미의 동부 및 북서부 해안, 남미의 북동부 및 남동부 해안, 영국을 포함한 유럽의 북부 해안, 호주의 북부 해안 그리고 우리나라 서해안 등이 있다. 조수 에너지 적정지역이 대부분 파력 에너지 유망 지역이므로 이런 지역은 대부분 해양 에너지 개발 조건이 좋은 지역이라고 할 수 있다.

**[그림 7-5]** 세계적 조류/조력발전 및 파력 에너지 유망지

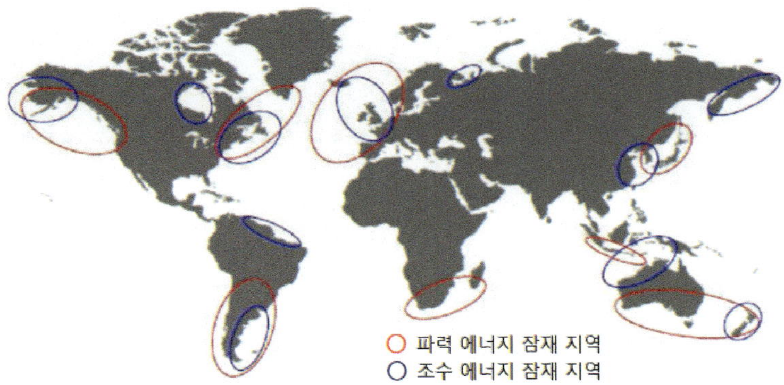


현재 세계적으로 조류에너지를 많이 개발한 국가들을 보면 호주, 북미, 영국, 중국 그리고 우리나라 등이다. 이들 국가의 대부분은 수심이 비교적 낮은 해안선이 길게 형성되어 있고 해안의 조석간만의 차이가 큰 것이 공통점이다. 국가별 조력발전 설비용량을 보면 우리나라는 511MW이며 프랑스가 246MW, 영국이 139MW, 그리고 캐나다가 40MW로 그 뒤를 잇고 있다. 그 외 벨기에, 중국, 스웨덴에서도 아직 적은 용량이지만 조력발전을 하고 있다.[97)]

우리나라의 울돌목(명량수도)은 전라남도 해남군과 진도 사이의 폭 300m, 길이 1km 가량의 좁은 해협으로 최대 수심이 20m 밖에 되지 않아서 해수의 유속이 약 11.5노트(2

96) 조류발전에서 이용되는 터빈은 풍력발전에 이용되는 터빈과 유사하다. 따라서 그 종류와 구분도 이 책의 단원 5, 풍력 에너지를 참조할 수 있다. 여기에 정리한 종류 외에도 여러가지 종류가 시험되고 있다.

97) Power Technology, 2012

1㎞/h)로 관측되고 있는 곳이다. 울돌목에 2009년도에 건설된 조류발전소는 수직축 터빈(Gorlov Helical Turbine) 한 개와 500kW급 발전기 두 대로 연간 2,400MW의 전력을 생산하는 시험조업을 했었다. 2014년도에 2.4MW급 발전설비로 확대할 계획이었으나 2023년 현재까지 지연되고 있다.

**[사진 7-3] 울돌목 조류발전 시험설비**

## 7-4 파력발전

지구상에 존재하는 파도 에너지(파력, wave energy)의 이론적 잠재량은 3,000-3,700 GW로 추정되고 있으며, 지구의 남, 북반부의 위도 $30^0$에서 $60^0$사이의 해안에서, 그리고 특히 서풍이 불 때 파도가 크게 일어나는 것으로 알려져 있다. 삼면이 바다인 우리나라도 연안 해역에 129GW의 파력 에너지 잠재량을 가지고 있다.[98][99]

파력발전은 바닷물이 바람의 영향에 의하여 상하로 움직이는 파랑의 운동에너지와 위치에너지를 이용하여 기계적 에너지로 1차 변환하고, 기계적 에너지를 전기 에너지로 2차 변환하여 전력을 생산하는 것으로서 역시 간접적인 태양에너지이다. 파력발전은 에너지의 변환 방식과 단위장치의 출력이 매우 다양하며, 그 기술개발 방향은 에너지의 변환 효율을 높이는 것이다. 그 중에서 대표적인 방법은 진동 수주형, 가동 물체형, 그리고 월

98) G. Mørk, 29th International Conference on Ocean, Offshore Mechanics and Arctic Engineering, June 6- 11, 2010, Shanghai, China

99) 황수진 외, 국내 해양에너지 이론적 잠재량 산정 연구, Trans. of Korean Hydrogen and New Energy Society, Vol. 30, No. 5, 2019

파형 등이 있으며 이런 장치들은 해안 혹은 수심이 깊은 근해에 설치된다.

진동수주형(oscillating water columns)은 파랑에 의해 공기실 내의 물이 상하로 진동하기 때문에 설치되어 있는 덕트 사이로 챔버 내의 공기가 왕복 운동하는 것을 터빈으로 이용하는 원리이다. 가동물체형(wave absorbing devices)은 고정된 힌지(hinge)를 중심으로 파도에 의해 상하운동이나 피칭 운동을 하는 부유 구조물을 사용하여 파랑 에너지를 직접적으로 흡수하는 방식이다. 그리고, 월파형(overtopping 혹은 terminator devices)은 파랑의 진행방향 전면에 사면을 두어 파랑에 의해 넘어 온 물을 저수한 후 위치 에너지로 변환하여 형성된 수두차를 이용하여 저수지의 하부에 설치한 수차 터빈을 돌려 발전하는 방식이다.

**[그림 7-6]** 진동수주형 파력 발전장치

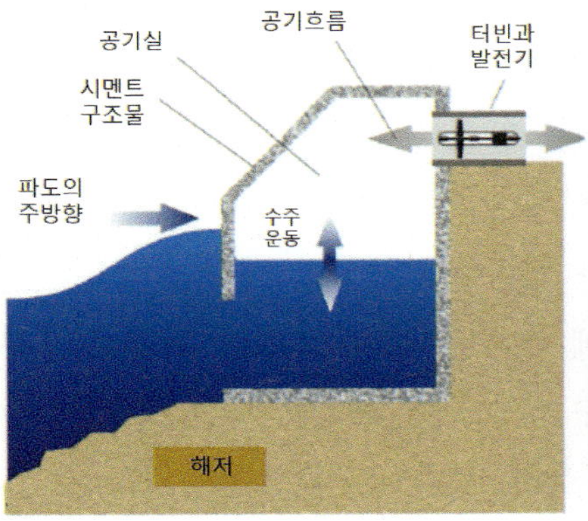

**[그림 7-7]** 가동물체형 파력 발전장치

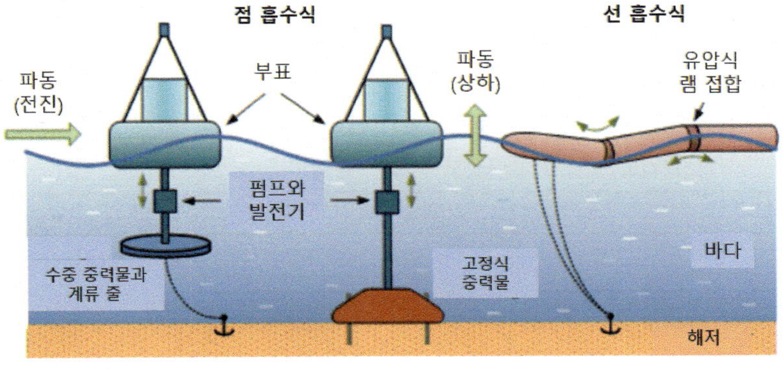

**[그림 7-8]** 월파형 파력 발전장치

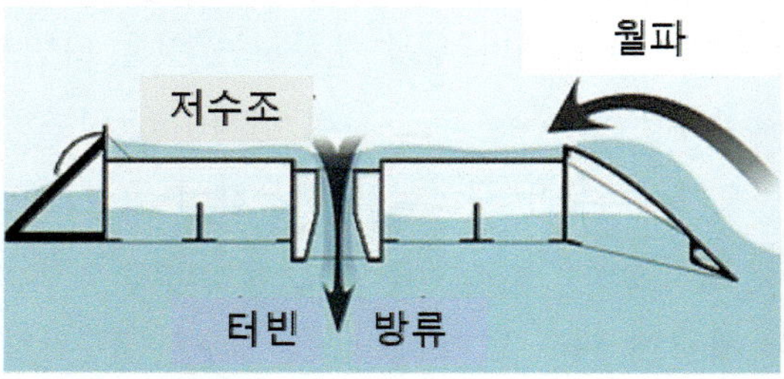

파도의 에너지를 이용하여 전기를 생산하는 설비를 개발할 때 가장 큰 문제는 파도의 진동 주파수가 상대적으로 느려서 전력 생산에 필요한 분당 수백 회전보다 훨씬 낮다는 것이다. 그래서, 느린 속도로 반복되는 파력을 다양한 파동 에너지 장치를 사용하여 발전기 샤프트의 고속 단방향 회전으로 변환할 수 있어야 한다. 이 외에도 파력 에너지 장치는 악천후에 노출되기 때문에 일부 장치는 조수와 강한 폭풍의 힘에 견뎌야 한다. 또, 접근성이 좋지 않아서 유지관리 및 수리 비용도 많이 들 수 있다. 현재 파력 에너지 장치의 통상적인 에너지 전환효율은 약 30%에 불과하다.[100)]

파력 에너지 전환기는 벌써 오래전, 1898년에 특허기술이 처음으로 등록되었고 세계적으로 많은 국가에서 전체 전력수요를 충족할 수 있을 만큼 충분한 파력 에너지 잠재량을 가지고 있는데도 아직 산업적 영역을 확보하지 못하고 있다. 풍력발전에 비하여 파력발전의 개발, 보급이 느린 이유를 들어 보면 다음과 같다.[101)]

- 풍력 에너지의 흐름은 한 방향인데 비하여 파력은 양방향 흐름이다.
- 풍력은 물리적으로 한가지 성질 즉 풍속만 변하는데 파력의 운동에너지는 주기와 진폭, 두가지가 동시에 변한다. 주기는 특히 매우 느리다.
- 풍력의 출력은 피치와 요(pitch and yaw)로 비교적 쉽게 제어할 수 있으나 파력의 경우는 이런 출력제어를 쉽게 할 수가 없다. 그래서, 설비이용율이 풍력의 경우보다 낮다.
- 해수의 운동에너지 밀도는 공기의 그것보다 훨씬 높아서 단위 설비에 대한 기계적 부하가 크다. 따라서, 설비의 수명이 풍력의 경우보다 짧고 설비투자비(고정비)가 높다.

---

100) Du Tianshi 외, Nature Communications, Volume 13, 2022

101) IAEA, Energy, Electricity and Nuclear Power Estimates for the Period up to 2050, 2020

## 7-5 해수온도차 발전

해수온도차 발전(ocean thermal energy conversion, OTEC)은 바다의 표층해수와 심층해수의 온도 차이를 이용하여 전기를 생산하는 방법을 말한다. 바다물의 수온은 수심에 따라 다른데 보통 -2℃(심해)에서 30℃(표면)사이에 있다. 수심 1,000m 이내의 해수는 태양열에 의하여 따뜻해지는데 고온의 물은 저온의 물보다 밀도가 낮아서 바다 표면으로 이동하고 이동한 물은 더 따뜻해지는 현상이 일어난다.

또한, 태양열에 의한 가열/냉각 현상은 온도가 높아진 열대 부근의 바닷물이 바다 표면의 엷은 표층에서 해류를 이루어 북쪽으로 흘러가면 그곳에서 냉각되어 바다 심층으로 이동하고 다시 적도를 향해 내려오는 자연현상이다. 따라서 해수의 표면온도는 지구의 위도에 따라 달라지는데 열대 해역(중위도 지역)에서는 해면의 해수 온도는 20℃를 넘지만 해면으로부터 800-1,000m 정도 깊이의 심해에서는 수온이 4℃로 거의 변하지 않는다. 해수온도차 발전은 이 20℃ 전후의 수온차를 이용하는 발전 방법이다.

바다의 깊이에 따라 수온이 급격하게 변하는 층을 수온약층(thermocline)이라고 하는데 바다에서 수온약층은 잔잔하고 깊은 물과 상부 혼합층으로 나눈다. 계절, 위도 및 바람에 의한 격렬한 혼합에 따라 수온약층은 물의 반영구적인 특징일 수도 있고, 가열/냉각과 같은 현상에 따라 낮/밤에 일시적으로 형성될 수도 있다. 심층 해수는 그 온도가 연간 약 2℃로 거의 일정한 수준을 유지한다.

**[그림 7-9]** 해양 수심에 따른 온도변화 및 연중 평균 해수표면 온도

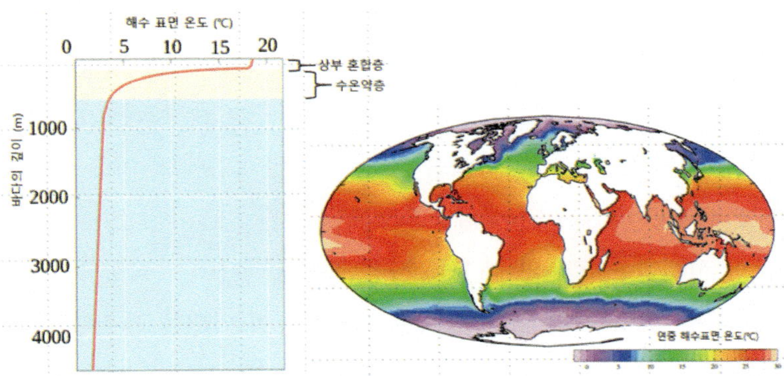


해수온도차 발전이 가능할 만큼 표층수 온도가 높은 구간은 전체 바다 중 적도를 중심으로 위도 35°선 사이에 위치하는 해역에 지나지 않지만 여기에 저장된 에너지 양은 약

8-10TW에 달하며, 이 양은 2019년 현재 전세계 전력생산 설비용량, 7.4TW 보다 더 많은 엄청난 양이다.102)

해수온도차 발전에 이용할 수 있는 해양 열에너지는 전체 해양 에너지에서 가장 큰 양을 차지하여 약 90%에 달한다. 해수온도차 발전은 1881년에 프랑스의 물리학자 Jacques Arsene d'Arsonval에 의하여 이론적으로 제안되었지만 처음으로 실증시험을 한 것은 1926년이었다. 그 후 1970년대, 1980년대에 미국과 일본에서 여러가지 재생에너지를 개발하면서 OTEC 시스템의 개발을 시험했다.

미국은 1999년에 하와이 재생에너지연구소(Natural Energy Laboratory of Hawaii Authority)에서 250kW급의 OTEC 시스템을 개발하여 6년 동안 실증을 했었고, 미 해군은 105kW급 OTEC를 실증하면서 생산된 전력은 지역 전력망에 공급했다. 그 후 다른 국가들도 OTEC를 개발하여 도서지역의 전력공급 혹은 해수담수화용으로 이용했었다.

Makai Ocean Engineering사가 운전 중인 설비용량 100kW의 육상 OTEC 시스템은 현재 운전 중인 가장 큰 규모의 설비이고 하와이의 120개 가구에 전기를 공급하고 있다. 이 회사는 향후 100MW 규모의 OTEC 설비를 해상에 설치할 예정이다. 현재 일본에서도 OTEC 파일럿 설비가 운전되고 있는데 개발단계 혹은 실증단계에 있는 이런 설비들은 주로 OTEC의 핵심 설비인 열교환기의 효율을 높이거나 설비의 해수에 의한 부식문제를 해결하는 데 기술개발의 초점을 두고 있다.103)

OTEC는 해수로부터 열 에너지를 얻고 열을 기계적 에너지로 전환하여 전기를 생산하는 3단계로 이루어지는 것이 기본원리이며, 폐회로(closed cycle), 개회로(open cycle) 그리고 혼합식(hybrid type) 등 3가지 방법이 있다. OTEC의 시스템 효율은 어느 방법이든 해수 심층수와 표층수의 온도차에 의하여 결정되며 온도차가 클수록 많은 에너지를 얻을 수 있다. 그리고, OTEC 시스템에서 배출되는 해수는 플랑크톤 등 영양성분을 포함하고 있기 때문에 김이나 굴 등을 양식하는 수산물 양식업에도 이용할 수 있고 염분이 제거된 탈염수는 식수나 농업용수 공급용으로도 쓰인다.

폐회로 즉 닫힌 사이클은 고온의 해수를 사용하여 증발기에서 작동유체를 고온, 고압의 증기로 기화시킨 다음 그 증기의 팽창 에너지를 이용하여 터빈을 돌린다. 그런 다음, 증기는 저온의 해수를 사용하여 응축기에서 액체로 응축시키는 증발, 팽창, 응축의 사이클이 연속적으로 진행된다. 따라서, 이 사이클은 열교환기, 작동유체, 터빈 발전기 및 펌프의

---

102) IAEA, Energy, Electricity and Nuclear Power Estimates for the Period up to 2050, 2020

103) Britannica, Science and Tech, Ocean thermal energy conversion technology

네 가지 설비요소로 구성되어 있고, 외부로부터 열의 공급은 있으나 물질을 추가로 공급하거나 밖으로 배출하지 않는 시스템이다. 작동유체로는 보통 암모니아를 사용한다.[104)105)]

**[그림 7-8]** 폐회로 해수온도차 발전 시스템

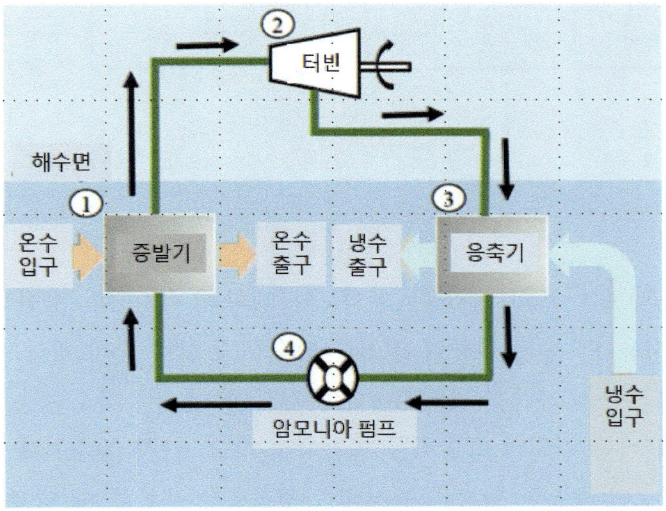


이 시스템은 설비구성이 간단하여 전력 생산만을 위하여 가장 실용적인 방법으로 알려져 있다. 닫힌 사이클의 전력전환 효율은 약 5%이며, 터빈 효율, 펌프 효율 등을 포함한 전체 시스템 효율은 약 2.5%정도로 낮으나 설비단가가 저렴하기 때문에 화석연료 시스템과 경쟁력이 있다고 보고 있다.

개회로 시스템은 해양표면 온수를 작동유체로 직접 사용하는 방법이다. 표면 온수는 펌프로 증발기에 유입되고, 증발기는 진공펌프로 압력을 낮추어 온수를 상온에서 비등(기화)시켜 생성된 증기로 저압터빈을 구동시켜 전력을 생산한다. 터빈을 나온 증기는 심해에서 펌프로 퍼 올려진 냉수로 열교환기에서 응축시켜 배출되거나 부산물로 담수를 얻게 한다. 이러한 직접접촉 열교환 방식은 그 효율이 높아 더 많은 전력을 생산하는 장점이 있다. 이 시스템은 현재 선진국에서 시험 중에 있으며 전력 변환효율은 약 5.5%이고 전체 시스템의 효율은 약 3.0% 정도이다.

104) 작동유체에 열에너지를 투입하여 일로 전환하는 열역학 사이클을 랜킨 사이클(Rankin cycle) 이라 한다.

105) R. Adiputra 외, Journal of Marine Science and Technology, 2020

**[그림 7-9] 개회로 해수 온도차 발전 시스템**

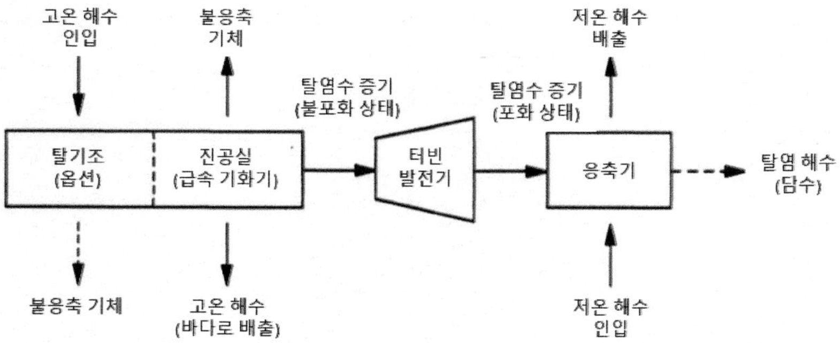


마지막으로 혼합형 hybrid cycle은 폐회로와 개회로 시스템의 장점을 결합한 것으로 열원을 최대로 사용하도록 설계하여 전력과 담수를 동시에 얻게 하는 방법이다. 유입된 표면온수로 일차적으로 전력을 폐회로에서 생산하며 여기서 나오는 온수를 이차적으로 개회로에 보내어 직접 접촉식 증발기를 통과하게 하고, 다시 응축기로 보내는 2단계 시스템을 사용함으로써 충분한 담수를 동시에 안정적으로 생산할 수 있게 한다. 아직은 이론적 단계에 있지만 두 시스템의 장점을 조합하였기 때문에 미래의 시스템으로 기대되며, 효율은 개회로 시스템과 거의 같을 것으로 보고되고 있다.

위에서 정리한 세가지 타입의 OTEC 발전 시스템은 모두 매우 작은 온도차에 의하여 동력을 생산하기 때문에 총 동력효율은 Carnot 사이클의 절반 정도이며, 펌프 손실, 열교환 효율, 터빈 효율 등을 감안할 때 실제 OTEC 시스템으로 전력을 생산하면 시스템의 열역학적 총효율은 2.5~3.0% 정도이다. 이러한 이유로 인해 OTEC 발전 시스템에서는 무엇보다도 적당한 작동유체를 개발하고 이를 향상된 열역학 사이클에 적용하는 것이 중요하다. 또, OTEC 발전 시스템의 여러 부품 중 총 동력효율에 가장 큰 영향을 미치는 부품이 저압 터빈이므로, 특히 저압 터빈의 효율을 개선하는 것도 매우 중요하다.

**[그림 7-10]** 혼합 회로 해수 온도차 발전 시스템

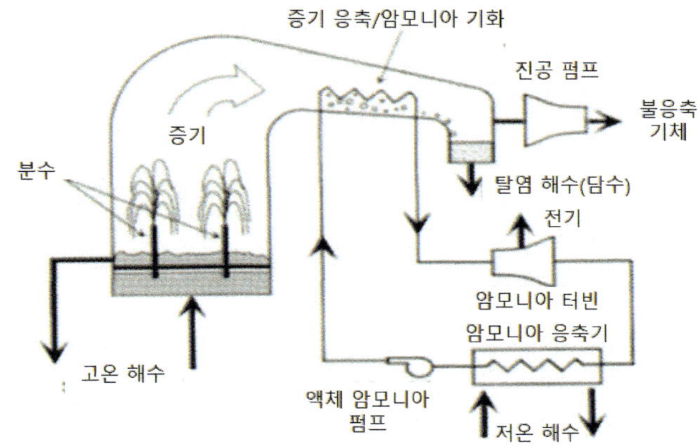


또한, OTEC 시스템의 설비와 관련하여 가장 큰 문제는 저온 해수의 인입을 위한 관(pipe)인데, 예를 들어 용량 100MW 규모의 OTEC 장치는 직경이 10m이고 길이가 약 1,000m인 저온 해수 인입관이 필요하다. 이런 관을 장치 플랫홈에 연결하여 안정되게 유지/운전하는 것은 고도의 기술을 요구한다.

이런 기술적 이유로 OTEC 시스템은 현재까지 1-2MW 규모로만 운전되고 있고, 10MW 규모의 설비는 아직 기술적으로 가능하다는 정도로만 인정되고 있다. OTEC 시스템은 이와 같이 장치비용이 크기 때문에 10MW 이하 규모 설비의 경우 전력 생산비가 2010년 기준으로 16,400-35,400USD/kW 사이에 있고 규모가 큰 설비도 5,000-15,000USD/kW 사이에 있다고 한다.[106)]

이런 기술적 어려움에도 불구하고 OTEC 시스템이 미래 그린에너지 공급에 중요한 이유는 OTEC 발전 시스템으로 해양환경에 영향을 주지 않고 현재 전 세계 전력 소비량을 충분히 충당할 수 있다는 것이다. OTEC 발전 시스템은 2014년 현재 13개의 장치가 실증 혹은 상업적 운전을 위하여 설치되었고 그 규모는 대부분 10MW이내이다.

해수 온도차 발전 시스템 (OTEC)의 큰 장점은 설비의 용량(크기)을 작은 섬과 같은 소용량이 필요한 곳을 대상으로 할 수 있고 대도시 대량의 전기수요가 있는 곳에도 그 용량을 쉽게 조정할 수 있다는 것이다. 또, 그 용도도 전기생산이나 해수담수화 등에 다양하게 적용할 수 있으며, 경험에 의하면 해수의 온도차가 계절, 장소에 관계없이 매우 일정한 만큼 태양광이나 풍력과 다르게 그 출력이 매우 안정되어서 연중 매일, 매시간 같

106) Salinity gradient energy. Technology brief, IRENA, 2014

은 용량으로 전기를 생산할 수 있다. 특히, 카리브해와 태평양 적도 부근에 있는 많은 섬들은 해안 10km 이내에 충분히 많은 OTEC 발전 가능성을 가지고 있고 또, 주민들의 주거에 필요한 담수의 생산과 에어컨디셔닝 시스템과 연계하면 시스템의 경제성도 매우 호전되는 것으로 알려져 있다.

## 7-6 해수 염분차 발전

염분차 발전(ocean salinity gradient power, OSGP)은 바다물과 강물의 염분의 농도 차이 (바닷물은 질량비 약 3.5%, 강물은 질량비 약 0.05%)를 통해 얻어지는 에너지로 전기를 생산하는 기술이다. 이 방법은 에너지원으로 물을 사용하므로 풍력이나 태양광 발전과는 다르게 시간이나 날씨 조건과 같은 환경인자에 영향을 받지 않는 장점을 가지고 있고 해수와 담수가 교차하는 (예를 들어 강 하류 삼각지) 우리나라를 포함하여 세계 여러 지역에서 큰 잠재력을 가지고 있다.

세계적으로 염분차 에너지의 이론적 총량은 3.1TW이며 기술적 가능성과 환경을 고려한 전력생산 설비 잠재량은 647GW인 것으로 조사되었으며, 이 잠재량은 2019년 현재 전세계 전력생산 설비용량, 7.4TW의 8.7%에 해당한다. 이 기술적 잠재량에서 생산할 수 있는 전력양은 연간 1,600TWh-1,700TWh가 된다고 하는데 이 양은 2022년도 기준 세계 전력 소비량, 약 28,000TWh의 5.7%를 차지할 수 있는 양이다. 이론적으로는 초당 1리터의 담수와 동일한 양의 해수는 약 1MW의 에너지를 생산할 수가 있다.

해수 염분차 발전은 압력지연삼투 발전방식과 역전기투석 발전방식 두 가지가 있다. 압력지연삼투(pressure retarded osmosis, PRO) 발전은 기본적으로 삼투압이라는 물리적 에너지를 이용한다. 삼투압은 농도가 다른 두 용액이(담수와 염수) 멤브레인(membrane) 으로 불리는 반투과성 분리막으로 나누어져 있을 때, 용질(이 경우 소금)의 농도가 낮은 부분에서 높은 부분으로 용매(이 경우 물)가 이동하는 현상에 의해 발생하는 압력을 말한다. 이 반투과성 분리막은 눈에 보이지 않을 정도의 매우 작은 구멍을 가진 유기성 필터로, 물과 같은 작은 분자의 물질만 투과 시킬 수 있다.

그림 7-11과 같이 중앙에 맴브레인 막으로 분리된 압력용기의 한 쪽에 고압, 고염분의 해수를 체적 Q 만큼 유입하고 반대 쪽에 저압 저염분의 담수를 그 두배의 양(2Q)으로 유입하면 맴브레인 분리막의 삼투압 현상에 의하여 80~90%의 물이 분리막의 반대편 (해수가 흐르는 부분)으로 넘어가서 고염분수 실의 물의 양이 많아지고(Q+Qp) 따라서 압력

이 높아진다. 이 물리적 현상으로 높아진 해수의 압력과 체적 유량으로 터빈을 돌려 전기를 생산할 수 있다.

**[그림 7-11]** 압력지연삼투 해수 염분차 발전의 원리

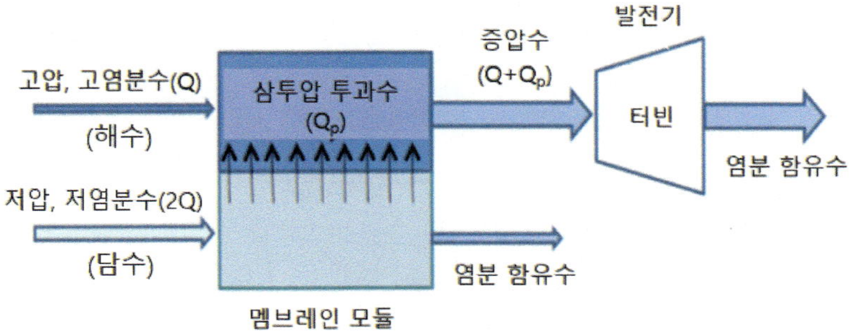


역전기투석 방식(reversed electro dialysis, RED)은 스택 내의 이온 교환막을 통해 바닷물과 민물 사이의 이온이 분리 · 이동할 때 발생하는 전위차로 전기를 생산한다. 즉, 전기투석의 원리(전기를 이용해 용액상의 이온을 제거)를 역으로 이용하여 전기를 생산한다. 양이온 교환막(CEM; Cation Exchange Membrane)과 음이온 교환막(AEM; Anion Exchange Membrane)이 병렬로 배치된 구조를 통해 해수와 담수를 통과시키며 이때, 양이온 교환막 쪽으로 해수에 포함된 나트륨 이온(Na+)이 통과하고, 이와 반대로 음이온 교환막 쪽으로는 염소 이온(Cl-)이 통과하게 된다. 각 이온교환막 사이의 공간에는 해수와 담수가 교차하면서 채워지고 하나의 스택은 그런 층이 병렬로 여러 개 연결되어 있다. 이러한 결과로 각 이온 교환막 사이에 전압(전위차)이 생성되며, 산화전극(양극)과 환원전극(음극)에서 산화-환원 작용을 통해 전자의 흐름이 형성되어 전기가 발생하게 된다. 그리고, 병렬로 연결된 다층 구조는 전력부하에 걸리는 전압을 목적에 맞게 올리는 역할을 하고, 전력부하에 흐르는 전류를 높이기 위해서는 이온교환막의 면적을 키운다.

**[그림 7-12]** 역전기투석 발전의 원리

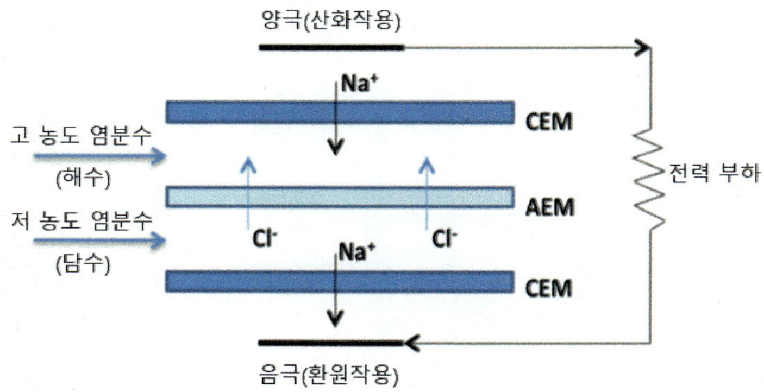


해수 염분차 발전의 위 두 가지 방식 중 어느 것이든 고효율의 전력생산을 위하여 기초가 되는 중요한 인자는 맴브레인 분리막의 비용(전체 설비비용의 50~80%를 차지함)과 성능이다. 맴브레인의 전위차, 전기적 저항 그리고 해수와 담수를 인입하기 위한 펌프의 전력 소비량 등을 포함하는 성능을 맴브레인의 순 전류밀도 혹은 순 출력밀도(net power density)라고 한다. 현재 순 전류밀도의 최고치는 2.7W/m2인데 향후 맴브레인의 전기적 저항이나 길이 등 설계요소를 개선하고 나노튜브(nanotube) 등 첨단기술을 응용하면 출력밀도를 20W/m2으로 올릴 수 있다고 한다. 또, 출력밀도 뿐만 아니라 대량의 해수/담수의 인입과 순환을 위한 펌프의 성능을 포함한 설비의 각 구성 요소들을 효율적으로 만드는 것도 전체 설비의 성능을 올리기 위하여 중요한 기술개발 방향이다.

해수 염분차 발전을 상업적 규모로 실현하는 데 매우 중요한 문제는 해수와 담수에 들어있는 유기물 때문에 일어나는 생물부착(biofouling)이고, 이 현상은 맴브레인의 성능을 낮추는 주된 원인이다. 이런 문제를 해결하기 의하여 미국과 싱가포르를 포함한 아시아 여러 국가에서 한외여과(ultrafiltration) 장치에 쓰이는 빨대 모양으로 생긴 중공사형 삼투막 멤브레인(hollow fiber membrane)을 염분차 발전에 사용하는 기술을 개발하고 있다. 이 중공사형 삼투막은 종이 형태의 평막에 비해 물의 이동면적을 극대화할 수 있으며, 전력 밀도도 9.0W/㎡로 매우 높다.[107)]

염분차 발전은 해수와 담수가 교차하는 곳에서 유리하기 때문에 그런 해안가 지역으로 알려진 네덜란드의 라인 삼각지(Rhine Delta), 지중해 아드리아 해(Adriatic Sea), 아시아의 한국, 중국, 인도네시아 등, 남미 지역의 콜롬비아, 멕시코 등, 그리고 걸프 만, 러시

107) Salinity gradient energy. Technology brief, IRENA, 2014

아의 동부 해역 등이 염분차 발전의 잠재력이 큰 지역으로 알려져 있다.

현재 노르웨이, 네덜란드 등을 중심으로 수십kW급의 해수 염분차 발전 파일럿 플랜트가 개발되고 있고 2025년 이후에는 수MW급의 상용 플랜트의 건설도 예상되고 있다. 노르웨이 Statkraft사는 2009년 11월 노르웨이 Tofte에 최초의 시제용 원형 압력지연 삼투식(PRO) 염분차 발전 플랜트를 건설하고 시험조업을 했다. 노르웨이의 SINTEF 그룹이 운영하는 이 설비는 초당 10리터의 담수와 20 리터의 해수를 사용하여 2-4kW의 출력을 기록했고 추후 설비용량을 10kW로 늘리고 2015년부터 상업적 운전을 시작했다.[108)]

네덜란드의 REDstack사는 50kW 설비용량의 역전기투석 방식(RED)의 염분차 발전을 세계 최초로 2014년도에 개발하였고 2018년도에는 200MW의 플랜트를 네덜란드의 Afsluit dijk 에 건설할 계획을 했다. 우리나라의 한국수력원자력도 설비용량 100kW 규모의 염분차 발전을 실증할 계획을 가지고 있는데, 이 설비는 강원도 동해시에 지어질 예정이다.[109)]

**[사진 7-4]** 네덜란드의 REDstack사의 해수 염분차 발전설비

108) Power Technology, Statkraft Osmotic Power Plant, 2009

109) ZDNET Korea, 12-05-2023

# 참고문헌/인용자료

**그림 7-1 해수의 조수현상**

– KIER Post, 한국에너지기술연구원

**그림 7-2 조력발전소 설비와 벌브형 수차 발전기의 구조**

– 해양수산부

**그림 7-3 조류발전의 원리**

– ENERGIUM, KIER Post

**그림 7-4 조류발전 터빈의 종류**

– S. Benelghali 외, Marine Tidal Current Electric Power Generation Technology: State of the Art and Current Status, IEEE IEMDC'07, 2010

**사진 7-2 조류발전에 이용되는 터빈의 사례**

– University of Strathclyde

**그림 7-5 세계적 조류 / 조력발전 및 파력 에너지 유망지**

– G. Bevilacqua, B. Zanuttigh, ResearchGate, 2015

**사진 7-3 울돌목 조류발전 시험설비**

황수진 외, 국내 해양에너지 이론적 잠재량 산정 연구, Trans. of Korean Hydrogen and New Energy Society, Vol. 30, No. 5, 2019

**그림 7-6 진동수주형 파력 발전장치**

**그림 7-8 월파형 파력 발전장치**

– Tethys Engineering, https://tethys-engineering.pnnl.gov/

**그림 7-7 가동물체형 파력 발전장치**

– Alternative Energy Tutorials, https://www.alternative-energy-tutorials.com/

**그림 7-9 해양 수심에 따른 온도변화 및 연중 평균 해수표면 온도**

– Roger Williams University, Introduction to oceanography

**그림 7-8 폐회로 해수 온도차 발전 시스템**

– R. Adiputra 외, Journal of Marine Science and Technology, 2020

**그림 7-9 개회로 해수 온도차 발전 시스템**

- Ocean thermal energy conversion. Technology brief, IRENA, 2014

**그림 7-10 혼합 회로 해수 온도차 발전 시스템**

- Ocean thermal energy conversion. Technology brief, IRENA, 2014

**그림 7-11 압력지연삼투 해수 염분차 발전의 원리**

- Israel Institute of Technology, Water & Energy Technologies Laboratory

**그림 7-12 역전기투석 발전의 원리**

- Israel Institute of Technology, Water & Energy Technologies Laboratory

**사진 7-4 네덜란드의 REDstack사의 해수 염분차 발전 설비**

- REDstack, (https://redstack.nl/en/technologie/)

# Chapter 08
# 지열 에너지

- 지열 에너지의 자원
- 심층 지열의 이용
- 표층 지열의 이용

## 8-1 지열 에너지의 자원

지열 에너지(geothermal energy)란 지표면의 얕은 곳에서부터 수km 깊이에 존재하는 뜨거운 물(온천)과 암석 혹은 화산지대를 포함하여 땅이 가지고 있는 에너지를 말하는데, 지표면에는 태양 에너지가 저장된 것이며 지하 수 km 깊이의 열은 지구의 심층부가 가지고 있는 열이다. 지열은 땅속에서 얻어지는 열에너지를 직접 이용할 수 있고 열을 이용하여 전기를 생산할 수도 있다.

태양 복사 에너지의 약 47%가 지표면을 통해 지하에 저장되며, 이렇게 태양열을 흡수한 땅속의 온도는 지형에 따라 다르지만 지표면에서 땅속 깊이가 100m씩 깊어지면 평균 3~4℃씩 높아진다. 그리고, 지표면 가까운 땅속의 온도는 대략 10℃~20℃정도로 연중 큰 변화가 없는데 이 열을 표층지열이라 한다. 지하 심층부 즉 심층지열의 이용은 30~40 km 두께의 지각층의 열을 이용하는 것인데 이 층의 온도구배는 지역에 따라 차이가 크지만 8~50℃/km 사이가 보통이며 평균은 약 25℃/km이다. 또, 심층지열에는 지구 중심부의 용암부의 열 뿐만 아니라 지구 맨틀 상층부에서 일어나는 반감기가 긴 우라늄, 토리움 등의 방사성 물질의 붕괴에 의하여 발생되는 열도 포함되어 있다.

표층 지열 에너지는 역시 태양 에너지이지만 풍력 에너지와는 달리 간헐적이거나 변동이 심하지 않고 계절이나 하루 동안의 시간에 관계 없이 항상 일정하게 안정된 에너지를 공급한다. 또, 심층 지열 에너지는 그 근원으로 보면 태양 에너지나 풍력 에너지와 같은 재생에너지는 아니지만 지구상에 생존하는 인류의 시간대에 비교하면 영구적으로 이용할 수 있는 청정 에너지이다. 지열 에너지의 잠재력은 매우 크다. 지하 10km 이내에 있는 지열 에너지의 양은 전 세계에 매장되어 있는 석유, 천연가스의 에너지 양보다 5만 배나 된다고 한다.

**[그림 8-1]** 지구의 심층부

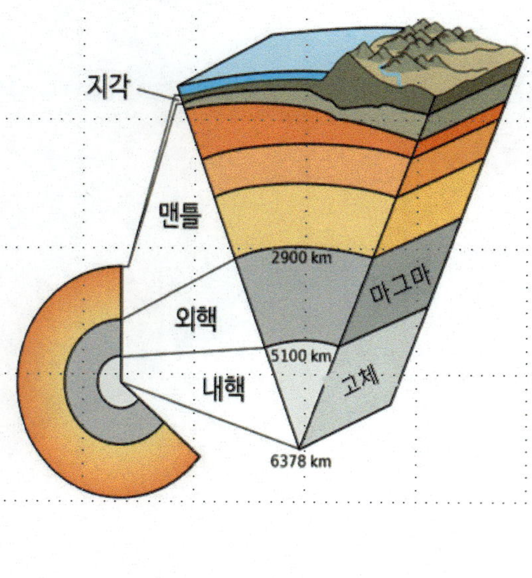


다른 보수적이고 구체적인 조사 결과에 의하면 지열 에너지의 기술적 설비용량 잠재량은 200GW라고 하는데, 기술적 잠재량은 향후 지열을 이

용할 수 있는 첨단기술, 특히 지하 침투성 향상 기술이 발전됨에 따라 더 많이 늘어날 수 있다. 그리고, 2016년 기준으로 전 세계 지열 에너지 총 설비용량은 12.7GW였고 2015년 기준 80.9TWh의 전력을 생산 했는데, 이 양은 그해 세계 전체 전력생산량의 0.3%에 해당하는 양이다. 또, 현재 미국과 필리핀, 인도네시아, 터키, 뉴질랜드 등의 국가가 각각 설비용량 1GW가 넘는 지열 에너지 강국에 속한다. 또, 일본이나 핀란드, 이태리 등과 같이 온천 혹은 화산지대가 있는 국가는 지열을 이용한 발전에 매우 유리한 국가들이다.[110]

지열의 이용은 지열온도가 지층의 깊이에 따라 다르며 또, 지하 심층부에 고온의 열수계 존재여부에 따라 다르기 때문에 그 이용방법과 용도가 다르며, 따라서, 시설의 열 혹은 전기 출력용량도 다르다.

**[그림 8-2]** 지층 깊이에 따른 지열 이용 시스템

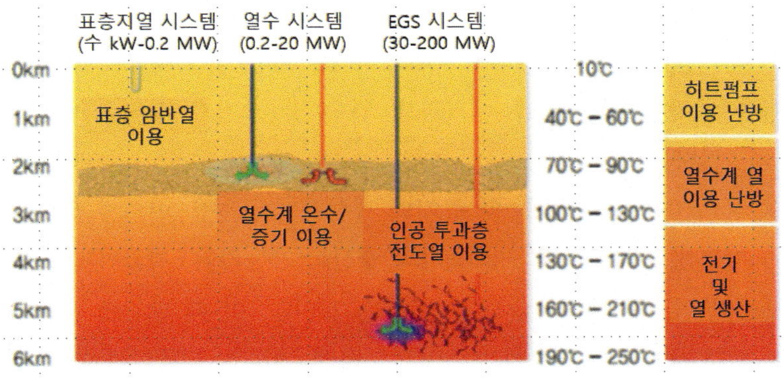


## 8-2 심층 지열의 이용

지하 수 km 심층부의 열은 반경 약 3,000km내 외핵과 내핵으로 이루어진 지구 심부에 존재하는 녹은 암석(용암) 즉 마그마(magma, 온도 약 5,000℃)에서 전달된 심부 지열이다. 이런 심층 지열을 이용하는 데에는 지각의 열전도성과 균열이나 융기와 같은 비정상 상태, 그리고 지각 내 지층의 열전도 매체에 대한 침투성(permeability, 혹은 매체가 물일 경우 투수성)이 큰 영향을 준다. 그래서, 자연적인 침투성이 좋지 않을 경우에는 인공적으로 침투층 혹은 침투공을 만들어서 침투성을 높여야 한다.

110) Geothermal power, Technology Brief, IRENA, 2017

심층부에는 지하에 침투된 우수가 마그마에 의해 가열되어 고온의 물과 증기가 섞여 있는 층 즉 천연 저류층이 형성되는 곳이 있는데, 이런 자원을 열수계 자원이라고 한다. 지하에 이런 저류층이 있는 주위가 자연 침투성이 좋을 경우에 갱정(생산정)을 굴착하면 고온의 열수 및 증기가 자연적으로 분출되어 발전 등에 이용될 수 있다. 그러나, 온도는 높지만, 투수성이 낮기 때문에 우수 등의 침투가 없어서 천연 저류층이 없는 곳에도 고온의 지층이나 암반층은 있는데 이 암반층이 가진 열을 고온 암반열 자원이라고 부른다. 이런 지층이나 암반에 갱정(주입정)을 굴착하고 고압의 물을 압입하여 암반의 열을 이용하여 인공적으로 고온, 고압의 저류층을 만든다. 그리고, 저류층에 있는 열수 및 증기는 일정한 거리를 두고 굴착한 별도의 갱정(생산정)을 통하여 추출하여 발전 등에 이용한다.

따라서, 심층 지열의 이용은 보통 천연 열수계 자원개발과 고온 암반열 자원개발 두가지 방법이 있다. 위에서 설명한 지하 수km 심층부에 있는 150~300℃에 달하는 화산성 열수계 저류층을 이용하기 위해서는 지하 저류층에 지열수가 흐르는 통로 즉 유로와 단층이나 파쇄대라고 하는 개구의 폭이 수mm 혹은 수cm의 균열이 자연적으로 존재해야 한다. 이 저류층에 갱정(생산정)을 굴착하면 열수 및 증기가 자연적으로 분출되어 발전 등에 이용될 수 있다.

우수에 의한 물의 공급량과 열수 및 증기의 생산량이 균형을 이루게 되면 마그마 챔버의 열은 방대하기 때문에 안정된 열수 및 증기의 생산이 가능하다. 지금까지 개발되어 온 지열발전소의 대부분이 이 열수계 지열자원을 이용한 것이다. 이 때 발전에 사용하지 않는 열수나 발전 후의 응축수는 다른 갱정(환원정)을 통하여 지하로 되돌리는 방법을 쓰고 있다.

열수계 지열 이용은 열수계에 200℃이상의 건조한 증기만 있을 경우 이 증기를 끌어올려서 터빈으로 보내 발전하는 건조증기 방식(dry steam type)이 있고, 고온의 열수와 습증기가 혼합된 상태로 있을 경우 이 기/액 혼합물을 끌어 올려서 지상에 설치된 분리기에서 증기(플래시 증기)와 물을 분리하고 증기는 터빈에 공급하여 발전하는 플래시 방식(flash steam type)이 있다.[111]

플래시 방식에 의해 심층 지하의 열수계 지열을 이용하는 방법은 현재 세계적으로 가장 흔한 방법이다. 플래시 시스템의 분리기에서 나온 증기는 터빈으로 보내지고, 터빈을 지난 응축수와 분리기에서 배출된 물은 다시 지하 열수계로 보내져서 지하의 열을 다시 흡수하게 한다. 플래시 타입 열수계 지열 이용 설비의 용량은 보통 0.2-80MW이다.

111) 플래시 스팀이란 재증발 증기라고 하는데 고온, 고압의 응축수를 사용 증기압 보다 압력이 낮은 곳으로 방출하면 그 압력 차에 의하여 응축수의 일부가 다시 증발하여 증기로 변하는 것을 말한다.

**[그림 8-3]** 플래시 방식 지하 열수계 이용 설비

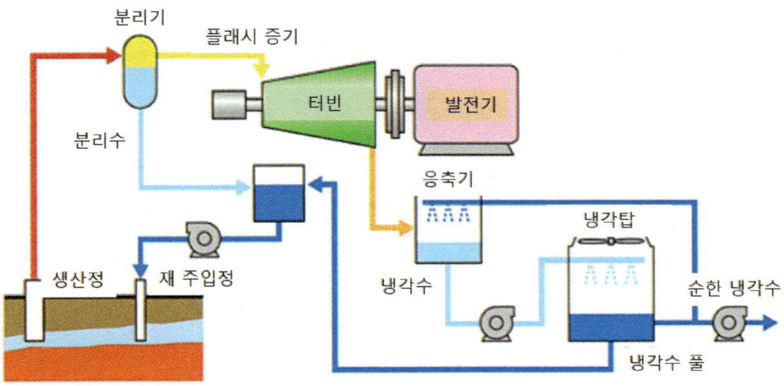


그러나, 열수계에 증기가 아닌 100~120℃ 정도의 고온 온천수만 존재할 때는 바이너리 방식(binary cycle type)으로 지열을 이용하는데, 이때는 고온의 온천수를 이용하여 물보다 비점(끓는 점)이 낮은 유기물질과 같은 작동유체를 열교환기에서 온천수로 가열하여 만든 유기매체 증기로 터빈을 돌려 발전한다.

바이너리 방식은 저, 중온의 열수를 열교환기를 통하여 열매를 가열하는데 이용한다. 이 방식에서 사용되는 열매는 암모니아나 물을 혼합한 암모니아 혹은 다른 유기 탄화수소 물질을 사용한다. 바이너리 방식은 보통 100~170°C 사이의 열수를 이용하지만 경우에 따라 효율은 떨어지지만 100°C 이하의 열수를 이용하기도 한다. 시설의 출력은 보통 1~50MW 사이에 있다.

**[그림 8-4]** 바이너리 방식 지하 열수계 이용 설비

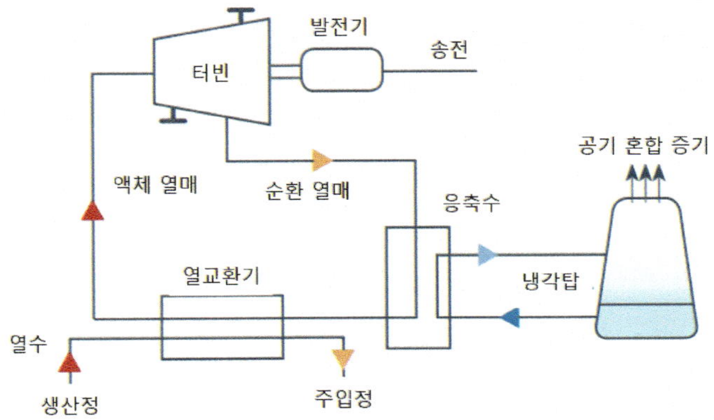

고온 암반열 시스템(hot dry rock system, HDR)은 인공 지열 저류층 생성 기술(enhanced geothermal system; EGS)이라고도 하는데, 비화산 지대이면서 심층 지하에 자연적인 열수가 존재하지 않는, 그러나 마그마에 의하여 고온의 지층이나 암반이 있는 곳의 열을 이용하는 것이다. 이를 위해서는 지하 수 km까지 굴착하는 두 개의 시추정(drill)이 필요한데, 하나는 고압으로 물을 주입하여 암반의 균열대를 만들고(수압 파쇄 또는 수압 자극) 지열 저류층을 생성한 후 물을 주입(주입정)하고, 다른 하나의 시추정은 고온 암반에서 생산되는 증기를 끌어 올리기 위한 것이며(생산정) 이 증기로 지상의 터빈을 돌려 전기를 생산한다.

**[그림 8-5]** EGS 지열발전 개념도

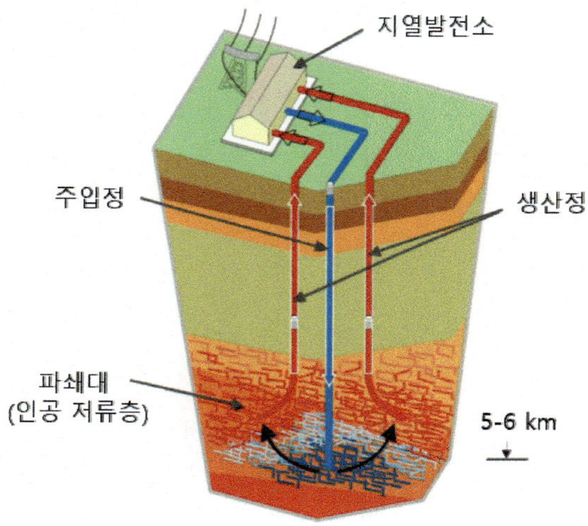


EGS 기술은 1970년대 미국 Los Alamos 국립연구소에서 고온 암반 지대를 대상으로 연구를 시작한 후 1980년대 말부터 프랑스 Alsace 지방의 Soultz 에서 EU 공동 프로젝트로 수행한 실증 프로젝트가 효시가 되었다. 이 프로젝트는 2003년 5.1km 깊이로 시추한 후 160℃의 고온수를 생산할 수 있었고 1.7MW의 전력을 생산할 수 있었다.

EGS 기술은 그 후 미국, 호주, 독일 등지에서 활발히 시도되고 있으며, 2007년 독일의 Landau에서 지하 3km 깊이로 시추하여 160℃의 열수를 생산하여 2.9MW (총 열생산 용량 3MW) 용량의 열병합 발전을 한 것이 가장 성공적인 사례로 인정받고 있다.

우리나라도 2022에 포항시에 EGS 방식의 지열 발전을 시도한 적이 있었으나 인공 저류층 생성 과정에서 지진이 촉발되었다는 논란이 있은 후 프로젝트가 정지되었다. 이런 사례는 과거에 스위스에서도 경험을 하였다.

과거에는 지열이용을 180℃ 이상의 고온의 열수계 저류층이 있는 곳에서 주로 이루어졌으나 요즘은 80-180℃ 사이에 있는 중온 수준의 지열을 EGS 방식으로 많이 개발하고 있다. 이런 발전은 석유나 천연가스 생산기술을 응용하여 지하 심층에 물이나 다른 열매체의 투과를 위한 균열대를 만드는 기술이 쉬워졌기 때문이다. 그러나, 앞에서 언급한 인공 저류층 생성 과정에서 지진 촉발과 같은 문제는 EGS 개발을 어렵게 하는 난관이다. 또한 EGS는 심부열이 단지 열의 전도현상에만 의존하기 때문에 열회수율도 낮은 것이 큰 걸림돌이다.

**[도표 8-1]** 세계 10대 지열 에너지 생산국

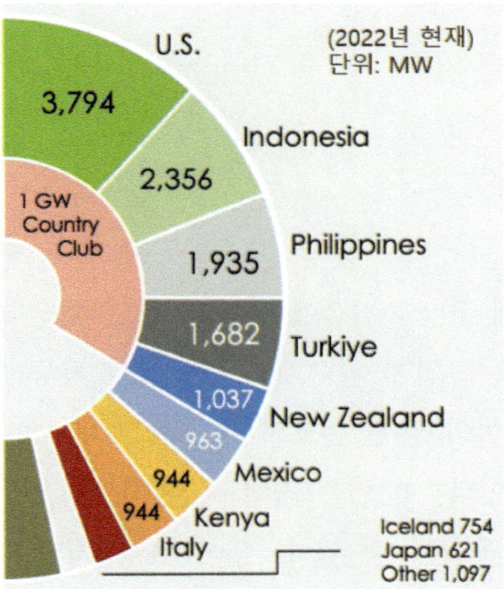


인류역사에서 지열을 이용한 것은 약 만 년 전부터 였다고 하는데 고대인들이 온천이나 온기 혹은 요리 등을 위하여 사용했으며, 14세기에 프랑스에서 지열을 이용하여 지역난방에 사용했다는 기록이 있으나 그 후 17세기 말까지 지열 에너지를 도시에서 혹은 산업활동을 위하여 지열의 경제적인 잠재력을 이용한 기록은 없다.

지열을 처음으로 산업적으로 이용한 것은 1904년 이탈리아의 피사 근방에서 지열로부터 발생되는 천연 증기를 이용하여 고온의 온천수로부터 붕산을 추출하는데 사용한 것이다. 지열을 주거생활에 이용한 것은 1892년 미국 아이다호의 보이시(Boise)에서 처음으로 했고 1904년에는 이탈리아의 라데렐로(Larderello)에서 피에로 지노리 콘티(Piero Ginori Conti)가 처음으로 지열을 이용하여 전기를 생산했다고 한다.

그 후 미국과 이탈리아에서 저침투성 암반층으로 밀봉된 대수층으로부터 건증기를 생산했고, 뉴질랜드에서는 천연적으로 발생되는 고온, 고압의 온천수로부터 고온의 물과 증기를 생산할 수 있었다. 뉴질랜드는 1958년에, 그리고 미국은 1960년에 캘리포니아 북쪽에 지열로 발생되는 습증기를 이용한 지열 발전소를 세웠고 현재 여러 나라의 대부분의 지열 발전소는 이런 습증기를 이용하는 것이다.[112)]

심층 지열의 경우는 얻을 수 있는 에너지의 양에 비하여 초기 설비투자 비용이 많이

112) Conserve Energy Future, History of Geothermal Energy

드는 것이 단점이다. 또, 한 지점에서 지열 생산을 장기적으로 할 경우 지반 침하가 발생할 수 있고, 천공과 암반의 균열대를 만들기 위하여 수압 파쇄 또는 수압 자극 등의 방법을 사용할 경우 인공적인 지진을 유발할 수도 있다.

심층 지열을 이용할 때는 대기 오염 혹은 수질오염을 일으킬 수 있고 더불어 개발과정에서 발생되는 유해 폐기물의 처리도 문제가 될 수 있다. 또한, 대부분의 지열 발전소는 냉각수를 포함하여 대량의 용수를 사용하기 때문에 주위의 어류 산란이나 양식장 혹은 자연수가 부족한 지역에 좋지 않는 영향을 줄 수 있다.

또한, 지열 발전소에서 대기로 배출되는 증기는 유화수소, 암모니아, 메탄 혹은 이산화탄소를 함유할 수 있고, 폐기되는 고형 물질에는 유황, 염소 혹은 수은이나 니켈 등 중금속도 동반될 수 있다.[113)]

## 8-3 표층 지열의 이용

위에서 설명한 심층 지열은 지하 수 km 깊은 곳에 100~200℃에 달하는 천연 열수나 증기가 고여 있거나 그렇지 않을 경우 고온의 암반층에 인공 열수계를 만들어서 가능하게 하지만 지표면과 비교적 가까운, 지하 수십 m 깊이의 낮은 온도의 지열은 세계 어느 지역에서도 지하 자연조건에 관계없이 쉽게 얻을 수 있다. 이 열은 직접 혹은 히트펌프를 이용하여 가정 혹은 공공, 상업용 건물에 냉/온수를 공급할 수 있다. 용어 '표층 지열'은 '천층 지열'이라고 부르기도 한다.

지구 표층의 이 열은 태양열이 땅속에 저장된 것이며 지표면 가까운 땅속의 지열 온도는 지상의 기온이 계절에 따라 혹은 밤과 낮 사이에 큰 폭으로 변하는 데 비하여 대략 10~20℃ 정도로 연중 혹은 하루 중 큰 변화가 없다. 히트펌프는 이런 땅속의 온도와 지상 기온과의 차이를 이용하여 하나의 설비로 난방과 냉방을 가능하게 한다.

히트펌프(열펌프, heat pump)는 열 매개체의 발열 또는 응축열을 이용해서 저온의 열원을 고온으로 전달하여 냉방에 쓰거나 고온의 열원을 저온으로 전달하여 난방용으로 사용하는 장치이다. 구동 방식에 따라 전기식과 열기관(엔진)식으로 구분되는데 대부분이 냉방과 난방을 겸용하는 구조로 되어 있다.

열펌프는 냉방, 난방 이외에 건조, 증발, 농축 등에도 응용된다. 히트펌프는 하계 냉방

113) U. S. Fish and Wildlife Service

때는 보통의 냉장/냉동기와 같지만 동계 난방 때는 냉동 사이클을 이용하여 응축기에서 버리는 열을 난방용으로 사용한다. 열원의 종류로는 공기(대기), 물, 태양열 등 다양하며, 온도가 높고 시간적 변화가 적은 열원일수록 좋다. 히트펌프의 원리는 냉매가스(고압,저압)가 주변에 있는 열원으로부터 흡수한 열을 공기나 물의 온도를 올리는 것이다. 물 펌프가 물을 낮은 위치에서 높은 위치로 퍼올리는 기계라는 의미와 마찬가지로 히트펌프는 열을 온도가 낮은 곳에서 높은 곳으로 이동시킬 수 있는 장치이다.

히트펌프는 열을 흡수하고 방열하는 원리의 구분에 따라 압축식, 화학식, 흡수식, 흡착식 등으로 분류하는데 압축식 히트펌프는 에어컨의 역사이클의 원리이며 가장 많이 사용된다. 따라서, 히트펌프도 에어컨과 동일하게 사이클 내에 냉매가 들어있으며 냉매가 압축, 응축, 팽창, 증발 과정을 거치면서 열원으로부터 열을 흡수 또는 방출한다.[114] 히트펌프는 일반적으로 열원과 열 방출원을 동시에 부르는 방법과 열원만 부르는 방식으로 명명되며, 열원이 공기이고 열 방출원이 공기이면 '공기 대 공기 히트펌프'라고 하고 열원만 부르는 경우는 열원이 지열이면 '지열 히트펌프', 공기이면 '공기 히트펌프'라고 한다.

지열 히트펌프(ground source heat pump, GSHP)는 지구 표층의 지열을 열원으로 이용하는 열펌프이다. 이 시스템은 땅속에 열교환기(집열기)를 설치하고 히트펌프를 이용해 지열을 흡수하는 구조를 가지고 있다. 그리고 열역학적 사이클을 이용해, 낮은 온도의 열원에서 높은 온도의 열원으로 열을 끌어 올린다(pumping). 저온의 열이지만 지속적인 사이클 과정을 통해 열을 저장하기 때문에 저온의 열에너지를 이용할 수 있다.

**[그림 8-6]** 지열 히트펌프 시스템의 구성

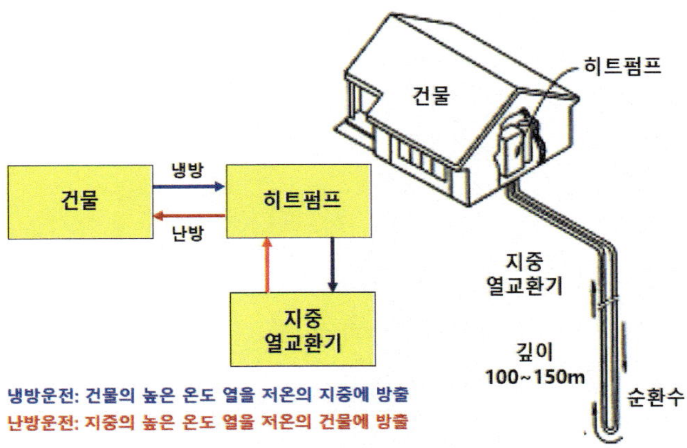


114) 공조기기, 에어컨은 실내에 설치된 실내의 열 교환기에서 열을 흡수하여 실외의 열교환기를 이용하여 열을 방출시키는 원리이고, 히트펌프는 실외의 열 교환기에서 열을 흡수하여 실내의 열교환기를 이용하여 열을 방출하는 원리이다

지열 히트펌프는 동절기 난방열을 공급하고 하절기 주택 냉방 때 열방출을 위해 지열이나 지하수를 이용한다. 직접 팽창방식의 지열 히트펌프는 지중 열교환기 내에 부동액 대신에 냉매를 사용한다. 지열 히트펌프는 대류식 난방이나 온수를 이용한 난방시스템 모두에 사용 가능하다. 또한 난방전용, 수동 냉방 및 난방, 능동 냉방 및 난방 방식으로 설계가 가능하다. 수동 냉방시스템은 히트펌프를 사용하지 않고 냉수나 부동액을 순환시켜 냉방을 한다.

지열 히트펌프는 지중루프, 히트펌프, 열분배 시스템 등 3개의 주요 요소로 구성되어 있다. 지중루프는 지중공(지하에 수직으로 뚫은 구멍, 천공)이나 수평으로 파낸 도랑에 매설된 일련의 긴 파이프로 구성된다. 이 파이프는 땅으로부터 열을 흡수하는 부동액(보통 물과 부동액의 혼합)이 순환하는 폐쇄회로이다.

히트펌프는 저온의 열을 30℃ 이상으로 올리고 이 열을 실내로 전달하기 위해 증발, 압축, 응축, 팽창 사이클을 이용하고 열전달 매체인 냉매가 히트펌프 내에 순환한다. 지열 히트펌프는 지중 루프 내 물로부터 열을 흡수하는 증발기, 증기 냉매를 열 분배 회로에 필요한 온도로 압축하는 압축기, 온수 탱크에 열을 넘겨주는 응축기로 구성된다. 열분배 시스템은 공간난방을 위한 바닥난방이나 방열기와 일부의 경우, 온수 공급용 온수 저장기로 구성된다.

지열 히트펌프는 하나의 설비로 냉매 흐름의 방향을 조절하여 겨울철 난방과 여름철 냉방을 모두 실현할 수 있다. 겨울 난방 시에는 땅 속에서 열을 얻고 압축기에서 응축기로 흡수한 열을 실내에 방출함으로써 실내를 난방한다. 히트펌프 내부의 증발기를 지나는 5℃ 이하의 차가운 액체 냉매는 부동액(지중 열교환기 내의 순환유체)으로부터 열(잠열)을 흡수하고 증기 냉매로 상변화를 하게 된다.[115] 증발과정 후 온도가 강하된 부동액은 지중 열교환기를 순환하면서 다시 약 15-20℃)로 온도를 회복하게 된다. 그러한 원리로 지중 루프 파이프는 온열을 제공하는 열원(heat source)역할을 수행하며, 난방 사이클을 구성한다.

여름철 냉방은 난방 사이클과는 반대로 히트펌프 내부의 응축기를 지나는 24℃ 이상의 뜨거운 기체 냉매는 부동액(지중 열 교환기 내의 순환유체)으로부터 열(잠열)을 방출하고 액체로 상변화를 하게 된다. 냉매의 응축과정 후 온도가 상승된 부동액은 지중 열교환기를 순화하면서 온도가 약 15℃ 이하로 하강하게 된다. 이러한 원리로 지중 루프 파이프는 온열을 흡수하는(heat sink) 역할을 수행하며, 냉방 사이클을 구성한다.

115) 냉매는 보통 수소불화탄소(HFC) 계열의 물질을 혼합하여 사용하고 부동액은 보통 물과 적정 농도로 혼 한 용액 프로필렌 글리콜(propylene glycol)이 사용된다.

[그림 8-7] 지열 히트펌프의 냉, 난방 운전

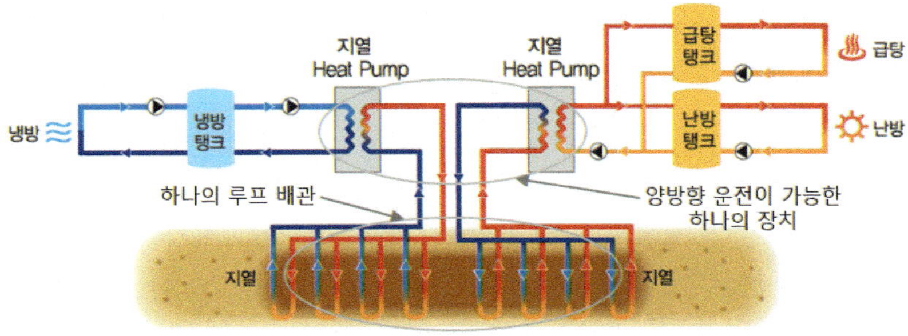


지중 열교환기는 지층 내의 열을 흡수하거나 지층으로 열을 방출하는 열전달 역할을 하는 긴 고리 형태의 관(pipe)으로 되어 있다. 이 루프 배관(loop pipe)은 온도가 일 년 내내 일정하게 유지되는 깊이의 지하에 묻혀 있는데, 이는 지열 히트펌프가 가열 또는 냉각이 필요한지에 따라 지층을 열원 또는 방열판으로 사용된다. 지중 루프 배관은 지중에 혹은 지상의 다른 열원에 여러가지 형태로 배치할 수 있으나 크게 폐쇄형과 개방형으로 나눌 수 있다.

폐쇄형 루프 배관은 수직형, 수평형 그리고 좀 드물기는 하지만 지하수를 모은 저수지나 호수의 열을 이용하는 특수한 방법이 있다. 수평형 지중 루프 배관은 넓은 지면에 걸쳐 보통 나성형으로 설치되며 길이가 수백 미터, 깊이가 2-3m인 도랑을 파는데 충분한 공간이 필요하다. 수평 나선 루프용 도랑은 대개 폭이 0.9-1.8m이고 3.7m의 간격을 띄운다.

수직형 루프 배관은 지면으로부터 깊이가 약 70-200m인 하나 이상의 굴착정(땅이나 암석 따위를 파고 뚫어서 만든 구멍 혹은 구덩이)에 설치된다. 각 굴착정의 직경은 12-15 cm이며, 굴착정이 두 개 이상인 경우 간격은 약 6 m이다. 이 구성은 설치할 공간이 제한되어 있거나 암석층이 표면에 매우 가까운 주택 또는 조경 면적을 최대화 해야 하는 용도에 이상적이다. 각 굴착정에 루프 배관을 삽입하고 관과 굴착정 벽의 공간은 열전달이 잘 되는 물질로 채워서(grouting) 관을 기계적 손상으로부터 보호하고 주위 열이 효과적으로 관 내 열매에 전달되도록 한다.[116] 수직형 루프 배관의 설치는 수평형에 비하여 설치비가 많이 들어가지만 넓은 공간이 허락되지 않는 도심지역에 유리하다.

개방형 열교환 시스템은 폐쇄 루프 시스템의 열전달 유체 대신에 직접적인 열전달 매체로 지하수(우물)나 지표수(호수)로부터 직접 물을 추출하여 지열 히트펌프 장치의 물이

116) 그라우트 용으로는 흙이나 벤토나이트(bentonite) 등이 사용되고, 루프 파이프의 소재로는 보통 고밀도 폴리에틸렌(high density polyethylene, HDPE이 사용된다.

나 다른 냉매를 통해 열을 전달한다. 추출된 물과 열펌프 사이에 열전달이 발생한 후 물은 우물, 연못 또는 배수로로 다시 배출된다. 개방형은 드물게 활용되지만 온도가 비교적 일정한 지하수가 충분히 공급되는 곳 혹은 발전소, 제철소 등 많은 양의 냉각수가 발생하는 곳에서는 경제적 방법이 될 수 있다.

지열 이용을 위한 지중 열교환 시스템은 그 수명이 50년 이상 100년 가까이 될 수 있고, 그 기간에 유지보수나 재설치가 필요 없다. 또, 지중 열교환기를 설치한 지상의 공간은 식목을 제외한 운동장, 주차장 등 다른 용도로는 사용할 수 있는 장점이 있다.

**[그림 8-8]** 지중 열교환기의 설치 방법

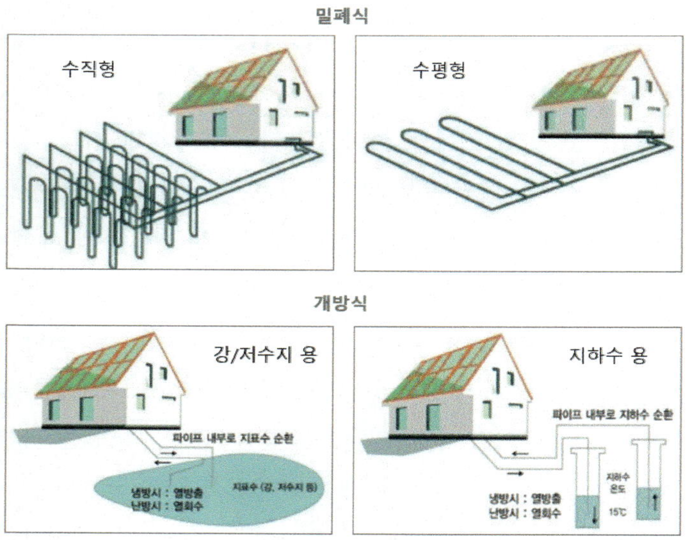


지열 히트펌프는 냉방, 난방, 급탕 혹은 고온의 열이 필요한 가정이나 상업용 건물 혹은 산업체 전 분야에 활용되고 있다. 열원도 지열 외에도 공기열, 물의 열 등 다양하게 이용되고 있다. IEA 보고서에 의하면 건물의 경우, 2050 탄소 제로의 실천을 위한 전력 수요는 가전제품, 냉난방, 조명 및 건물 외벽의 효율성 등 효율개선을 중심으로 하여 많은 개선이 있어야 할 것으로 보고 있다. 그리고 히트펌프를 사용하여 냉난방을 하기 위한 전력 소모는 꾸준히 증가하기 때문에 2050년에는 히트펌프 난방을 위한 전력 수요가 전체 건물난방 비중의 55%까지 도달할 것으로 보고 있다. 또한, 그에 따라 히트펌프의 수요도 꾸준히 증가하여 2030년도에는 히트펌프 설비가 6억 기, 2050년도에는 18억 기에 달할 것으로 보고 있다.[117)]

**[사진 8-1]** 지열 히트펌프의 지중 열교환기, 루프 배관

**[사진 8-2]** 지열 히트펌프의 실내 설비

117) Net Zero by 2050, A Roadmap for the Global Energy Sector, IEA, 2021

# 참고문헌/인용자료

**그림 8-1 지구의 심층부**

- Wikipedia, Lithosphere

**그림 8-2 지층 깊이에 따른 지열 이용 시스템**

- 온실가스 감축기술 전략 로드맵, 한국에너지기술평가원, 2011

**그림 8-3 플래시 방식 지하 열수계 이용 설비**

- Kawasaki, 설비용량 25MW

**그림 8-4 바이너리 방식 지하 열수계 이용 설비**

- Geothermal power, Technology Brief, IRENA, 2017

**그림 8-5 EGS 지열발전 개념도**

- 지열 에너지 활용의 국내외 동향과 발전 전략, 한국과학기술기획평가원, 2011

**도표 8-1 세계 10대 지열 에너지 생산국**

- Think Geo-Energy

**그림 8-7 지열 히트펌프의 냉, 난방 운전**

- ㈜부-스타

**그림 8-8 지중 열교환기의 설치 방법**

- 블로그, 건강과 힐링, 신재생에너지, 지열 에너지 시스템, 2020

**사진 8-1 지열 히트펌프의 지중 열교환기, 루프 배관**

- 대구공단-바닥난방, 공간, 냉난방 및 급탕(온수)용 지열 히트펌프

**사진 8-2 지열 히트펌프의 실내 설비**

- 신성엔지니어링 지열보일러

# Chapter 09
# 바이오에너지

- 바이오에너지 자원
- 바이오매스의 이용
- 유기성 폐기물 에너지
- 매립지 가스

## 9-1 바이오에너지 자원

바이오에너지(bioenergy)는 바이오매스(biomass)를 이용하여 열이나 전기 혹은 연료를 얻어서 에너지로 이용하는 것이다. 바이오매스는 에너지원으로 혹은 화학적 원료로 사용가능한 식물, 동물, 미생물 등의 생물체를 말한다. 산림이나 임업을 통하여 직접 얻을 수 있는 목질계 식물(잡목, 장작, 목재가공 폐기물 등) 혹은 농산물 줄기, 곡식 껍데기 등 농업 부산물과 음식물 쓰레기, 해조류 그리고, 축산업에서 발생되는 가축의 분뇨와 폐수처리 과정에서 발생되는 슬러지도 포함되어 그 종류가 매우 다양하다.

바이오매스는 근본적으로 태양 에너지의 도움으로 탄소동화작용에 의하여 생성되며 산소가 있는 공기 중에서 태우면 그 물질이 가진 탄소가 산소와 결합하여 이산화탄소(CO2)가 발생되지만 식물의 성장기간에 동일한 양의 CO2를 흡수(carbon sink)하였기 때문에 흡수와 배출이 양적인 균형을 이루며 순환되고 있는 탄소중립(carbon-neutral, carbon-free) 에너지 자원이다. 이런 이유로 바이오매스는 현재 전 세계적으로 추구하고 있는 '탄소배출 제로(zero emission)' 목표를 위하여 매우 중요한 역할을 하고 있고 또, 온실가스 감축사업을 위한 중요하고 현실적인 방법으로 인정되고 있다.

**[그림 9-1]** 바이오매스 이용에 따른 이산화탄소의 순환

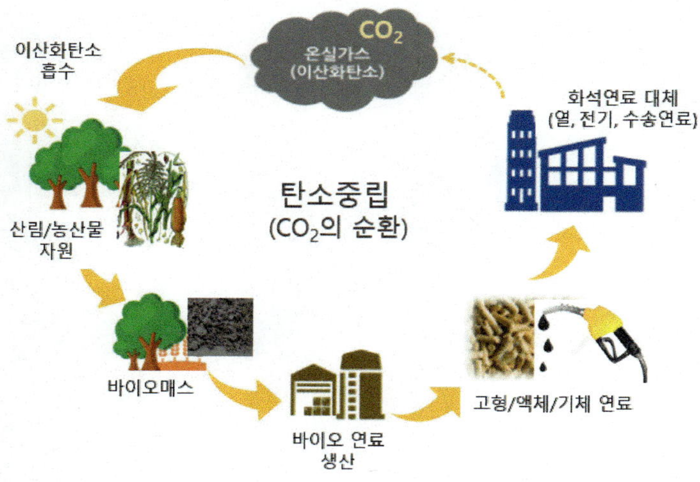


식물의 탄소동화작용은 식물이 받은 태양 에너지의 1~2%만 유용하게 쓰이는데, 대부분은 흡수하지 못하고 또, 반사에 의한 손실, 화학반응 때 손실 등으로 식물에 저장되지

못한다. 식물의 성장기간 동안에 CO2는 유기물질(탄소, 수소, 산소 이루어진 화합물질)로 저장되고 이를 연소하거나 분해하면 CO2가 방출되는 순환을 반복하여 탄소중립이 된다. 그러나, 이런 유기물질을 이용하지 않고 장기간 방치하면 결국 분해되면서 메탄가스를 발생시키게 되는데 메탄은 $CO_2$보다 21배나 강력한 온실효과를 나타낸다.

바이오 연료는 가공되지 않은 1차 바이오 연료와 가공 혹은 전환된 2차 바이오 연료로 구분한다. 장작과 같은 전통적인 땔감은 1차 연료이고 후자에는 현재 운송용 연료로 많이 사용되고 있는 바이오에탄올 및 바이오디젤과 같은 액체 바이오연료가 포함된다.

바이오매스 자원은 지구상의 모든 곳에 분포되어 있으나 에너지 밀도가 낮아 채집에 많은 노력이 들고 취급이 불편한 저급의 에너지이다. 그러나, 화학공학, 생물공학, 유전공학의 발전으로 좁은 토지면적에 에너지 밀도가 높은 작물의 재배가 가능하고 이를 높은 효율로 가스 혹은 액체연료로 전환이 가능하여 미래에 매우 중요한 에너지원이 될 것이다. 바이오매스는 크게 사람이 식량으로 이용할 수 있는 당질계와 전분계, 유지작물, 식량으로 사용할 수 없는 셀루로오스 계로 분류할 수 있다. 그리고, 공업 산업체나 농축산업 혹은 가정에서 발생되는 폐수 슬러지와 축산분뇨, 음식물 쓰레기도 바이오매스의 중요한 부류에 속한다.

**[도표 9-1]** 바이오매스의 전환과 생성물질

| 바이오매스 종류 | 전환공정 | 중간 물질 | 최종 물질 | 용도 |
|---|---|---|---|---|
| 목질계 식물<br>(곡식/초목 줄기 등) | 정형화 | 고형 연료(펠렛, 브리켓) | | 보일러 연료 |
| | 열분해/탄화 | 열분해 가스, 액상 및 고형성분 | 탄화수소 가스,<br>바이오 오일,<br>숯(목탄) | 가스/고형 연료,<br>화공원료 |
| | 가스화 | 바이오가스<br>(프로듀서 가스) | 합성가스(H2, CO), 바이오 메탄, 메탄올 | 화공원료,<br>선박/자동차 연료 |
| | 가수분해<br>(셀룰로오스 당화공정) | 단당류 | 바이오알코올<br>(에탄올) | 자동차 혼소 연료<br>화공 연료 |
| 전분계 작물<br>(사탕수수, 사탕무, 당밀, 옥수수, 고구마, 감자 등) | 당화 | 당분<br>(글루코오스) | 바이오알코올<br>(에탄올) | 자동차 혼소 연료<br>화공 원료 |
| 유지작물<br>(대두, 유채, 조류, 야자유, 폐식용유 등) | 유지 추출,<br>에스테르화 | 식물성 기름 채종유, 유채유 | 알코올,<br>바이오디젤 | 자동차 원료 |
| 유기성 폐기물<br>(축산분뇨, 슬러지, 동식물 쓰레기 등) | 혐기 발효 | | 바이오가스<br>(메탄 등) | 가스 연료 |

목질계 바이오매스는 지구상에서 생산되는 총 바이오매스의 90% 이상을 차지하는 세상에서 가장 풍부한 에너지 자원이며 주로 셀룰로오스(cellulose), 헤미셀룰로오스(hemicellulose), 그리고 리그닌(lignin) 등의 고분자 화합물이 연속적으로 축적되어 형성된다. 이 중 약 60%를 차지하는 성분인 셀룰로오스와 헤미셀룰로오스는 수송용 식물성 액체연료나 화공원료로 이용되고 있다. 목질계 바이오매스는 임산으로 얻어지는 것이 가장 많고 농업부문에서 얻어지는 것이 그 뒤를 잇는다. 그 중에서 목재나 짚, 가축분뇨 등을 땔감으로 직접 연소하여(태워서) 요리나 난방용으로 사용하는 것은 매우 오래된 전통적 방법이며 현재도 많은 개발도상국에서는 이런 자원을 주 에너지원으로 쓰고 있다. 최근에는 이런 목질계 식물을 땔감으로 사용하기에 편리하도록 압착정형화 하거나, 숯(탄화)을 만들어서 가정용 혹은 산업용 보일러에 이용하고 있다. 또한 목탄은 오늘날 무연연료로 널리 사용되고 있고, 특정 국가에서는 소량이지만 탄소가 주성분인 목탄을 철광석의 환원용으로도 이용하고 있다.

## 9-2 바이오매스의 이용

섬유소 식물(주성분은 셀룰로오스)의 열분해는 산소(공기)가 차단된 로(furnace)에 넣고 로의 외부에서 400℃ 이상의 열을 가하면 바이오매스에 함유된 유기성 고분자 성분이 분해되어서 가스 성분과 액상의 물질이 방출되고, 이 과정이 끝나면 분해가 되지 않는 고형물질만 남게 된다. 가스성분은 열분해 가스라고 부르고 주로 수소, 일산화탄소, 이산화탄소 혹은 메탄 등 가벼운 탄화수소 성분으로 혼합되어 있고 액상의 물질은 타르(tar)라고 부르며 매우 복잡한 성분을 가지고 있는데 정제 후 바이오오일이 된다. 또, 고형분은 열분해가 되지 않는 잔류물이고 고형 탄소와 불연성 물질이 주성분인데 바이오매스 목재를 탄화해서 얻는 숯과 비슷하다. 바이오매스의 열분해를 통해서 회수되는 산물의 형태, 조성, 수율 등은 바이오매스의 형태와 조성, 반응온도와 압력, 체류시간 그리고 열분해 속도 등에 따라 민감하게 영향을 받으며 달라진다. 예를 들어 2~3일 정도 오랜 시간 동안 서서히 바이오매스를 열분해 할 경우 주요 생성물은 고형분 즉 목탄이 되고, 650℃ 이하의 온도에서 5초 이내로 급속 열분해를 할 경우에는 액상 바이오 오일이 주요 생성물이 된다.

**[그림 9-2]** 바이오매스의 열분해 설비

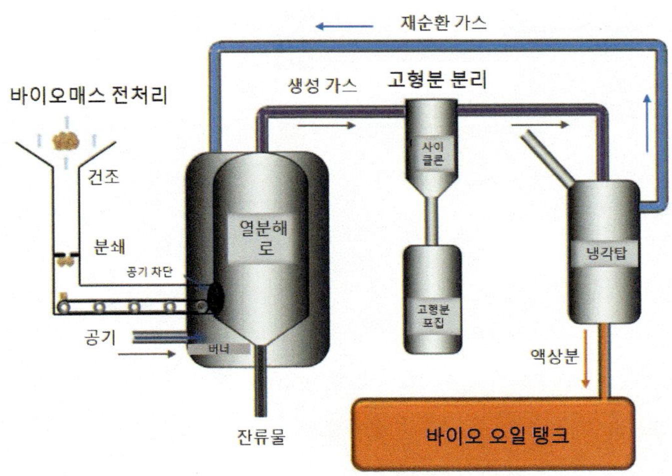


바이오매스의 가스화는 바이오매스에 산소나 공기를 완전연소에 필요한 양보다 적게 주입하면서 700℃ 이상으로 가열하면 바이오매스의 가연성분이 부분적으로 연소되어서

주로 수소와 일산화탄소를 배출한다. 이때 바이오매스가 가진 열분해 가스도 같이 방출되어 열분해 가스와 성분이 비슷한 메탄 등 여러가지 탄화수소 가스가 발생된다. 가스화 때 공기를 가스화제로 이용해 생산되는 프로듀서 가스(producer gas)는 열기관, 보일러, 가스터빈 등의 연소기기에 혼소 또는 전소 형태로 활용되어 전기 및 열을 생산하는 용도로 활용된다. 수증기 또는 산소를 가스화제로 할 경우 공기를 가스화제로 쓰는 경우에 비해 보다 높은 발열량을 가지는 수소와 일산화탄소를 주 성분으로 하는 합성가스(synthetic gas, syngas) 생산이 가능하다.

이 합성가스는 불순물 제거를 위한 적절한 정제공정 및 개질과 같은 추가적인 조성제어 공정을 거쳐 합성 천연가스, 메탄올, 수소 또는 자동차의 디젤 연료를 대체할 수 있는 디메틸 에테르(Dimethyl ether, DME) 등 고부가 가치의 합성연료 혹은 화공원료로 전환할 수 있다.

**[그림 9-3]** 바이오매스의 가스화 설비

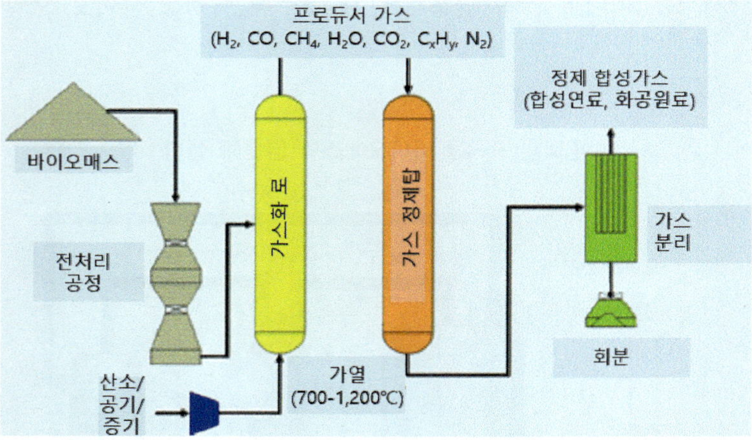


바이오매스의 가수분해(hydrolysis)는 보통 수분을 많이 함유한 젖은 상태의 목질계 바이오매스를 원료로 하며 화학반응 때 물을 첨가하여 식물성분의 큰 분자를 여러 개의 작은 분자로 분해하는 것을 말한다. 이 반응은 바이오매스가 함유하고 있는 미생물에 의해서 분해가 되지 않는 리그닌을 제거하고, 수분을 수소이온(H+) 혹은 수산화 이온(OH-) 상태로 분해하여 바이오매스의 성분인 셀룰로오스(효소에 의하여 분해된)와 결합하는 반응이다. 셀룰로오스 성분을 가수분해하기 쉽게 해체하는 전처리 과정, 단당류로 가수분해하는 당화과정, 당을 에탄올로 전환하는 발효과정, 에탄올의 순도를 높이기 위한 증류과정을 거쳐야 한다. 바이오에탄올의 원료가 되는 식물은 억새, 갈대, 볏짚, 보릿짚, 부들 등이 있다. 목질계 바이오매스를 이용하여 바이오에탄올을 제조하는 것은 목질계 식물의 복잡한 구조로 인해 전환 효율이 낮다.

바이오에탄올(bioethanol)은 전분계 작물을 원료로 해서도 얻을 수 있는데 사탕수수나 당밀과 같은 당질이나 감자류, 옥수수, 고구마 혹은 식물 열매의 전분질 등을 이용하여 제조하는 발효 에탄올을 말한다. 글루코오스(당질)를 효모를 이용한 발효법에 의해서 주류 제조와 동일한 방법으로 에탄올로 전환할 수 있으며, 제조한 후에 농축, 정제과정도 거친다. 바이오 에탄올은 기존 가솔린과 혼합하여 사용하기 때문에 가솔린 엔진, 석유정제, 유통을 위한 기초설비를 최소한의 설비 변경만으로 그대로 사용할 수 있다는 장점이 있다.

**[그림 9-4]** 바이오에탄올 생산공정

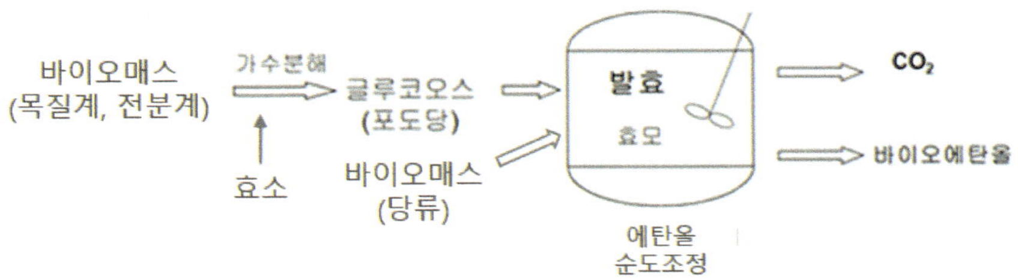


바이오디젤(Biodiesel)은 식물성 유지를 메탄올과 반응시켜 생산하며, 원유로부터 생산한 디젤유를 대체할 수 있는 수송용 연료이다. 대두, 유채 등 기름 성분이 많은 유지작물이나 동물성 지방 혹은 해조류, 폐식용유를 이용하여 기름을 추출하고 이를 에스테르화(esterification)[118]하여 바이오디젤 즉 메틸에스터(methyl ester)혹은 에틸에스터(ethylester)를 얻을 수 있다. 이 과정에서 얻어지는 바이오디젤은 긴 지방산 고리를 가진 단일 알킬에스터 혼합물로서 경유와 매우 비슷한 연소특성을 가지고 있기 때문에 현재 사용되는 대부분의 경유를 대체할 수 있다.

바이오디젤은 경유와 달리 미생물에 의해 분해되며 독성이 없고 연소될 때에도 오염물질의 배출이 경유보다 적다. 일반 경유에 비해 탄화수소 배출량이 61%, 일산화탄소 74%, 미세먼지는 49%에 불과하고 황산화물이나 벤젠은 전혀 배출되지 않는다. 그러나, 질

118) 에스테르화란 알코올을 원료로 하여 에스테르를 만드는 반응으로 산과 알코올에서 물을 제거할 때 생성되는 탄소, 수소, 산소로 구성된 유기 화합물이다.

소 화합물의 배출은 경유에 비해 22%가 높아 환경적 측면에서 단점이 있다. 150℃의 인화점을 가진 바이오디젤은 석유로부터 얻은 경유(인화점 64℃)에 비해 낮아서 화재의 위험이 적은 안전한 연료이지만 동결점이 -5℃로 낮아서 겨울에는 연료의 유동성이 떨어진다. 이런 이유로 100%의 바이오 디젤의 사용은 불가능하고 경유와 혼합하여 사용한다. 바이오디젤은 미국과 브라질, 유럽 등의 나라에서 1990년대부터 일반 주유소에서 판매중이며 주로 대형트럭, 버스, 관공서 차량 등에 사용되고 있다.

**[그림 9-5]** 바이오디젤 생산공정3)

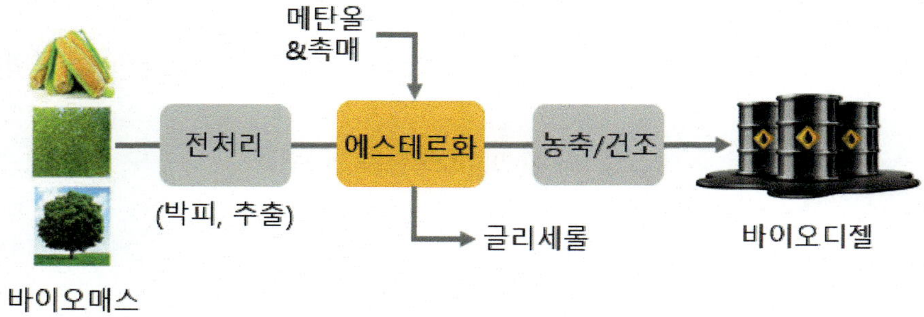


세계 바이오에탄올과 바이오디젤의 생산량은 각 국가의 화석연료 소비량과 그린에너지 지원정책에 따라 크게 영향을 받을 것으로 전망된다. 그러나, 다른 그린에너지와 달리 바이오연료는 차량용 일반 경유와 혼합하여 사용되기 때문에 그 수요는 일반 경유의 수요에 직결되어 있다. 세계 에탄올과 바이오디젤의 생산량은 지난 10년 만에 처음으로 2019년에 비해 감소하는 경향을 보였는데 코로나-19 팬데믹으로 인한 세계 경제의 침체에도 그 이유가 있지만 세계 많은 국가들이 기후변화에 대응하여 화석연료를 적게 사용하는 추세이기 때문이다. 그러나 향후 장기적으로 보면 세계 바이오 연료 소비는 더욱 증가할 것이며, 주로 혼합비율이 높게 설정되어 있는 개발도상국들이 주도할 것이다. 선진국에서는 정책 인센티브의 삭감과 화석연료에 대한 수요가 감소하면서 바이오연료에 대한 수요가 제한될 것으로 보고 있다.[119)]

바이오에탄올 생산을 위한 사탕수수와 옥수수 그리고 바이오디젤 생산을 위한 다양한 식물성 기름 등은 전통적인 원료로 계속 공급될 것이며, 폐식용유로 생산된 바이오디젤은 EU, 캐나다, 미국, 그리고 싱가포르에서 계속 중요한 역할을 할 것으로 보고 있다. 미

119) OECD FAO Agricultural Outlook 2021-2030_Biofuels, OECD/FAO, 2021

국과 브라질은 바이오에탄올 수요가 가장 많은 국가이다. 미국은 바이오에탄올의 수요가 바이오디젤의 수요에 비하여 많지만 그 증가세는 화석연료 증가세가 낮기 때문에 큰 변동이 없을 것으로 보고 있으나 브라질은 높은 혼합비율과 증가되는 화석연료 수요에 따라 그 수요가 늘어날 전망이다. 유럽은 에탄올보다 바이오디젤을 더 많이 생산하고 있으나 그 수요는 역시 화석연료 디젤의 수요가 감소함에 따라 오히려 줄어들 전망이다.

**[도표 9-2]** 세계 주요 국가별 바이오 연료 수요변화 전망

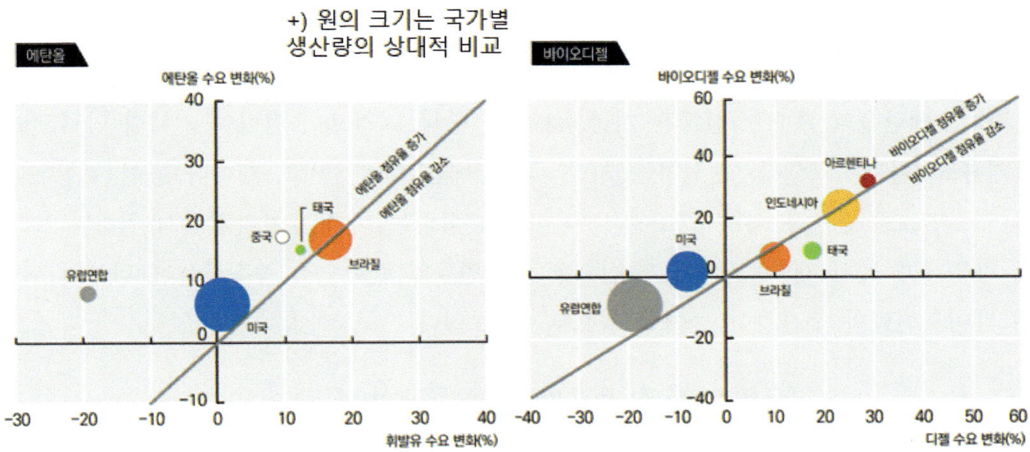


현재 세계적으로 바이오에탄올의 주 원료는 옥수수가 60%로 가장 많고 사탕수수 25%, 당밀 2%, 그리고 밀이 3%이며 나머지는 다른 곡식이나 카사바, 사탕무 등이 차지한다. 바이오디젤의 주 원료는 75%가 식물성 기름 (유채 20%, 콩 25%, 야자유 30%)이 차지하고 폐식용유가 20%, 그리고 나머지는 기타 작물이 차지하고 있다. 또한 좀 더 향상된 기술에 힘입어서 곡물 껍질 등 다른 섬유소 식물도 향후에 바이오 연료로 이용될 전망이다.

세계적으로 바이오 연료의 생산과 소비는 느린 속도이지만 증가할 것으로 예상하고 있는데 주로 각 국가의 기후변화 대응, 농민지원 정책, 그리고 에너지 자급화 정책에 달려 있다. 미국과 유럽은 화석연료의 사용을 억제하는 정책과 연계되어 향후 바이오연료에 대한 지원을 줄이는 경향이고, 그에 비하여 인도와 브라질, 인도네시아 등 주요 개발도상국에서는 운송차량의 증가와 높은 혼합비 기준 그리고 유리한 가격에 따른 소비자의 선호도 때문에 그 수요가 늘어날 전망이다.[120]

120) OECD FAO Agricultural Outlook 2021-2030_Biofuels, OECD/FAO, 2021

세계 바이오에탄올 생산량은 2030년까지 1,320억 리터로 증가할 것으로 예상되는 반면, 바이오디젤 생산량은 주로 인도네시아의 혼합 의무량 증가로 인해 500억 리터로 증가할 것으로 예상된다. 바이오연료 제품의 공급원료는 국가마다 다른데, 많은 국가에서는 바이오연료 생산의 지속가능성 차원에 대한 민감도가 증가하고 있다. 그럼에도 불구하고 바이오연료의 생산은 전통적인 공급원료 즉 농산물 곡식이나 작물에 의존할 것으로 보고 있다. 이런 민감도는 바이오연료가 주로 사람의 식량이나 가축의 사료로 쓰이는 농작물로 생산되기 때문에 그런 바이오매스를 재배하기 위해서는 기존의 농산물 재배면적을 침해할 수 있다는 점 때문이다. 또, 농산물의 시장가격도 곡물가격과 에너지 가격 두 가지 요소에 의하여 결정되는 민감성을 말한다.

바이오에탄올의 주요 생산국은 미국, 브라질, 중국 그리고 유럽이며 전체의 약 75%를 차지하고, 나머지 25%를 생산하는 기타 국가군에는 태국, 인도, 캐나다 등이 포함된다. 바이오 연료를 운송용 차량 연료에 10% 이상 혼합하는 국가는 브라질이 유일하다. 그러나 향후에는 특히 개발도상국을 중심으로 차량연료의 탄화수소 종속성을 탈피하기 위하여 바이오연료의 생산량이 늘어날 것으로 보고 있다.

**[도표 9-3]** 전 세계 바이오에탄올 생산 실적과 예상

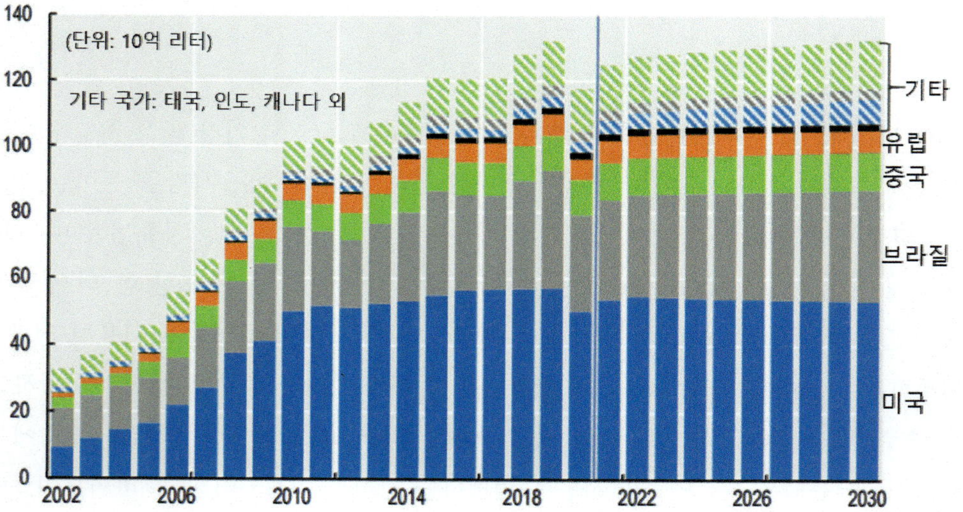


바이오디젤의 주 생산국은 바이오메탄올의 경우와 좀 다르다. 바이오디젤의 주요 생산국은 유럽, 미국, 브라질 그리고 인도네시아이며, 전체의 약 74%를 차지하고, 나머지 2

6%를 생산하는 기타 국가군에는 아르헨티나, 태국, 중국 등이 포함된다. 인도네시아는 바이오디젤 30% 혼합(B30) 정책을 추진하여 국가의 화석연료 수입 의존도를 줄이고 온실가스 배출을 줄이는 것을 목표로 하고 있다. 최근 몇 년간 바이오디젤 생산자를 지원하고 원료가 되는 팜유(crude palm oil, CPO) 기금으로 자금을 조달하는 국가 바이오디젤 프로그램으로 인해 생산량이 증가하고 있다.121)

유럽(EU)은 바이오에탄올보다 바이오디젤을 생산하는 데 집중하고 있고 미국이나 브라질보다 더 많이 생산하고 있다. 유럽은 2009년부터 유효한 재생에너지 지침(Renewable Energy Directives)을 기반으로 하여 2010년부터 바이오연료 지원을 위한 법률이 제정되었다. 이 지침에는 2020년까지 EU 회원국의 운송 에너지 사용 중 최소 10%가 재생에너지를 기반으로 해야 한다고 규정하고 있고, 식량 및 사료작물 기반 바이오연료에 대한 국가 상한선은 2020년 수준보다 1% 포인트 높지만 7%를 초과하지 않는 범위 내에서 바이오연료 목표를 14%로 늘리도록 정했다. 유럽의 바이오연료 생산량은 매년 1.1% 씩 줄 것으로 전망되지만 식량 혹은 사료작물을 원료로 하지 않는 향상된 기술에 힘입어서 2030년에는 17%로 늘어날 전망이다.

브라질은 국내에서 대량으로 생산되는 사탕수수 덕분에 바이오연료 생산에 선두적인 위치를 차지하고 있는데, 가소홀(가솔린과 무수 에탄올의 혼합연료, gasohol) 또는 E100(함수 에탄올, hydrous ethanol)을 사용할 수 있는 대형 운송차량인 "플렉스 연료 차량(flex-fuel vehicles)"이 있다. 가솔린의 경우 브라질은 국내산 설탕과 에탄올의 가격관계에 따라 에탄올의 혼합비율을 18~27%로 변경할 수 있다. 현재 에탄올에 대해서는 27%로 입법화되어 있다. 현재의 바이오디젤의 경우 브라질은 향후에 그 혼합비율을 11%로 유지할 것으로 보고 있다.

---

121) 함수 에탄올은 알코올 함량이 95.1% 이상 96% 이하이고 나머지는 물로 혼합된 차량 연료인데 직접 차량에 주입하거나 가솔린에 10%를 혼합하여 사용한다.

**[도표 9-4]** 전세계 바이오디젤 생산 실적과 예상2)

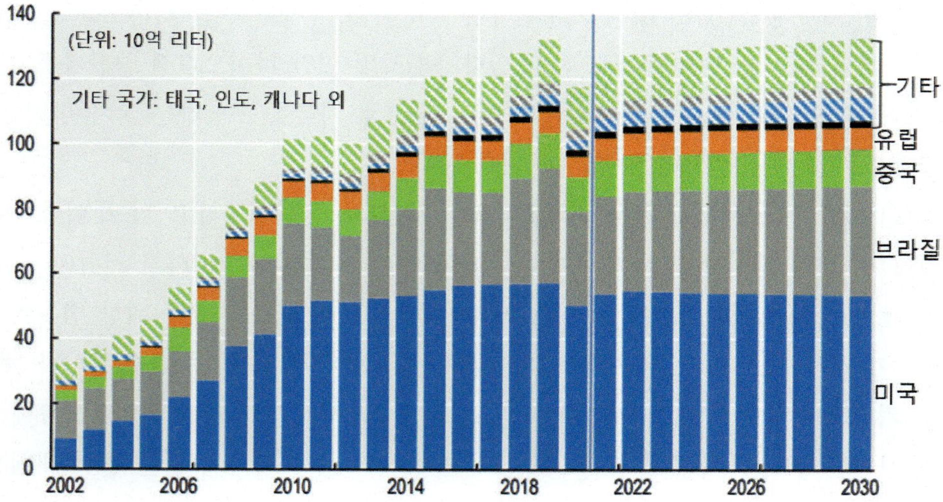


## 9-3 유기성 폐기물 에너지

가축의 분뇨와 같은 축산 폐기물이나 음식물 쓰레기, 하수 슬러지 등 유기성 폐기물은 정기적으로 순환경작을 하여 그 수확물을 에너지원으로 이용하는 일반적인 바이오매스는 아니지만, 대부분이 자연에서 얻어지고 또, 가연성 유기물이므로 에너지원으로 적합하여 재생에너지 자원이 된다. 이런 폐기물을 유기성 폐기물(biowaste) 라고 하고 이런 방법으로 얻어지는 에너지를 유기성 폐기물 에너지(waste-to-energy)라고 한다.

물을 많이 함유한 축산 분뇨나 음식 폐기물은 젖은 바이오매스의 경우와 마찬가지로 혐기성 소화(산소가 공급되지 않는 상태에서 썩히는 과정)를 통하여 메탄을 주성분으로 하는 바이오가스를 생산할 수 있다. 이들 폐기물은 물이 많을 경우에는 밀폐된 반응기에서 산소를 차단하여 소화시킬 수 있으며 물의 함량이 적은 경우에는 특별히 준비된 매립지에 매립을 하고 여기서 발생하는 메탄가스를 포집하여 열 혹은 전력생산에 이용하는 것이 보통이다. 바이오가스를 이용하는 과정에서 발생되는 이산화탄소는 공기중으로 배출되지만 그 양은 식물의 광합성 반응에 의하여 공기중에 있는 이산화탄소를 흡수한 양이기 때문에 유기성 폐기물 에너지는 이산화탄소의 추가적인 배출이 없는 탄소중립 에너지이다.

유기성 폐기물로부터 바이오가스를 생산하는 기술은 현재 산업에 널리 보급되어 있는데, 그 이유는 이런 폐기물이 이용되지 않을 경우 폐기물로서 주변 수계나 토양을 오염시켜 환경문제를 일으키기 때문이다. 즉, 배출 혹은 방치에 의한 공해를 방지하기 위하여 폐기물을 포집하고 처리를 하면 잔류물이 반드시 발생되는데 이런 잔류물이 에너지의 자원이 된다. 또한 이들을 자연 속에 버리거나 매립 후 대기 중에 방치하면 시간이 흐르면서 자연적으로 썩어서(발효) 메탄가스를 방출하게 되는데 이 메탄가스는 이산화탄소보다 지구온난화 효과가 더 강한 물질이다.[122]

**[그림 9-6]** 유기성 폐기물 에너지의 이용과 자원순환

유기성 폐기물로부터 바이오가스를 생산하는 기술은 크게 두 가지로 구분되는데, 폐기물의 고형분이 물에 묽게 섞여 있는 폐기물과 수분의 함량이 아주 적은 건조된 폐기물에 따라 그 이용기술이 다르기 때문이다. 전자는 혐기성 소화 방법을 쓰고 후자는 보통 매립을 한 후 매립지 가스를 생산하는 방법을 쓴다. 보통 물에 섞여 있는 유기성 고형분이 10% 이상이면 에너지 자원으로 이용할 가치가 있는 폐기물로 취급하고 있다. 폐수 슬러지나 음식물 쓰레기는 고형성분이 많은 고농도 폐자원이다.

혐기성 소화(anaerobic digestion) 혹은 혐기발효는 산소(공기)의 유입이 없는 환원성 상태의 밀폐된 용기에 슬러지 상태의 바이오매스를 오랜 시간 채워두면 미생물의 작용으로 발효되어 바이오매스 속의 유기물이 안정된 유기물 또는 불활성 무기물로 분해되는

122) 메탄 가스의 지구온난화 지수는 이산화탄소의 그것보다 21배 더 높다.

것을 말한다. 즉 이 미생물 작용의 과정에서 바이오매스 중에 포함된 유기물이 액화, 가스화 됨으로 인해 바이오매스가 감량되고 안정화되면서 메탄가스를 생산하게 된다.

혐기성 소화 공정에서 생산되는 바이오가스는 메탄가스가 약 55~70%, 이산화탄소가 약 30~40%, 그리고 적은 함량으로 수소, 황화수소 등이 포함된 가스이다. 혐기성 소화과정에서 잔류물로 발생하는 액비 및 고형물을 퇴비화 한 것을 농업용으로 사용하는 경우에는 미량으로 포함되어 있을 수 있는 중금속이나 병원성 미생물에 의한 부정적 영향을 고려하여야 한다. 메탄가스의 1㎥당 저위 발열량은 약 8,500kcal 인데 비하여 메탄 성분이 약 60%인 바이오가스의 1㎥당 저위 발열량은 약 5,100kcal 이다. 따라서, 바이오가스는 메탄 외 가스성분과 수분 등을 제거하는 정제과정을 거쳐서 메탄의 순도를 높이면 도시가스(천연가스)를 대체할 수 있는 연료가 된다.

혐기소화 공정은 투입되는 폐기물 내 총 고형물의 함량에 따라 총 고형물 함량을 15% 이하로 운전하는 습식공정과 20~40%로 높게 운전하는 건식공정으로 구분한다. 또, 단일 소화조에서 산발효와 메탄발효가 동시에 일어나는 1단계 소화조와 소화조별로 기능을 다르게 하여 두 개 이상의 소화조로 분리한 2단계 소화조로 나누어서 운전한다. 그리고, 1단계 소화만을 하는 재래식 공정도 투입되는 슬러지의 온도와 농도를 일정하게 조정하여 운전함으로써 공정의 효율을 올리고, 소화조 내 슬러지의 채류시간을 줄이는 방법을 사용하고 있다. 소화조를 두 단계로 구분하여 운전하는 공정에서는 소화 후의 슬러지 중 고형분을 침전시켜서 상징수와 분리하여 고액분리를 더욱 안정적으로 할 수 있다.

**[그림 9-7]** 고효율 혐기성 소화공정

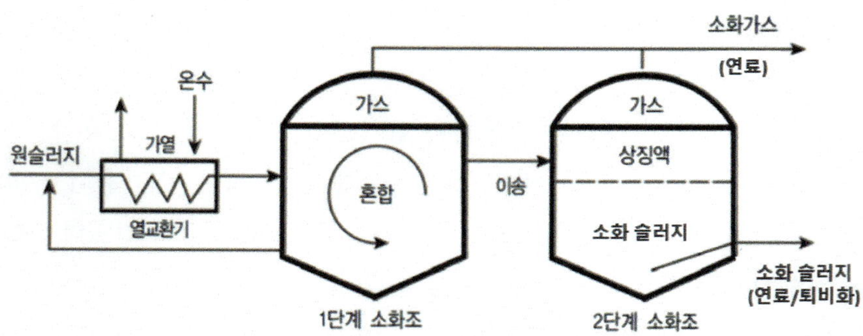

## 9-4 매립지 가스

매립지 가스(landfill gas, LFG)는 땅에 매립된 생활 쓰레기나 산업 폐기물이 공기중의 산소와 접하지 않는 혐기성 상태에서 3~6개월 지나면 폐기물에 포함된 유기성 성분이 미생물의 활동으로 분해되면서(썩으면서) 발생되는 가스이다. 이 가스는 메탄이 주성분이라서 열이나 전기를 생산할 수 있는 연료로 이용할 수 있다. 또, 매립지 가스는 메탄 외 다른 성분(예: CO2, 황화수소 등)은 분리하여 소각하고 메탄만 회수하여 직접 발전소의 연료로 쓰거나 도시가스로 공급할 수도 있다. 이때 발전은 보통 에너지효율이 높은 열병합 발전을 한다.

매립지 가스의 포집은 환경공해를 방지하고 가스에 포함된 에너지를 회수할 목적으로 최근에는 매립단계부터 이 목적을 고려하여 쓰레기를 매립한다. 또한, 이런 폐기물을 대기중에 방치하거나 단순 매립만 하고 매립지의 가스를 포집하지 않으면 시간이 경과하면서 메탄가스가 대기로 방출되어 지구온난화에 큰 악영향을 미친다.

LFG는 매립 쓰레기의 성상(수분, 입도, 분해성 등)이나 매립 상태 (온도, 매립 밀도, 공기의 침투 등)에 따라 가스의 생성속도 혹은 생산되는 가스의 화학적 성분이 민감하게 달라지는데, 미생물에 의한 유기물의 분해가 주가 되지만 그 외에도 다양한 물리적, 화학적 반응이 병행되어 일어난다.[123]

수분은 LFG 발생에 영향을 미치는 가장 중요한 변수 중 하나이다. 폐기물의 수분 함량이 높을수록 폐기물 부패 속도가 빠르기 때문에 LFG 생성은 수분에 따라 증가하는 것으로 알려졌지만, 시간이 지남에 따라 생성된 LFG의 총량(최종 생산량)은 수분이 필요한 최소 임계 값 이상으로 증가하더라도 가스의 발생은 증가하지 않을 수 있다. 수분은 폐기물 내 미생물의 생장을 돕고 그에 따라서 LFG를 생성하는 데 도움을 준다.

온도가 상승하면 일반적으로 LFG 생성이 증가되는데, 약 57℃까지 증가하다가 온도가 더 높아지면 LFG 발생량은 오히려 감소한다. 온도가 높을수록 혐기성 부패가 아닌 호기성 부패가 일어나며 이 경우에는 쓰레기가 자율 점화되어 매립지 화재로 이어질 수도 있다.

공기 중의 산소는 매립된 폐기물에 침투하여 혐기성 미생물이 LFG를 생성하는 것을 억제할 수 있다. 얕은 부지와 덮개가 제한되거나 없는 부지에서는 폐기물의 상당 부분이 공기 침투로 인해 영향을 받고 LFG 발생을 감소시킨다. 공기의 침투는 가스 수집 시스템에도 영향을 주어 포집된 가스의 발열량을 떨어뜨리고 때로는 안전에 악영향을 줄 수도 있다.

123) International Best Practices Guide for LFGE Projects, Global Methane Institute, 2012

폐기물의 분해성은 LFG 생성량과 속도에 중요한 영향을 미친다. 음식물 쓰레기와 같이 분해성이 높은 유기성 물질은 LFG의 생성이 빠르고 또, 더 빨리 그 양이 줄어든다. 그러나, 종이와 같은 분해성이 낮은 물질은 분해속도가 느려서 오랜 시간에 걸쳐 LFG를 생성하고 목재와 같은 물질은 분해가 거의 되지 않으며 LFG도 최소한으로 생성된다. 무기 물질은 LFG를 생성하지 않는다.

매립지 가스의 생성에 악영향을 미치는 것들은 휘발성 물질의 휘발, 폐기물에 포함된 금속의 부식과 그에 따른 수소의 발생, 수소이온(pH)의 변화에 따른 산성가스의 발생(시안화 수소, 황화 수소) 그리고 유기 혼합물 간의 반응에 따른 에스터 형성 등이다.

쓰레기를 매립하는 방법에는 단순매립, 위생매립 그리고 차단형 매립이 있는데, 단순매립은 환경보호시설을 갖추지 않은 단순 투기형태의 비위생적 매립형태로서 과거 우리나라와 현재의 저소득 국가 등에서 행해지는 매립방식이다. 위생매립은 매립지 운영에 따른 환경피해를 최소화하기 위해 복토를 하고 침출수 차수와 처리기능을 갖춘 매립 형태이며, 요즘 도시의 고형 폐기물을 최종 처분하는 일반적인 방법이다. 차단형 매립은 유해 폐기물의 최종 처분 방법으로서 환경오염을 최소화하기 위하여 유해 폐기물을 자연계와 완전 차단하는 방법이다.

매립지 가스를 포집(회수)하는 매립방법은 위 세 가지 매립 방법 중에서 위생매립 방법이며 토지의 최적 사용을 보장하는 공간을 할당하여 쓰레기를 쌓아 매립한다. 이런 매립공간을 셀(cell)이라고 하며, 셀은 예를 들어 15m×15m×4m의 크기로 만든다. 셀의 바닥과 경사진 면에는 쓰레기와 침출수가 지하로 흘러 들어가거나 매립지 밖으로 흘러나와 다른 수원으로 유입되어서 토양을 오염시키지 않도록 하는 불투수층 즉 차수층[124]을 설치한다. 그리고, 차수층의 상부에는 매립지에서 스며나오는 침출수를 수집하여 처리하기 위하여 침출수 수집 시스템을 설치한다. 각 셀의 상단에는 셀이 밀폐된 상태로 유지되도록 약 15cm 두께로 압축된 토양으로 채워져 곤충이나 기타 해충이 매립지로 침투하는 것을 방지하고 전체 매립지의 상부에는 매립지 내부로 우수가 스며드는 것을 방지하는 동시에 폐기물이 공기에 노출되는 것을 막기 위하여 우수 배제 시설인 덮개(캡, cap)를 씌운다.

매립지에서 발생되는 가스는 각 셀에 한두 개의 수직 추출정을 설치하고 이들 추출정을 연결하는 한 개의 마니폴드(manifold)를 이용하여 포집한다. 각 마니폴드가 매립지

124) 하부 차수층은, 모래, 점토와 차수재(차수 라이너, liner)인 두께 3 mm 정도의 고밀도 합성수지(예: HDPE 막)를 복합층으로 만들어서 차수재가 찢어지는 것을 막고 이로 인한 침출수가 외부로 유출되는 것을 방지하는 것이 그 목적이다.

둘레에 설치된 링 관로(ring pipeline)로 연결되어 승압장치(booster station)로 매립지 가스를 이송하여 가스 이용설비(예: 발전설비)로 공급되도록 되어 있다.

**[그림 9-8] 폐기물 매립지의 구성**

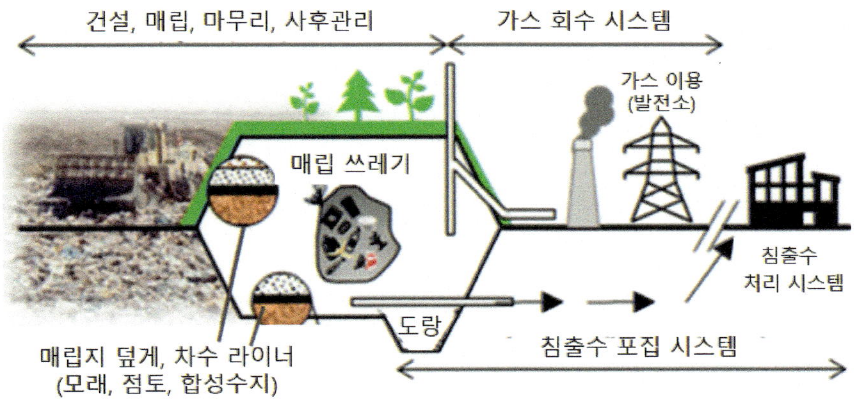


매립지 가스, LFG를 에너지로 변환하는 데에는 보통 발전, 직접 열원으로 사용, 천연가스 대체 등 크게 세 가지 광범위한 범주로 나눈다. 발전을 할 때는 내연기관, 터빈, 마이크로 터빈 그리고 연료전지를 포함한 다양한 기술을 사용하여 발전한 후 전기를 현장에서 사용하거나 전력망을 통하여 판매를 할 수 있다. 내연기관은 상대적으로 저렴한 비용, 높은 효율 및 매립지의 가스 생산량을 큰 범위로 이용할 수 있는 장점 때문에 LFG로 발전을 할 때 가장 일반적으로 사용되는 기술이다. 가스터빈은 일반적으로 대규모 LFG 에너지 프로젝트에 사용되는 반면, 마이크로 터빈은 일반적으로 소규모 LFG 용량 및 틈새 응용 분야에 사용된다.

열병합 발전(combined heat and power, CHP)은 LFG를 사용하여 일반적으로 증기나 온수 형태의 전기와 열에너지를 동시에 사용할 수 있도록 한다. 엔진이나 터빈을 사용하는 여러 열병합 발전 프로젝트는 엔진이나 터빈을 사용하는 산업, 상업 및 기관 운영에 설치되어 있다. 발전 외에 열에너지를 이용하기 때문에 전체 설비의 열효율성이 높은 이점이 있다.

LFG는 보일러, 건조기, 킬른(kiln), 온실 또는 다른 열 응용 분야에 직접 사용할 수 있다. 이런 가스의 직접 연소를 통한 열 이용은 매립지 가스를 기존 연료의 대체 또는 보충 연료로 연소 장비에 사용하기 위해 수요처까지 직접 파이프 라인으로 연결되는 것이 보통이다. 이 경우 기존 연소장비를 일부 개조해야 할 수도 있지만 응축수 제거나 여과 처리 등 최소한의 추가 설비만 거치면 가능하다. LFG는 또한 메탄 함량을 높이고, 반대로 CO2와 질소 및 산소 함량을 줄이는 정제공정을 통해서 발열량을 높혀서 높여서 천연가스를 대체할 수 있는 재생 천연가스(renewable natural gas, RNG)를 만들 수 있다. RNG는 화석 천연가스 대신 파이프라인으로 공급할 수 있는 수준의 도시가스, 압축 천연가스 또는 액화 천연가스로도 사용될 수 있다.

**[그림 9-9]** 매립지 가스의 포집과 이용

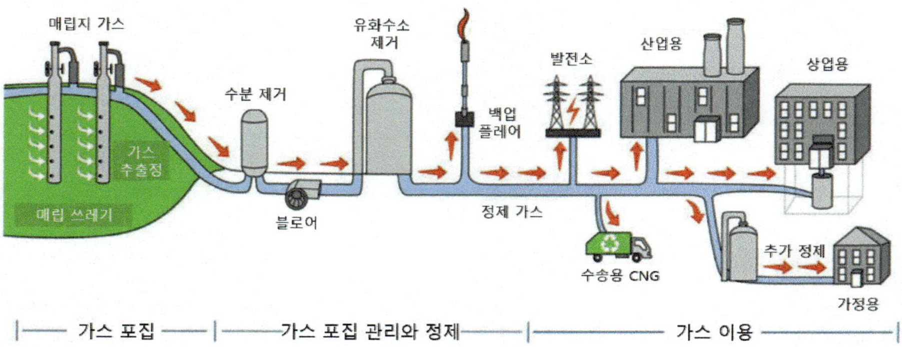

# 참고문헌/인용자료


**그림 9-2 바이오매스의 열분해 설비**

- A. R. Guruge, Chemical and process engineering, Biomass pyrolysis, 2020

**그림 9-3 바이오매스의 가스화 설비**

- Y Kumer, Biomass Gasification – A Review, Materials Science, 2015

**그림 9-4 바이오에탄올 생산공정**

- 한국바이오연료포럼

**그림 9-5 바이오디젤 생산공정**

- Biotech Information Portal, BioIN

**도표 9-2 세계 주요 국가별 바이오 연료 수요변화 전망**

- OECD-FAO 농업전망 2020-2031: 바이오 연료, e-세계농업, 제 11호, 2021 (원본은 상기 자료)

**도표 9-3 전 세계 바이오에탄올 생산 실적과 예상**

- Renewables 2022, Transport biofuels, IEA 2023

**도표 9-4 전세계 바이오디젤 생산 실적과 예상**

- OECD FAO Agricultural Outlook 2021-2030_Biofuels, OECD/FAO, 2021

**그림 9-6 유기성 폐기물 에너지의 이용과 자원순환**

- 투데이에너지, 2008

**그림 9-7 고효율 혐기성 소화공정**

- 환경 그 이상, 혐기성 소화 설계 시 고려사항, 환경부, 2017

**그림 9-8 폐기물 매립지의 구성**

- Y. Wang 외, Environmental Science Technology. 2021

**그림 9-9 매립지 가스의 포집과 이용**

- Benefits of Recycling, Landfill Gas & Renewable Energy, 2023

# Chapter 10
# 수소 에너지

- 수소와 수소경제
- 수소의 생산
- 수소의 저장과 운송
- 수소의 이용과 연료전지

## 10-1 수소와 수소경제

수소원자는 단 하나의 양성자와 하나의 전자로 구성되어 있으며 보통 두 개의 수소원자가 전자를 서로 공유하며 결합된 수소분자(H2)의 형태로 존재하는데, 세상의 모든 원소와 가스 중에서 가장 가벼우며(공기 무게의 1/14) 무색, 무취, 무독성의 물질이다. 수소는 또한 지구상에서 가장 풍부한 원소이며 모든 기체와 액체 연료 중에서의 질량 기준 발열량이 가장 높다.[125)]

[그림 10-1] 수소의 원자와 분자

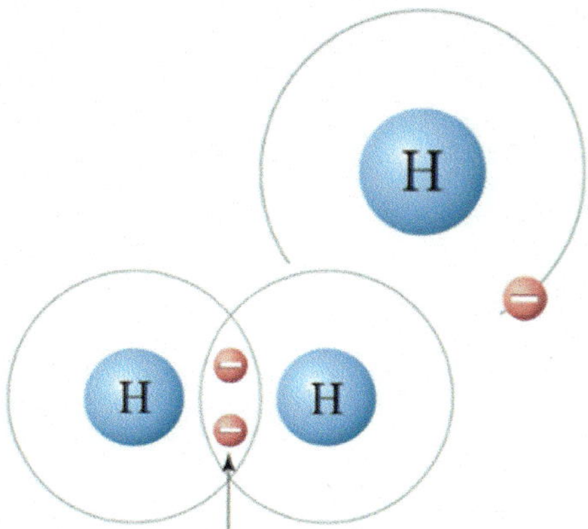


수소는 석탄이나 천연가스와 같이 땅이나 바다에서 채굴할 수 있는 에너지원이 아닌 에너지 운반체(매체, energy carrier)이며, 그래서, 천연 에너지 자원과는 완전히 다른 방법으로 이용된다. 1700년대 후반 산업혁명 이후 화석에너지를 중심으로 한 에너지의 역사적인 변천 과정을 보면 탄소와 수소로 이루어진 탄화수소 연료는 수소 대 탄소의 비가 커지는 쪽으로 선호되고 있는데, 그 비는 석탄의 경우 0.34~0.87, 석유의 경우 약 1.78, 천연가스의 경우 4.0 그리고, 수소는 무한대(∞)이다. 이 말은 고체보다 액체를, 액체보다 기체 연료를 선호하면서 변천하고 있다는 뜻이며, 탄소 제로를 추구하는 미래의 에너지는 당연히 탄소성분이 없는 수소가 되어야 할 것이다.

수소로부터 에너지를 얻는 과정은 청정하고, 이산화탄소의 발생이 없으며, 연소하면(태우면) 공해물질의 배출이 없기 때문에 수소는 그린에너지 체계에서 핵심적인 역할을 한다. 에너지 매체로서 수소는 기체, 액체 혹은 고체에 흡착된 형태로 저장할 수 있고 다양한 방법으로 운반이 가능하고, 또 우리가 필요한 최종 에너지인 수송연료나 열, 전기를 매우 효율적으로 얻을 수 있어서 가정에서나 산업적으로 유연성이 매우 높은 에너지 매체로 이용할 수 있다. 그러나 수소는 상온에서 가스상태로만 있을 수 있는 물질이기 때문에 수소의 수송과 저장을 위해서는 최소한의 부피로 안전하게 할 수 있는 용기와 소재를 개발해야 한다. 수소는 또한 자연 속에서 단일 물질로 존재하지 않고 물(H2O)이나, 석탄, 천연가스 등 탄화수소 물질과 같은 화합물 형태로만 존재하기 때문에 이런 물질로부

125) 질량 기준 저위 발열량(단위 MJ/kg): 가솔린 44.5, 천연가스 48, 수소 125

터 수소를 분리해야 분자형태로 얻을 수 있다. 그러나, 물은 지구상 모든 물질의 양의 70%를 차지하고 있고 탄화수소 물질을 포함하는 유기물은 지구상에 매우 풍부하게 존재하기 때문에 수소는 무한정의 에너지 자원이라고 볼 수 있다.[126]

재생에너지나 원자력, 또는 탄소 포집을 사용하는 화석연료로 생산된 청정 수소 혹은 저탄소 수소는 이산화탄소의 배출이 큰 문제로 된 운송, 화학, 철강 산업을 비롯한 다양한 부문에서 탈탄소화를 하는 데 도움이 될 수 있다. 수소를 연료로 하는 운송 차량은 대기질을 개선하고 에너지 안보를 촉진한다. 수소는 또한 장기간 동안 에너지를 저장할 수 있기 때문에 생산량이 시간과 계절에 따라 가변적인 재생에너지의 전력 시스템과 통합을 하면 현세대의 모든 에너지 이용 체계를 "탄소중립"으로 할 수 있고, 미래 지속가능한 에너지 체계에서 핵심적인 역할을 할 수 있다.

미래의 그린에너지 체계에서 수소를 구심점으로 해야 한다는 관점과 정책은 매우 강력하고 그 근거가 뚜렷하다. 현재 전 세계 에너지 부문 이산화탄소 배출량의 30% 이상을 차지하는 국가들의 탄소제로 정책에는 모두 수소를 주 에너지 매체로 이용하는 전략으로 되어 있다. 그런 정책의 대부분은 저탄소 수소에 대한 수요를 창출하고, 생산규모 확대를 가속화하고, 물의 전기분해나 연료전지 시스템을 통한 청정수소 생산, 저장 및 수송, 그리고 이용영역 확대를 위하여 기술개발을 촉진하고 투자를 활성화하는 것이다.

현재 전 세계적으로 추진하고 있는 2050년까지 순배출 제로 (Net Zero emission) 목표를 달성하려면 에너지 시스템을 변화시키기 위한 광범위한 노력이 필요하다. 국제에너지기구, IEA는 글로벌 에너지 시스템 탈탄소화의 핵심 요소는 에너지 효율성 제고, 행동양식 변화(소비 절감), 전기화, 재생에너지의 개발, 수소기반 연료 이용확대, 그리고 CCUS[127]등이라고 발표했다. 순배출 제로 시나리오에서 수소의 중

**[도표 10-1]** 2050 Net Zero 대책별 누적 $CO_2$ 저감량

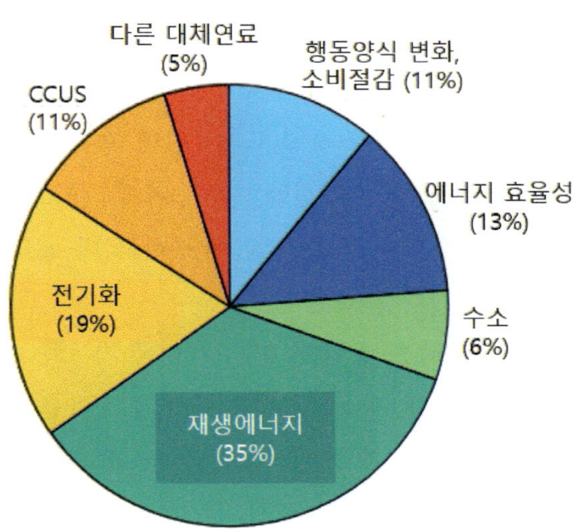


126) 해수 1kg에는 0.108kg의 수소가 들어 있고 지구 전체 해수의 양은 약 1.4X1018 톤이다.

127) CCUS: carbon capture, utilization and storage, 이산화탄소 포집, 이용 및 저장

요성은 전체 최종 에너지 소비에서 수소가 차지하는 비중이 증가한다는 사실이 반영되었는데, 2020년에는 수소 및 수소 기반 연료가 0.1% 미만을 차지했으나 2030년에는 2%가 되고 2050년에는 10%가 된다고 보고 있다.

여기서 "행동양식 변화"란 에너지 사용자의 행동양식과 관련된 에너지 서비스 수요의 변화(예: 난방온도 변화)를 뜻하고, "소비절감"은 기술개발로 인한 에너지 서비스 수요의 변화를 의미한다(예: 디지털화). "다른 대체연료"란 석탄과 석유를 사용하는 기존의 수요처에 천연가스, 원자력 혹은 태양 에너지, 수력, 풍력 등 재생에너지로 전환하는 것을 의미한다. "수소"에는 수소를 매체로 한 에너지 시스템과 수소기반 연료가 포함된다.

순배출 제로 시나리오에서 수소의 생산량은 현재와는 비교할 수 없는 변화를 가져온다고 한다. 2030년까지 수소의 총 생산량이 2억 톤 이상에 도달하면 그중 70%가 CCUS를 사용한 화석 연료나 재생에너지를 기반으로 하는 물의 전기분해를 사용하여 생산된다. 이후 수소의 생산량은 2050년까지 5억 톤 이상으로 증가하며 사실상 수소생산량의 대부분이 저탄소 기술을 기반으로 한다는 예측이다. 이러한 목표를 달성하려면 전기분해 시설용량이 현재 0.3GW에서 2030년까지 850GW, 2050년까지 약 3,600GW로 증가되어야 하며, 수소생산에서 포집된 CO2는 현재 1억3천5백만 톤에서 2030년 6억8천만 톤, 2050년에는 18억 톤으로 증가되어야 한다고 보고 있다.[128] 이런 예측은 미래 그린에너지 체계에서 수소나 수소연료가 차지하는 비중이 대폭 늘어난다는 뜻이며 수소는 생산, 저장, 이용 등 모든 분야에서 대규모화 즉 "스케일 업(scale-up)이 그 키워드가 될 것으로 본다.

수소경제(hydrogen economy)는 수소를 주요 에너지 매체로 사용하는 경제산업 구조를 말한다. 즉, 다량의 탄소배출이 불가피한 화석연료 중심의 현재 탄소경제 시스템에서 벗어나기 위하여 재생에너지와 함께 수소가 탈탄소의 역할을 수행하는 시스템이다. 수소를 활용하는 자동차, 선박, 열차, 기계 그리고 전기 및 열 생산 등을 늘리고, 이를 위해 수소를 안정적으로 생산, 저장, 운송하는 데 필요한 모든 분야의 산업과 시장을 새롭게 만들어내는 경제 시스템이다.

수소경제라는 용어는 1970년 미국 자동차 기업 GM의 기술센터 강연에서 존 보크리스(John O'M Bockris) 교수가 '수소가 석유를 대체하여 에너지 수요를 충족시키는 에너지 시스템과 경제' 라는 의미로 처음 언급됐다. 그리고 1973년 미국 가스기술협회의 그레고리 (D. P. Gregory) 박사가 'The Hydrogen Economy'라는 제목의 칼럼을 사이언티픽 아메리칸 (Scientific American)에 게재하면서 수소경제라는 용어가 본격적으로 사용되었다.

128) 전기저널(http://www.keaj.kr)

이후 수소경제는 경제학자이자 미래학자로 알려진 제레미 리프킨(Jeremy Rifkin)이 2002년에 저술한 책, 'The Hydrogen Economy'를 통해 널리 알려졌으며 리프킨은 이 저서를 통해 수소경제란 '산업화 시대 초기 석탄과 증기 기관이 새로운 경제 패러다임을 마련했듯이, 수소 에너지가 기존의 경제, 정치, 사회를 근본적으로 바꾸는 것'으로 보았다.

그 이후 2004년에 미국 공학한림원은 '타 에너지원으로 수소를 생산하고, 생산된 수소를 운반, 저장 하는 인프라를 구축하며, 수소를 연소하거나 연료전지를 통해 전력을 생산하여 소비하는 에너지 수급시스템에 기반한 경제'라고 언급했다. 한편 우리나라는 '수소경제 육성 및 수소 안전관리에 관한 법률'에서 수소경제를 '수소의 생산 및 활용이 국가, 사회 및 국민생활 전반에 근본적 변화를 선도하여 새로운 경제성장을 견인하고 수소를 주요한 에너지원으로 사용하는 경제산업구조'라고 규정했다.

**[그림 10-2]** 수소에 기반한 순환 에너지 시스템

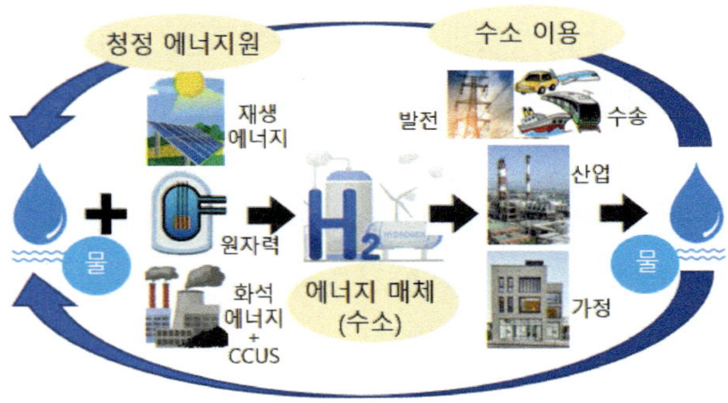


위와 같은 맥락에서 수소 에너지 시스템은 재생에너지, 원자력, 탈탄소 화석에너지 등 탄소중립 에너지원을 이용하여 물의 전기분해로 생산한 수소를 발전, 수송, 가정, 산업용 등 모든 산업사회에서 이용하는 것이다. 즉, 필요한 모든 에너지를 수소 혹은 수소 연료전지로 생산한 전기로 감당하는 것이 되고 유일한 배출물은 물이 된다. 이 물이 다시 전기분해 과정에 투입되어 수소가 생산되면 에너지의 순환적 시스템이 된다. 만약 수소를 전부 재생에너지로만 생산하면 이 순환에너지 시스템은 완전한 무배출 에너지의 순환체계가 된다.

수소에 기반한 순환에너지 시스템은 물을 수소와 산소로 분해한 다음 연료와 전기로 전환하고 이 과정에서 발생되는 물을 다시 재활용하는 물의 순환과 같다. 수소 에너지 순환 시스템은 물(H2O)에서 시작되고 수소와 산소는 물의 전기분해라는 과정을 통해 분리된다. 식물이나 다른 유기물질로부터도 수소를 추출할 수 있고, 기존의 화석에너지 연료를 이용해도 거기서 배출되는 탄소를 포집하여 이용하거나 영구 저장하면(CCUS)[129] 청정한 수소를 생산할 수 있다. 또, 추출된 수소는 직접 연소하여 열이나 전기를 생산하거

129) Global Hydrogen Review 2021, IEA, 2021

나 수소 연료전지에 사용되어 전기를 생산하여 수송용이나 상업용 혹은 가정용으로 이용할 수 있고 이 과정에서 발생되는 유일한 배출물은 다시 자연으로 돌아갈 수 있는 순수한 물이다.

이런 순환 에너지 시스템에서 가장 큰 문제는 물을 수소와 산소로 분리하는 데 필요한 전기를 생산하기 위해서 청정 에너지원(태양 에너지, 수력, 풍력, 해양 에너지, 원자력 등)을 이용하는 것이다. 만약 석탄이나 천연가스와 같은 화석연료로 전기분해에 사용하는 전력을 공급하면 현재와 같은 환경오염이 발생하고 지구온난화 물질인 이산화탄소가 발생된다. 따라서, 이 경우에는 발생되는 $CO_2$를 포집하여 다른 청정한 방법으로 이용하거나 영구히 저장하지 않으면 청정 수소를 생산할 수 없다.

수소경제를 실현하기 위한 전체 기술적, 산업적 체계를 수소경제 생태계라고 하는데, 이는 수소를 생산하고 저장, 운송하여 최종 수요처에서 수소를 이용할 수 있도록 각 단계별로 기술을 개발하고 시장을 확충하여 전체 수소산업 생태계를 균형있게 실현하는 것이다. 수소산업 생태계는 수소를 생산하는 산업뿐만 아니라 소재 및 부품을 공급하는 공급자와 수소를 에너지 매체로 이용하는 수요자, 경쟁자 및 보완재를 생산하는 업체들까지 산업환경 내의 모든 이해관계자들이 자연 생태계의 유기체들처럼 긴밀하게 연결되어 상호작용하는 경제 공동체로 정의할 수 있다. 수소산업 생태계에는 이외에도 수소를 안전하게 이용할 수 있도록 안전과 위험성을 관리하고 기준을 마련하여 모든 사회 이해관계자들이 수용할 수 있게 하는 제도적 길도 포함된다. 수소경제의 기술적 체계는 수소의 생산, 저장, 운반 및 이용에 이르는 모든 경쟁적 혹은 보완적 기술들의 연결을 말하며 특히, 미래 지속가능한 산업사회를 위하여 그린에너지를 이용한 생산과 연료전지를 이용한 소비단계에 이르기까지 수소산업 전주기에 청정기술들이 강조된다.

**[도표 10-2]** 수소경제를 위한 기술적 체계

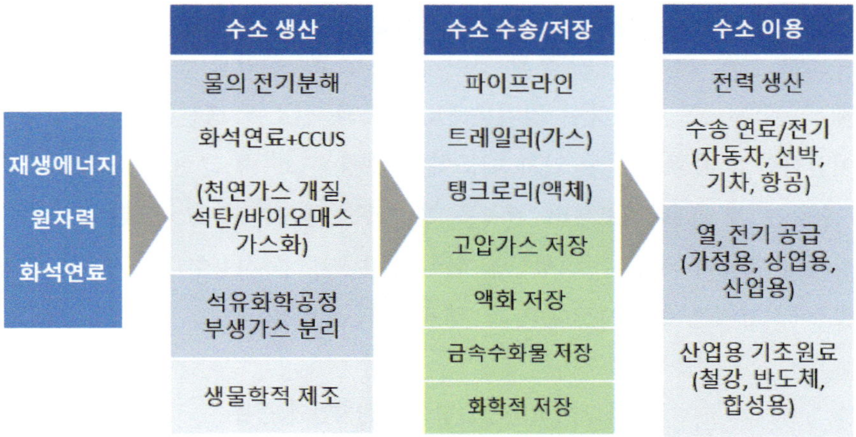


## 10-2 수소의 생산

수소의 생산은 수소를 생산하는 출발물질인 에너지원에 따라 $CO_2$의 발생량과 청정도가 다르기 때문에 그에 따라 갈색 수소(brown hydrogen, 회색 수소(grey hydrogen), 청색 수소(blue hydrogen), 녹색 수소 (green hydrogen)' 등 네 가지로 구분한다. 브라운수소는 주로 석유화학 공장에서 부수적으로 발생되는 수소인데, 석유제품을 개질 혹은 합성하는 과정에서 발생되기 때문에 에너지 이용의 목적으로 수소를 생산하는 것이 아니다. 그러나, 이 경우 목적하는 제품을 생산하고도 수소가 양적으로 남는 경우가 있어서 외부로 판매할 수 있는 여유가 생기는데 경우에 따라 매우 많은 양의 수소를 이 방법으로 이용할 수 있다.

현재 생산되는 수소의 약 96%는 화석연료로부터 수소를 생산하는 그레이 수소이다. 그레이 수소는 석탄이나 천연가스 등 화석연료를 원료로 생산하는 수소를 말하며, 천연가스나 석탄을 가스화 할 때 그 발생가스의 주성분인 메탄과 고온의 수증기를 촉매 화학반응 (수증기 메탄 개질반응)을 통해 수소를 만드는 것이며 이때 필연적 반응물로 이산화탄소도 발생된다.

블루 수소는 그레이 수소와 생산 방식은 동일하지만, 생산과정 중 발생하는 이산화탄소를 대기로 방출하지 않고 포집 및 저장 기술인 CCS 기술을 이용해 이산화탄소를 따로 영구적으로 저장한다. 그레이 수소 경우보다는 이산화탄소 배출이 적어 더 친환경적이지만 이산화탄소를 완전히 제거하지는 못한다.

그린 수소는 물의 전기분해를 통해 얻어지는 수소로, 태양광 또는 풍력 같은 재생에너지를 통해 얻은 전기를 이용하여 전기분해로 수소와 산소를 생산한다. 이 방법은 생산과정에서 이산화탄소 배출이 전혀 없기 때문에 '친환경 수소' 즉 그린 수소라고 부른다. 그러나 그린 수소는 재생에너지로부터 전력을 생산하는 단가가 높고, 그린 수소를 생산하는 수전해 설비의 효율이 낮아 수소 생산을 위해 많은 전력을 사용한다는 점 등 경제적, 기술적 한계로 아직까지는 수소시장에서 그 점유율이 높지 않다.

**[그림 10-3]** 수소 생산방법의 종류

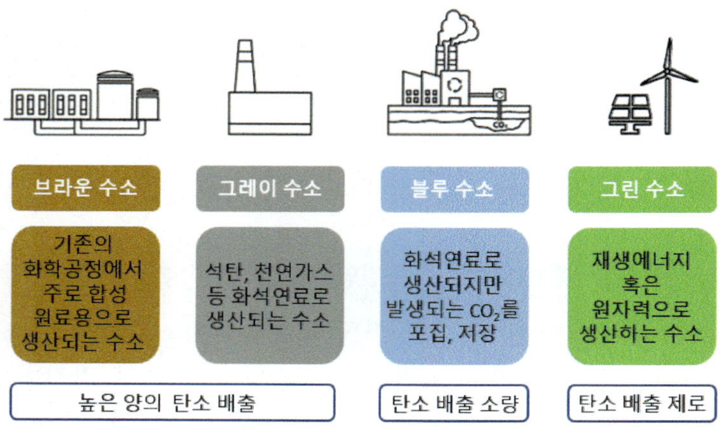


천연가스(메탄이 주성분)의 수증기 개질반응(steam methane reforming, SMR)[130]은 황성분이 제거된 메탄(CH4)을 고온, 고압의 수증기와 반응시켜서 고농도의 수소를 얻는 방법이며, 한 개의 메탄 분자와 두 개의 물 분자를 열을 가하면서 촉매 반응시키면 한 개의 이산화탄소 분자와 네 개의 수소분자를 만들 수 있다. 분자량을 기준으로 해서 보면 16g의 메탄과 36g의 물을 이용하여 44g의 이산화탄소와 8g의 수소를 생산할 수 있다. 이 양을 수소를 기준으로 해서 보면 100% 이론적 반응율을 가정할 경우 수소 1kg을 생산하는데 도시가스(메탄)는 2kg이 소모되고 이산화탄소는 약 5.5kg을 배출된다.

메탄의 수증기 개질은 매우 오래된 기술이며 오늘날 석유화학산업에서 수소를 생산하는 데 널리 활용하고 있다. 이때 원료가 되는 메탄은 주로 천연가스를 이용하지만 대체

130) 개질(reforming)이란 석유정제 공정에서 열이나 촉매작용으로 탄화수소의 구조를 변화시켜 에틸렌과 같은 화학 기초원료나 합성수지와 같은 부가가치가 높은 화학제품을 생산하는 과정의 한 단계이다.

수단으로 석탄이나 탄화수소가 주성분인 폐기물(플라스틱 폐기물, 수처리 슬러지, 폐목재 등)을 이용하여 합성가스를 생산하고 합성가스에 들어있는 메탄이 주 성분인 탄화수소를 정제, 개질하여 수소를 생산할 수도 있다.

**[그림 10-4]** 천연가스의 수증기 개질

물의 전기분해(electrolysis, 수전해)는 물에 전기에너지를 가하면 수소와 산소로 분해되는 것을 말하는데 이 방법으로 순도 99.999% 이상의 수소를 얻을 수 있다. 물(H2O)은 수소 원자(H) 2개와 산소원자(O) 1개로 구성되어 있는데, 이러한 물에 전기에너지를 가하면 양극에는 양이온을 띤 산소원자가(산화반응), 음극에는 음이온을 띤 수소원자가(환원반응) 달라붙으며 물원자가 산소와 수소로 분리된다. 이때 전기를 공급하는 양 전극 사이에는 전해질(electrolyte)이라는 물질이 있는데 이 전해질은 물에 녹아 용액이 되면 양이온과 음이온으로 전리(이온화)되어 전도성을 가지며 이온을 전달하는 물질이 된다.[131]

따라서, 수전해는 사용하는 전해질과 이동하는 이온의 종류에 따라 고분자 전해질막 수전해 (Polymer Electrolyte Membrane, PEM), 알카라인 수전해(Alkaline electrolysis cell, AEC), 음이온교환막 수전해(Anion Exchange Membrane, AEM), 그리고 고체산화물 수전해(Solid Oxide Electrolysis Cell, SOEC) 등의 방법으로 나눈다. 네 가지 방법 모두 물을 전기분해 한다는 화학적 개념은 모두 동일하지만 각각 장점과 단점이 있어서 수소의 생산량, 운전 온도와 압력 등에 따라 각기 적정한 용도나 선호도가 다르다.

수전해를 가능하게 하는 장치, 즉 전해조는 물을 공급하고 수소와 산소를 모으는 장치와 전해 셀로 구성된다. 또, 전해 셀은 전해질 맴브레인(이온교환 분리막)과 그것의 양쪽에 전극으로 짝을 이루고 있다.

이온교환막은 막에 있는 극히 미세한 구멍을 통해 물 혹은 유기 용매 등의 이동이 이루어진다. 교환막을 전해질 용액에 담가 이것을 격막으로 하여 용액에 전류를 통하게 할

131) 이온(ion)이란 전자를 잃거나 얻어서 전기를 띤 원자 또는 원자단을 말하며. (+)전하를 띤 입자는 양이온, (-)전하를 띤 입자는 음이온이라 한다. 전해조에서는 전해질의 종류에 따라 수소이온, 산소이온, 수산화 이온이 형성되고 이 이온들은 전해질을 통하여 이동한다

경우, 막의 기공 벽에 양전하 혹은 음전하를 지닌 이온물질을 만들어서 이 중 하나를 선택적으로 통 과하게 한다. 즉, 이 격막을 이온물질은 통과할 수 있지만 산소, 수소 가스는 통과할 수 없다.

[그림 10-5] 물의 전기분해 원리 (PEM의 경우)

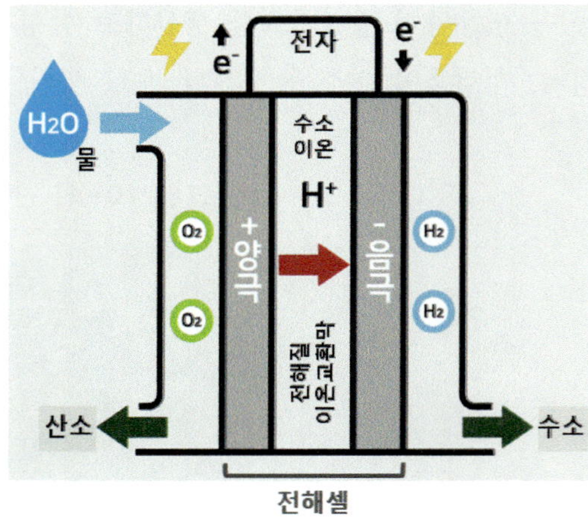


수전해를 할 때 필요한 전기에너지를 태양, 풍력 에너지 등 재생에너지를 통해 공급하면 이산화탄소의 배출이 없는 수소 즉 그린 수소를 생산할 수 있다. 현재 그린 수소의 가장 큰 문제점은 생산비용 문제이다. 그린 수소의 생산단가는 현재 전통적인 수소에너지 생산방식, 예를 들어 그레이 수소 생산방식보다 2배 정도 높다.[132] 그러나, 머지않은 미래에는 수전해 기술의 발전, 재생에너지 원가 감소 및 규모의 경제로 인해 생산비용이 상당히 줄어들 것으로 예상된다. 그린 수소 에너지의 특징은 수소의 생산과 이용이 태양광이나 풍력과 같은 재생에너지와 한 몸처럼 움직여서 동반 성장을 해야 한다는 것이다.

[그림 10-6] 그린 수소의 생산과 활용 개념도

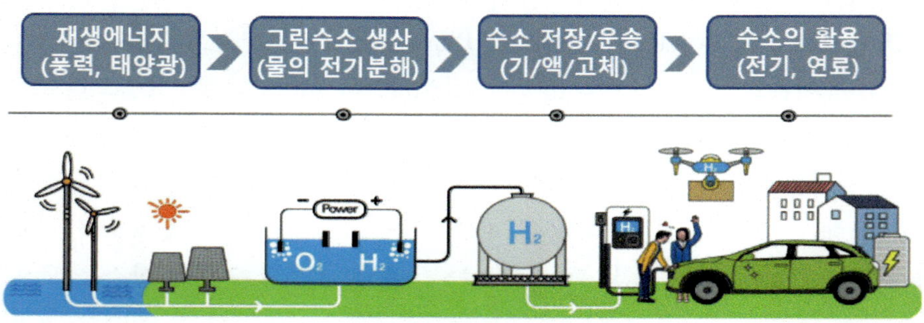


132) IEA, The Future of Hydrogen, 2019

[도표 10-3] 생산방식별 수소 생산비용 전망

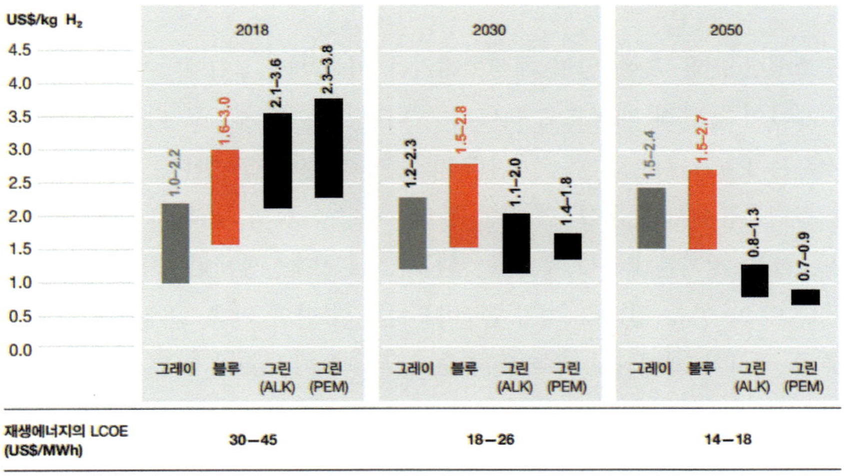


2019년 현재 약 7천만 톤의 전용 수소(부생수소가 아닌 수소생산이 단일 목적)가 생산되는데, 이 중 76%는 천연가스에서, 나머지는 거의 모두(23%) 석탄에서 생산된다. 이런 그레이 수소생산을 위해서 연간 약 2,050억m³의 천연가스(세계 천연가스 사용량의 6%)와 1억 7백만 톤(세계 석탄 사용량의 2%)이 소비된다. 결과적으로 오늘날 전용 수소 생산으로 인한 $CO_2$의 배출은 연간 830Mt(metric ton)에 달한다.

현재 물의 전기분해를 위한 연간 전력 수요는 유럽연합의 연간 전력 생산량보다 많은 3,600TWh에 달하는데, 그린 수소의 생산량은 전 세계 수소 생산량(2021년 기준 약 9,400만 톤)의 2%만을 차지하고 있다. 그러나, 향후에는 전기분해를 통해 더 많은 그린 수소를 공급할 수 있는 가능성이 있다. 현재 전 세계적으로 강력하게 추진하고 있는 기후변화 대응조치는 향후 10년 이내에 그린 수소를 세계 에너지 시장에서 경쟁력 있게 만들 것이며 그린 수소가 2050년까지 이산화탄소의 누적 배출량을 최대 850억톤까지 줄일 수 있다고 한다. 이는 2021년 전 세계 $CO_2$ 배출량의 두 배 이상이다.[133)]

재생에너지의 생산은 일반적으로 계절과 시간, 환경에 따라 그 생산량이 가변적이고, 또 이를 수용하는 전력 공급망에서도 전력수요가 하루동안 혹은 계절적으로 변동적이기 때문에 수요와 공급이 조화되지 못하여 필연적으로 재생에너지의 공급에 시간적 잉여량이 발생한다. 이 잉여 전력을 축전설비(충전 배터리)를 이용하여 저장할 수 있으나 그 용량이 적고 비효율적이다. 잉여전력으로 수소를 생산하고 저장한 후 필요에 따라 수소로

133) The Future of Hydrogen - Seizing today's opportunities, Report prepared by the IEA for the G20, Japan, 2019

전기를 생산하여 사용하면 대용량으로 할 수 있고 따라서 재생에너지의 간헐성을 보완할 수 있다.

그린 수소생산 전용 혹은 잉여 재생에너지를 이용하는 그린에너지 발전과 수전해 수소생산을 연계하여 동반적 개념으로 하나의 에너지 기술적 체계로 다루는 것을 'Power-to-Gas(PtG 혹은 P2G) 시스템' 혹은 '전력-가스 시스템'이라고 한다.

P2G는 전력계통에서 수용할 수 없는 풍력・태양광 등의 재생에너지로 생산한 전기 출력을 이용, 물을 전기분해하여 수소를 생산하거나 또는 생산된 수소를 이산화탄소와 반응시켜 메탄 등의 연료 형태로 저장 후 이용하는 일연의 기술 연계 시스템이다. 이 기술이 탄소중립 에너지 체계에서 주목을 받고 있는 이유는 출력 변동성이 높은 재생에너지 발전 출력을 최대한 이용할 수 있고, 저장이 어려운 전기 에너지를 수소로 전환하여 장기간 저장하여 그린에너지 매체로 발전, 연료 등 현재의 모든 에너지 분야에 이용할 수 있기 때문이다.

P2G 시스템은 전기분해 설비, 메탄화 설비, 저장설비(수소 또는 메탄), 계통연계설비 등으로 구성된다. 설비 투자비로 보면 전기분해 설비가 50~60%로 절반 이상을 차지한다. P2G 시스템의 운영방식은 전력계통에 여유가 있을 경우에는 풍력 및 태양광 발전량을 계통으로 투입하지만, 전력계통이 포화될 경우 혹은, 전력 망에 다른 제약이 있을 경우에는 생산전력을 P2G 시스템에 투입해 물을 전기분해하여 수소를 생산하거나 이산화탄소와 반응시켜 메탄으로 변환하여 가스 공급망(gas grid)에 주입하게 된다. 또는, 생산된 수소, 메탄을 각각 연료전지(fuel cell) 또는 가스터빈 등의 발전연료로 사용하거나 연료전지 자동차나 CNG 등의 수송 연료로 사용할 수도 있다. P2G의 효율은 실증 결과를 기준으로 수소 생산의 경우는 63~73%, 메탄 생산의 경우는 42~65%로 알려져 있다.[134] 재생에너지원의 효과적인 사용 증가와 전력 및 가스 공급망의 효율적 연계 관리는 향후 P2G 시장의 성장을 촉진하는 두 가지 중요한 요소가 될 것이다.

134) 고경호, Power To Gas 기술개요 및 현황, Journal of the Electric World, 2014

[그림 10-7] Power-to-Gas 시스템의 개념

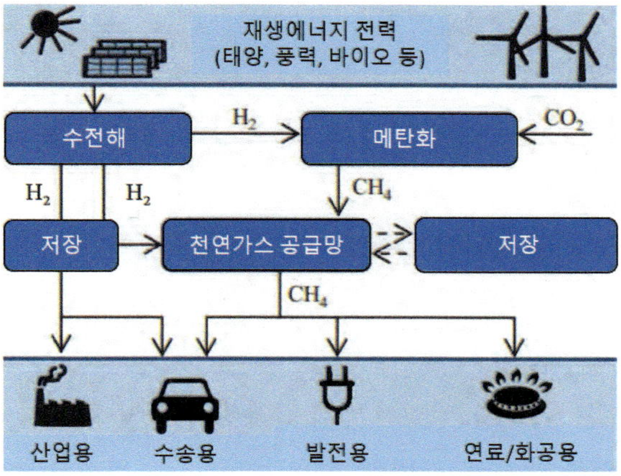


## 10-3 수소의 저장과 운송

현대사회에서 에너지의 이용은 그 형태가 매우 다양하고 지역적으로 분산되어 있어서 에너지 매체로서의 수소는 안전하게 그리고 탄력적으로 수요가에게 공급되어야 한다. 특히 미래에는 재생에너지에 대한 의존도가 높아지기 때문에 에너지의 수요와 공급 간의 균형을 맞추기 위해서 수소를 통한 에너지의 저장을 효과적으로 해야 할 필요가 있다.

수소는 가장 가벼운 물질이고 상온에서 기체 상태이며 누출되었을 때 공기(산소)와 접하면 폭발성이 매우 강하기 때문에 그 저장과 수송이 다른 가스나 액체와 비교해서 기술적으로 쉽지 않는 에너지 매체이다. 또, 무게로 볼 때 에너지 밀도가 낮고 저장과 수송에 필요한 용기의 소재의 취성문제, 누출문제 등에 의한 안전성 문제가 큰 걸림돌이다. 이러한 수소 고유의 특성은 현재 생산에서 최종 사용처에 이르기까지 저장, 운송, 분배 등 유통의 전 단계에 걸쳐 높은 비용과 안전에 대한 각별한 대책이 필수적이다.

수소를 저장하고 운송하는 방법은 수소의 형태에 따라 다르다. 크게 물리적 방법과 화학적 방법이 있는데, 수소는 물리적인 방법으로 순수한 단일 물질로 기체상태로 가압하여 압축수소로 혹은 액화 과정을 거쳐서 액체상태로 저장/운송이 가능하다. 그리고 수소는 화학적인 방법으로 다른 물질과 화합하여 암모니아 혹은 유기수소화물이나 무기수소화물 형태로 저장이 가능하고, 금속과 같은 고체표면에 흡착시키는 방법이나 금속수화물

형태의 운송 매체로 만들어서 저장/운송할 수도 있다. 이런 압축과정이나 상변환 과정 혹은 수소화합물을 만들기 위해서는 그것을 가능하게 하는 별도의 에너지가 필요하고 따라서 비용이 발생한다. 운송 및 저장 방법의 선호도와 비용은 앞에서 언급한 수소의 형태와 운송 거리, 운송 규모 그리고 최종 용도에 따라 달라진다.

현재는 수소를 기체 형태로 저장, 운송하는 방식이 가장 많이 쓰이고 있는데, 가스 상태의 수소는 생산지 인근에 대규모 수요처가 있다면 약간의 승압으로 파이프라인을 통한 기체수소 운송이 유리하다. 1kg의 수소는 기체 상태일 때 부피 약 11m3를 차지하기 때문에 수소를 고압 상태에서 가스 형태로 저장 혹은 장거리로 운송할 때는 수소를 압축해야 한다. 이때 압력 또는 온도를 정밀하게 조절하여 별도의 화학적 공정을 추가하지 않고 최종 용도에 맞게 적절한 상태로 준비할 수 있는데 이를 위해서 높은 압력을 견딜 수 있는 용기와 그 용기에 수소를 충전할 수 있는 고압 압축기(compressor)가 필요하다.

**[그림 10-8]** 수소의 저장방법

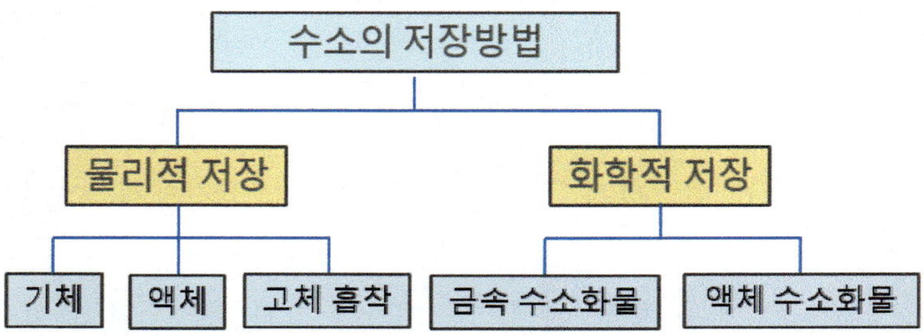


고압 가스 수소를 경량 복합재료로 만들어진 실린더에 저장할 때는 최고 압력 20~80MPa으로 체적비중이 액체상태의 절반 수준인 36kg/m3까지 저장할 수 있다. 현재 수소연료전지 자동차(수소전기차)에서 이용하고 있는 압축수소는 수소를 압축기를 통해 35MPa(350기압) 혹은 70MPa(700기압)까지 압축하여 사용한다. 압력에 따라 저장 탱크의 무게 대비 5.2~5.5%의 수소저장이 가능하나 수소 압축 때 수소의 9~12%와 동일한 에너지가 소모된다. 또한 고압 탱크 제조에 사용되는 탄소섬유 복합소재가 저장 비용의 65% 이상을 차지하고 있을 정도로 비싼 것도 문제이고, 부피로 보면 수소 저장용량이 매우 적은 것도 문제이다. 압력 70MPa하에서 기체 수소의 체적비중은 30kg/$m^3$이다.[135)]

135) DOPAG(좌), CDI Products(우)

**[사진 10-1]** 압축 기체수소 저장/운송 탱크

**[그림 10-9]** 수소전기차량용 연료탱크

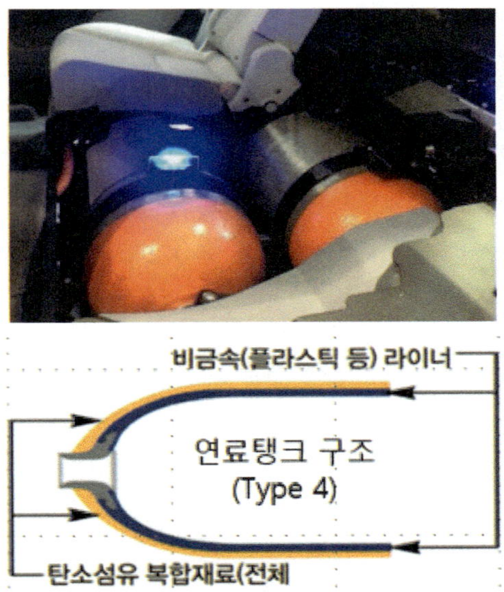


운송용 차량은 그 연비가 낮아야 하므로 사용되는 수소 탱크는 가벼우면서도 고압의 수소를 가능한 한 많은 양으로 충전할 수 있어야 한다. 현재 대부분 내부를 플라스틱 라이너로 입히고 카본 파이버를 수천 번 감아 제조한 탄소 복합섬유 탱크를 사용한다. 궁극적으로는 경량으로 제작되어 저장 압력이 높지만 같은 부피, 같은 중량에 보다 많은 에너지를 저장하는 것이 목표이다. 또한, 탱크에 가해지는 모든 구조적인 힘을 감당하여 외부 충격을 최소화할 수 있도록 내구성을 높여야 한다. 현재의 기술 수준은 1kg 수소로 100km 정도 주행이 가능하며, 상용화된 수소 전기차에는 보통 2개의 용기에 5~6kg의 압축 수소를 충전하여 500~600km의 주행이 가능하다.

현재 널리 사용되고 있는 차량용 연료 탱크는 네 가지의 타입이 있는데 Type 1은 몸통이 알루미늄이나 강재 등 금속 재질로 되어 있고, Type 2는 금속 재질의 몸통에 유리섬유 복합재료로 보강된 것, Type 3는 내부에 알루미늄 등 비금속으로 라이닝을 하고 탄소섬유 복합재료로 탱크 전체를 보강한 것, 그리고 Type 4는 고밀도 플라스틱 등으로 된 내부 라이너와 탄소섬유 복합재료로 탱크 전체를 보강한 것이다.

기체수소를 영하 253℃까지 냉각시키면 액체 형태로 상변화 되는데 이것을 액체수소 혹은 액화수소라고 부르는데 천연가스를 냉각해서(-162℃) 액화한 LNG와 비슷하다. 액

[사진 10-2] 액체수소 저장탱크

체수소가 되면 체적비중은 70.8kg/m3로 되어 상온, 대기압에서의 기체수소와 비교해서 부피가 약 800분의 1로 줄어든다. 따라서, 소규모의 수요자가 장거리에 분산되어 있을 경우 액화수소 운송 방식이 효율적이고 경제적이다. 그러나 액체수소는 상온에 가까운 온도 및 압력 조건에서 액체 상태를 유지할 수 있는 특수 용기가 필요하다.

액체수소는 온도가 낮고 저장압력이 3기압 정도로 낮기 때문에 고압 기체 수소에 비해 폭발 위험성이 적고 운송비용도 1/10로 낮지만 액화를 위한 대규모의 시설 투자가 필요하다. 또, 액체수소는 액화과정에서 압축수소보다 훨씬 높은 에너지가 소모(압축된 수소 에너지의 30~35% 수준)되어 추가비용이 발생한다. 또한, 충전 후 단순 기화만으로 이용이 가능하나, 저장기간 동안 지속적인 증발(boil-off)로 인해 장시간 저장에는 적합하지 않다.

압축방식과 액화방식의 장점을 합친 극저온 압축저장(cryo-compressed storage, CcH2) 기술도 있다. 극저온 압축저장은 보통 온도 -233°C에서 -193°C사이에서 그리고 압력 35MPa에서 가능하며 저장밀도가 액체수소보다 높다고 한다.

수소를 고체와 결합시켜 저장하는 방법에는 크게 물리적인 흡착결합과 화학반응을 이용한 화학적 결합이 있다. 물리적인 방법의 흡착은 수소가 물질 자체의 변화 없이 분자상태를 유지하면서 다공성 고체물질의 표면이나 금속의 결정격자 안에 달라 붙어있는 상태이며 흡착과 탈착을 통해 저장/방출되는 원리이다. 즉, 이러한 시스템에서 수소분자는 약한 분자간, 혹은 한 분자 내의 부분 간의 인력이나 척력에 의해 다공성 물질에 흡착된다. 이 때 수소 흡착용량은 다공성 물질의 표면적에 비례한다. 물리적 결합을 이용하여 수소를 저장하는 방법은 낮은 온도, 높은 압력에서 수소를 고체 표면에 흡착하여 높은 온도, 낮은 압력에서 배출하는 방식이며 완전히 가역적이므로 수소의 빠른 저장과 이용이 가능하다. 이 방법은 저장 효율이 우수하고 동일한 양의 수소에 대해 전체 시스템의 압력을 낮출 수 있어서 폭발 위험성이 적어 수소를 장기간 적은 부피로 안전하게 저장할 수 있다.

수소를 물리적으로 흡착하는 다공성 물질들은 비표면적이 넓은 탄소계 나노구조물질 즉 탄소 나노튜브나 활성탄, 제올라이트(Zeolite) 등이며, 이들은 수소를 높은 중량 밀도로 흡착, 저장할 수 있다. 제올라이트는 결정질 알루미늄 규산염 광물로서 가스 흡착과 분리, 촉매가 필요한 다양한 석유화학, 의약 관련 산업에 이미 광범위하게 사용되고 있다. 특히, 제올라이트는 분자 크기의 기공과 채널들을 가지고 있기 때문에 수소분자를 제올라이트 내부로 통과시킬 수 있고, 내부 기공구조의 물리적 특성 혹은 내부 표면을 구성하는 원소들의 화학적 특성에 의해 흡착할 수 있는 용량이 달라질 수 있다.

**[그림 10-10]** 탄소 나노튜브의 수소 흡착

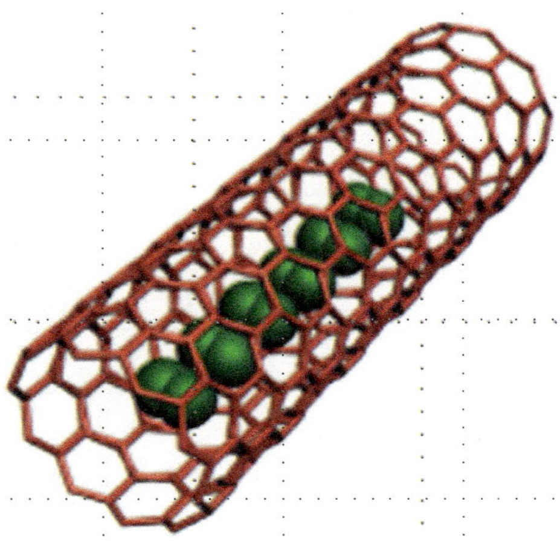

탄소 나노튜브(nanotube)는 직경이 10~15nm 정도 이며 체적에 비하여 표면적이 매우 크고 또, 독특한 구조적 특성 때문에 매력적인 고체 수소저장 매체로서 간주되어 현재까지 많은 연구가 되고 있지만 아직 상용화 단계에 이르지는 못했다. 탄소 나노튜브를 이용한 수소 저장은 탄소의 낮은 비중에 의한 높은 단위 중량당 수소 저장용량이 큰 장점이다. 단일 벽으로 된 나노튜브의 경우 모든 탄소 원자들이 표면에 노출되어 있어서 벌크 체적에 비한 표면적이 높기 때문에 자연히 표면의 활성이 매우 높다. 또한 나노 재료이기 때문에 세공 내에 상당량의 수소를 저장할 수 있는 충분한 기공 공간이 있다.[136][137]

수소의 화학적 저장방법 중에서 금속수소화물은 기체수소를 금속 표면에 주입하여 화학적 결합을 이루도록 해서 수소를 고체상태로 저장하는 방법이다. 이 방법은 고압이나 저온 등 특수한 상태에서 수소를 흡수하여 금속 수소화물이 되어 압력이나 열 변화에 의해 수소를 방출하는 성질이 있는 금속을 말한다. 이런 금속에 가스 상태의 수소가 주입되었을 때 수소와 수소 간의 인력은 이온화 되면서 깨어지고 보다 큰 인력을 가지는 금속과 수소 간의 인력을 이루고, 이것이 금속 원자의 사이 사이에 흡장되어 금속 복합체를 형성한다.

이런 금속을 수소 흡장금속 혹은 금속 수소화물(metal hydride)이라고 한다. 수소흡장

136) R. Zacharia 외, Korean Chem. Eng. Res., Vol. 43, No. 4, August, 2005

137) 유한영 외, 전자통신동향분석, 제 23권, 제 6호, 2008

금속은 비교적 간단히 수소와 결합할 수 있는데 합금과 접하는 수소가스의 압력을 올려주거나 가스의 온도를 내려주면 된다. 금속수소화물로 만들면 체적당 수소 저장 밀도가 높아서 보통 온도의 수소 가스에 비하여 체적이 1,500분의 1이 되는 반면에 중량당 수소 저장 밀도는 낮다. 금속수소화물은 고순도의 수소를 얻는데 유리하지만 대부분 고가이고 흡장금속의 열화(사용 횟수에 따른 성능 저하)로 저장횟수에 제한을 받는다.

대표적인 금속 수소화물로는 티타늄 하이드라이드($TiH_2$)와 마그네슘 하이드라이드($MgH_2$) 그리고 희토류 계 하이드라이드가 있다. 마그네슘 수화물은 고체 덩어리 또는 분말 형태로 되어 있으며 가볍고 우수한 중량당 저장밀도(최대 7.6%)를 가지고 있으면서 값이 싸다. 그러나, $MgH_2$는 활성화 반응이 느리고 벌크 상태에서 300°C 이상의 높은 온도에서만 수소를 방출하여 안전성이 적고, 반응 이후에도 반응물 전체가 수소화물을 형성하지 않는 단점이 있다.[138)]

[그림 10-11] 금속 수소화물의 수소 흡착/탈착 원리도

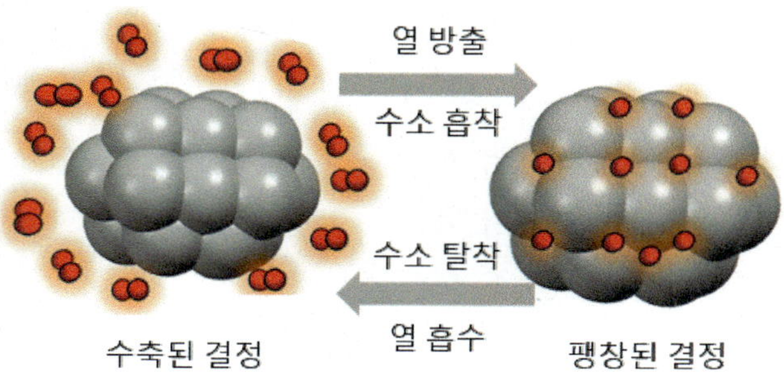


티타늄 수화물은 가격이 비교적 저렴하며, 수소가 떨어져 나오는 해리압이 실온에서 수 기압이므로 실용성이 크지만 활성화에 고온, 고압 (450℃, 50기압 이상)을 필요로 하며, 수소 중에 포함된 불순물의 영향을 받기 쉬우며, 수소의 흡수, 방출반응이 반복됨에 따라 수소 흡수량이 감소하는 등의 문제점이 있다.

단일 금속 수소화물의 이러한 단점을 극복하기 위해 두 종류 이상의 금속을 조합하여 수소를 저장하는 금속간 수소화물 즉 수소 저장합금이 개발되었다. AxBy로 표시되는 이런 합금의 금속원소 비율을 조절하면 다양한 조건에서 수소를 저장할 수 있으며, 현재 리튬브로마이드(LiB)계, 마그네슘(Mg)계, 티타늄(Ti)계, 그리고 티타늄-알루미늄(TiAl)계 등

138) 안병민, 아주대학교, 2022

매우 다양한 종류의 수소 저장합금이 개발되고 있다. 이런 수소 저장합금들은 단위 부피 혹은 단위 중량당 저장밀도나 수소의 저장/방출 속도 그리고 작동온도 등에서 각각 차이가 있다.[139]

화학적 수소 저장/운송 방법 중에서 유기수소화물 기술은 촉매 반응을 통한 수소화와 탈수소화를 번갈아 진행하여 유기물질에 수소를 화학적으로 액체상태로 저장하는 방식이다. 따라서 저장된 후에도 안정된 액상 화학물질로 변환되기 때문에 저장 상태에서 수소 유출이나 폭발의 위험성이 적다. 다양한 액상 화합물 기반 수소저장기술 중에서 탄소-탄소 이중결합을 포함한 액상 유기화합물은 대용량의 수소를 안전하게 상압에서 저장하고 운송할 수 있다. 이러한 액체를 액상 유기수소 운반체(liquid organic hydrogen carrier, LOHC) 라고 부른다.

**[그림 10-12]** 액체 유기수소 매개체의 수소저장 원리

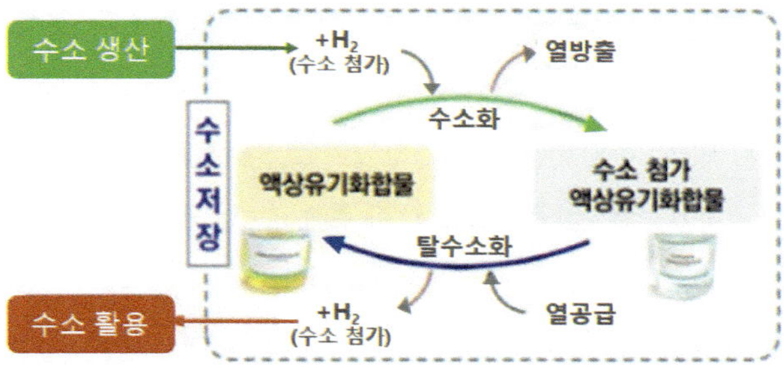


LOHC는 반복적으로 수소를 저장하고 방출할 수 있으며, 부피로 보나 무게로 보나 높은 수소 저장용량을 가지고 있고 상온에서 안정하다. 또, 이용 과정에서 이산화탄소도 배출되지 않는다. LOHC는 가솔린과 유사한 액상 유기화합물 이므로 초기에 막대한 투자없이 현존하는 화석연료 저장·운송 인프라를 활용할 수 있다. LOHC 기반 수소 저장·운송을 위해서는 수소 생산처에서는 수소 저장 플랜트가 필요하고, 수소 소비처에서는 수소방출 플랜트를 필요로 한다. LOHC의 단점은 수소를 유기물질에 결합하는 수소화 단계 및 수소를 유기물로부터 분리하여 이용하는 탈수소화 시점에서 에너지를 추가로 투입해야 한다는 점이다.

톨루엔이나 디벤질톨루엔 등은 수소가 많이 결합된 대표적인 유기수소 화합물들이다. 수소를 톨루엔에 결합해 메틸사이클로헥산으로 전환해 운송한 뒤 다시 역반응을 통해 수소를 추출하는 방식이다.[140] 암모니아와 메탄올도 수소 운송체로 쓰일 수 있다.[141]

139) 길상철, 고용량 수소저장합금의 개발 동향, 한국과학기술정보연구원, 2013

140) 톨루엔(toluene, $C_7H_8$)는 벤젠 고리에 $CH_3$가 한 개 붙어 있는 형태이다. 상온에서 액체상태이며 투명하고 시너와 같은 독특한 냄새가 나며, 주로 용매로 많이 사용한다. 디벤질 톨루엔(di-benzyl toluene, DBT, $C_{21}H_{20}$)은 산업용 용매로 널리 사용되는 무색 투명한 액체이며, 메틸사이클로헥산(methylcyclohexane, MCH)은 상온, 상압에서 액체이며 강한 독성이나 냄새가 없고 부식성도 없어 장기간 저장과 취급에 유리한 물질이다. MCH를 350~400℃로 가열하면 탈수소화 되면서 다시 톨루엔으로 돌아간다.

암모니아($NH_3$)는 수소원자 3개가 탄소가 아닌 질소 원자와 결합되어 있기 때문에 무기수소 화합물이다. 수소가 산소와 결합된 물도 마찬가지인데 이런 무기화합물도 수소 운반체로 이용할 수 있다. 암모니아는 상온에서 기체상의 물질 이지만 끓는점이 약 -3℃로 액화에 필요한 에너지가 낮고 액화(25℃, 0.8MPa)가 쉬운 물질이므로 저압용기에 저장할 수 있고 운송이 용이하다. 암모니아는 부피대비 수소저장 용량이 약 120kg/㎥이며, 이 값은 동일 무게 비율을 갖는 액화 수소의 수소저장밀도(60kg $H_2$/㎥)보다 약 2배 높은 수치이다.

암모니아의 생산은 보통 전통적인 하버-보슈법[142]을 이용해 고온, 고압에서 질소와 수소를 합성하여 생산하는데, 이 때 필요한 수소를 탄화수소를 이용하여 생산하면 탄소의 배출이 일어나지만 암모니아 생산 역시 향후 재생에너지를 활용하여 그린암모니아를 생산할 수 있다. 그린암모니아는 현재 3세대 기술까지 개발된 상태인데, 1세대 기술에서는 200기압, 400℃ 이상의 고압·고온 조건이 필수적이나 2세대는 촉매기술의 개발로 50기압, 350℃로 압력이 1/4 수준으로 낮아진다. 또, 10기압 이하의 낮은 압력 하에서 물과 질소를 이용하여 전기화학적인 방법을 통해 생산하는 것은 같은 무게의 수소를 생산하는데 에너지 소모가 가장 적게 든다. 암모니아는 LPG와 유사한 기체/액체 상변화 특성이 있으며 현재 전세계적으로 이미 암모니아의 생산시설, 운반선 등의 기반시설이 확보되어 있는 이점이 있지만 암모니아는 유독한 물질이라 안전하게 취급되어야 한다.

암모니아를 생산할 때 필요한 수소를 재생에너지와 물의 전기분해를 이용하여 생산하면 이산화탄소의 배출이 없는 그린 암모니아를 생산할 수 있다. 이렇게 생산된 암모니아에서 수소를 추출하여 연료전지를 통한 전력을 생산할 수도 있고 용도에 따라서 수소를 별도로 추출할 필요 없이 직접 연소시킬 수도 있으며 이 때도 이산화탄소의 배출은 없다.

암모니아는 통상적으로 농작물 수확량을 향상하는 질소 비료의 핵심 성분으로 사용되고 있지만 향후 수소를 통한 에너지 운반체 혹은 해상 연료와 같은 새로운 응용 분야에서도 엄청난 잠재력을 가질 것으로 보고 있다. 일부 관측에서는 암모니아 수요가 2035년까지 두 배 가량, 2050년까지는 약 3배 증가할 것으로 보고 있다.[143][144]

---

141) ㈜에스엔

142) 하버-보슈법(Haber-Bosch process)은 1900년대 초 독일의 화학자 프리츠 하버(Fritz Haber)와 카를 보슈(Carl Bosch)가 발명한 암모니아 합성 공법이며 비료 생산에 사용되어 지금까지 인류의 식량 문제에 큰 혜택을 주고 있다.

143) 국제재생에너지기구(IRENA)와 보스턴컨설팅그룹(BCG)

144) T. Zhang 외, ACS Appl. Energy Mater. 2018

[그림 10-13] 그린 암모니아의 에너지 매개체 이용

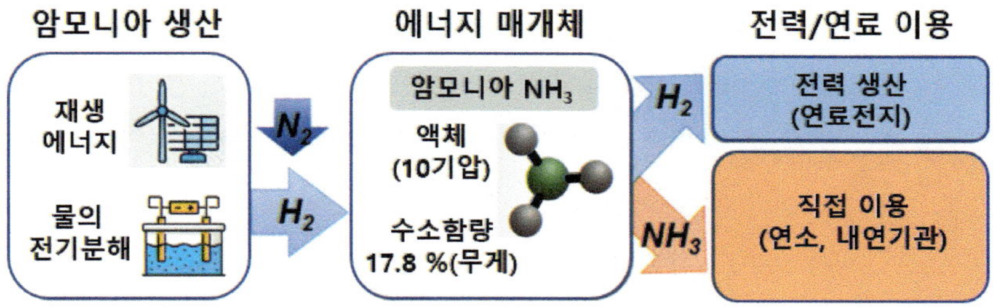


## 10-4 수소의 이용과 연료전지

수소는 현대 산업사회가 필요한 모든 형태의 에너지나 원료를 공급하는 매개체이다. 전기를 생산하는 발전용, 철강산업이나 반도체, 화공산업에서 기초원료로도 사용하고 가정이나 상업용 건물에 열이나 전기를 공급하기도 한다. 특히 수소는 자동차, 선박, 기차 혹은 항공기 등의 연료로 공급되어 현재 이용하고 있는 원유를 기초로 한 모든 종류의 탄화수소 연료를 대체할 수 있다. 수소를 이용하는 길을 크게 나누면 수소를 연료로 직접 연소하여 이용하는 방법과 연료전지를 이용하여 전기를 생산하고 그 전기를 최종에너지로 이용하는 방법이 있다.

수소를 연소하여 그 열을 이용할 때는 액체, 기체 수소 모두 가능하나 통상적으로는 기체 수소를 이용하는데 고농도의 수소를 쓰기도 하고 수소를 천연가스와 혼합하여 사용하기도 한다. 수소를 천연가스처럼 파이프라인을 통해 이송하는 사례는 유럽과 미국에서 이미 수천 혹은 수백km로 가동하고 있으며 이때 보통 20~30cm 직경의 강제(steel) 배관으로 10~20기압의 압력으로 이송하고 있다.[145] 현재는 주로 산업단지 내에서나 거리가 멀지 않는 수요가에게 보낼 때 파이프라인 수송을 이용하지만 향후에는 장거리로 일반 수요가에게도 배관 수송을 할 것으로 본다. 또, 수소를 천연가스와 혼합하여 기존의 도시가스 공급망을 이용하여 산업체 혹은 가정에 공급할 수가 있다. 이때 얻는 효과는 도시가스의 열량을 올리고 이산화탄소를 줄이는 것이다. 또한, 고농도의 수소를 직접 자동차의 내연기관에 연료로 사용할 수도 있다. 액체 수소는 현재까지 우주왕복선 로켓의 추진용 연료와 같은 특수 분야에서만 이용되고 있다.

수소는 공기 중의 산소와 결합하면서 무게 1g당 약 28.7kcal의 열을 낸다. 공기 중에서

145) 한영수, 한국과학기술정보연구원

연소할 때는 온도가 2,300℃까지 올라가며 충분한 산소 공급 시 연소온도는 3,000℃까지 올라간다. 수소의 질량당 화학에너지는 저위 발열량[146]으로 125MJ/kg으로 가솔린의 질량당 에너지 44.5MJ/kg에 비해 약 3배나 크다. 이를 달리 표현하면 같은 열량을 얻기 위하여 수소는 무게로 가솔린의 1/3만 있으면 된다는 뜻이다.

**[그림 10-14]** 수소의 이용

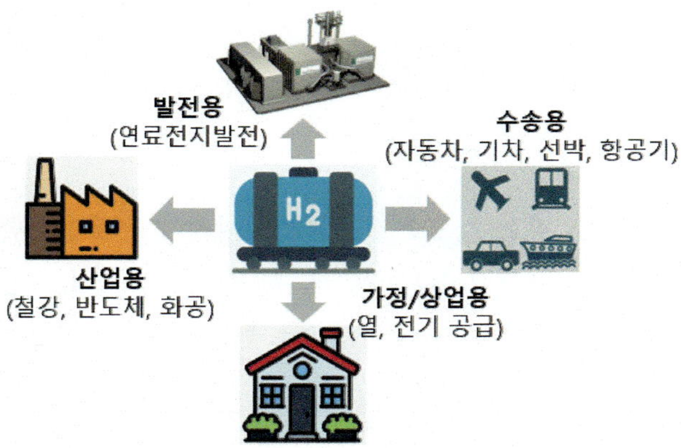


## 10-5 수소의 이용

수소를 발전용이나 수송용 혹은 가정과 상업용 건물에 공급하여 이용할 때는 주로 수소를 연료로 하여 전기를 전기화학적인 방법으로 생산하는 연료전지(fuel cell)를 이용한다. 연료전지 발전은 석탄이나 천연가스 등 화석연료를 이용하여 증기를 생산하고 그 증기로 터빈을 돌려서 전기를 생산하는 기존의 방법과는 완전히 다른 원리이다.

연료전지란 우리가 흔히 사용하는 일회용 건전지(일차 전지)와 충전하여 반복적으로 사용하는 충전지(이차 전지)와 구별된다. 연료를 연속적으로 공급하여 전기화학적인 방법으로 전기를 생산하는 전지이기 때문에 연료전지라고 부른다. 연료전지의 전기화학적 반응은 앞에서 설명한 수소의 생산방법에서 다룬 물의 전기분해의 역방향으로 일어난다. 즉 물의 전기분해(수전해)에서 생산되는 수소와 산소(공기)는 연료전지에서는 각각 연료와 연료를 산화시키는 산화재가 되고 수전해조에 투입되는 물은 연료전지에서는 생성물이 된다.

146) 저위 발열량: 연료가 연소될 때 발생하는 전체 열량(고위 발열량)에서 연료 중의 수분이나 수소의 연소에 의해 생성된 수분의 증발 잠열을 제외한 발열량이다.

연료전지는 전해질 층(이온물질을 이동시키는 층)을 사이에 두고 그 양쪽에 접해 있는 한 쌍의 전극, 즉 연료(수소)의 산화극인 음극과 공기(산소)의 환원극인 양극으로 이루어져 있는데, 연료극에 공급된 수소는 수소이온과 전자로 분해되며 수소이온은 전기적 부도체인 전해질을 통과하여 연료극으로 이동하게 된다. 공기극에서는 연료극에서 이동되어온 수소이온과 전자 그리고 산소가 합쳐져서 물이 생성되는 반응이 일어난다. 이런 전해질을 통한 이온전달 과정에서 일어나는 전극간의 전위차를 이용하여 외부회로로 전자를 흐르게 하면 전기를 생산할 수 있으며 이 반응은 발열반응이기 때문에 열도 동시에 발생된다.

연료전지는 열기관을 사용하지 않고 화학적 전환으로 직접 전기를 생산하기 때문에 기존의 내연기관이 갖고 있는 열역학적인 효율 제한을 받지 않아 발전 효율은 40~60% 정도로 대단히 높으며, 화학반응 과정에서 발생되는 열을 이용하는 열병합발전을 하면 전체 연료가 가진 열에너지의 최대 80% 까지를 유효한 에너지로 바꿀 수 있다. 산화제로는 공기, 염소, 이산화 염소 등을 이용할 수 있다.

연료전지 시스템의 전체적 구조는 요구되는 전기출력을 얻기 위하여 그림 10-15와 같은 단위전지를 수 십장, 수 백장 직렬로 쌓아 올려 적층, 밀봉하고 수소공급과 열회수를 위한 분리판을 단위전지 사이에 넣어 연료전지 스텍(stack)을 구성한다.

**[그림 10-15]** 연료전지의 구조

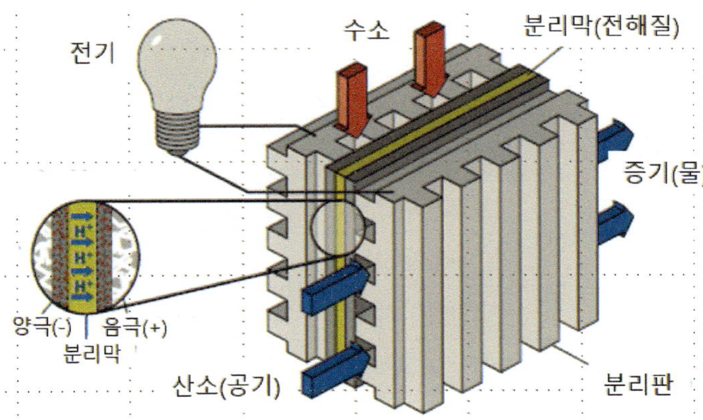


연료전지의 전체 설비(시스템)는 전기화학반응 장치인 주 설비, 스텍 외에도 여러 가지의 보조적 역할을 하는 기계적 장치와 전기적 장치로 구성되어 있다. 기계적 장치 중에서 연료처리 장치는 화석연료(천연가스, 메탄올, 석유 등)로부터 수소를 생산하는 화학반응

기인 연료 개질기와 열교환기, 송풍기, 버너 등으로 구성되어 있다. 고농도의 수소를 직접 공급할 경우에는 물론 이런 연료개질 장치가 필요 없다. 공기공급장치는 압축기, 터빈, 열교환기, 팬 등으로 구성되어 있다. 전기적 장치는 주로 전력변환을 담당하는 장치이고 직류를 교류로 변환하는 인버터와 충전기 등으로 구성되어 있다.

연료전지 시스템의 주 용도는 정치형, 운송용, 그리고 휴대용으로 구분할 수 있는데, 한 곳에 고정해서 사용하는 정치형은 도시나 산업단지에 전원 공급용으로 쓰고 병원, 통신기지 등의 공공건물과 설비를 위한 비상전원용으로 사용한다. 그리고 주거단지에 열과 전기를 동시에 공급할 필요가 있을 경우 열병합 발전설비로도 사용할 수 있다. 운송용으로는 자동차나 버스, 선박, 기차 혹은 건설용 운송장비에 탑재하여 동력원으로 사용한다. 휴대용은 소형 연료전지를 사용하는데, 노트북 등 개인용 전자기기 혹은 의복 등에 부착하여 매우 적은 용량의 전기를 공급하는 데도 사용한다.

연료전지는 물의 전기분해(수전해) 장치와 동일하게 표 10-4에 정리된 바와 같이 전해질 종류 및 특성에 따라 작동온도, 구성요소, 시스템의 형태 및 활용분야가 달라서 위에 적은 활용분야에 맞게 선택하여 사용한다. 흔히 고분자 전해질 연료전지를 1세대, 용융탄산염 연료전지를 2세대, 고체산화물 연료전지를 3세대로 부르지만 기술발전 시기를 두고 그렇게 부르는 것이며, 어느 세대 연료전지가 다른 세대 것을 대체한다는 뜻은 아니다. 모든 종류의 연료전지들은 각각 작동 온도와 출력 범위 등의 특성에 따라 적정한 용도가 있다.[147]

**[도표 10-4]** 연료전지의 종류와 출력범위 및 용도

| 연료전지 종류 | 작동온도 (℃ 이하) | 전해질 종류/상태 | 출력범위 (kW) | 발전효율 (%) | 용도 |
|---|---|---|---|---|---|
| 고분자 전해질 | 120 | 이온교환막/고체 | 100 이하 | 60 | 가정용, 자동차 |
| 직접 메탄올 | 80 | 이온교환막/고체 | 1 이하 | 40 | 휴대, 부착용 |
| 알칼리성 | 100 | 알칼리/액체 | 100 이하 | 60 | 열병합 |
| 인산형 | 150-200 | 인산염/고체 | 5-400 | 40 | 열병합 |
| 용융탄산염 | 600-700 | 탄산염/고체 | 300-3,000 | 50 | 분산전원, 열병합 |
| 고체산화물 | 500-1,000 | 세라믹/고체 | 500-2,000 | 60 | 가정용, 보조전원, 분산전원, 열병합 |

전기생산을 목적으로 할 경우 연료전지의 발전효율은 재래식 기술에 의한 다른 열기관

147) U.S. Department of Energy

의 발전효율에 비하여 높다. 현재 가장 많이 사용하는 내연기관 중 가솔린 엔진은 발전효율은 약 20%이고 디젤엔진은 30~40%, 그리고 외연기관인 증기기관은 발전효율이 20~50%인데 비하여 연료전지의 발전효율은 40~60%에 이른다. 또, 전기를 생산할 때 연료전지 시스템에서 발생되는 열을 동시에 이용하는 열병합 발전의 경우 총 열효율은 80% 이상에 이른다.

연료전지의 발전효율이 다른 열기관보다 높은 이유는 열기관의 경우 연료의 열에너지를 운동에너지로 바꾼 후에 발전기를 이용하여 전기에너지로 변환하지만 연료전지는 이런 열기관이나 발전기를 사용하지 않고 연료의 화학적 에너지를 전기화학적 방법(산화-환원 반응)으로 직접 전기적 에너지로 바꾸기 때문이다.

세계 연료전지 시장은 2020년에 36억 US달러에 달했으며 2030년에는 320억 US 달러에 달할 것으로 예측하고 있고 2020년부터 2030년까지 10년 동안에는 연평균 성장률 19.4%로 꾸준히 성장할 것으로 전망하고 있다.[148] 이는 연료전지 자동차 시장이 견인차가 되고 지구온난화에 대비하는 각국의 "탄소배출 제로" 정책에 힘입어서 현재의 화석에너지에 의존한 전기생산을 연료전지 발전 시스템으로 전환하고 또, 대규모의 중앙집중형 전력공급에서 분산전원 공급으로 대체하는 노력을 하고 있는 것이 그 주 이유라고 보고 있다.

지역적으로 보면 이러한 급속 성장은 특히 아시아 지역의 한국과 일본에서 연료전지 시스템을 주 전원용으로 발전시키면서 시장의 대규모화를 추진하고 있기 때문으로 보고 있다.[149]

**[도표 10-5]** 세계 연료전지 시장 전망

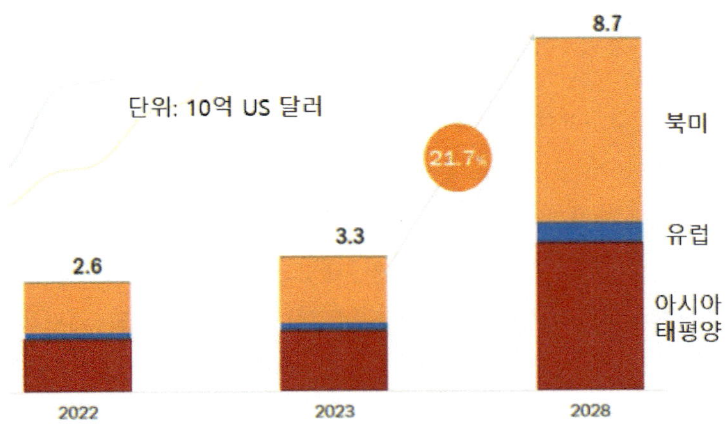


148) Allies Market Research, 2022

149) Markets and Markets, Forbes, 2023

수소경제는 수소를 주요 에너지 매체로 사용하는 경제산업구조를 말한다. 이 때 경제산업구조란 수소자동차를 대표로 한 수송분야 뿐만 아니라 전기, 열 등 에너지 사용 분야 전반에 걸쳐 있어야 한다. 또, 그린수소의 생산과 공급도 대규모의 재생에너지 생산에 기반을 두고 현재의 모든 화석에너지 영역을 대체할 수 있어야 한다. 이런 맥락에서 2017년에 조직된 수소위원회(Hydrogen Council)[150] 에서는 "수소의 대규모화(Hydrogen scaling up)"를 위한 비전과 계획을 발표하고, 수소의 생산(추출, 수전해, 부생수소 등), 저장 및 운반(장거리 운송기반, 액화저장 등) 및 활용(발전, 수송, 산업체 등) 등 모든 부문에서 다양하고 규모가 확대된 부가가치사슬을 제안했다.

**[그림 10-16] 대규모 수소경제의 산업영역**

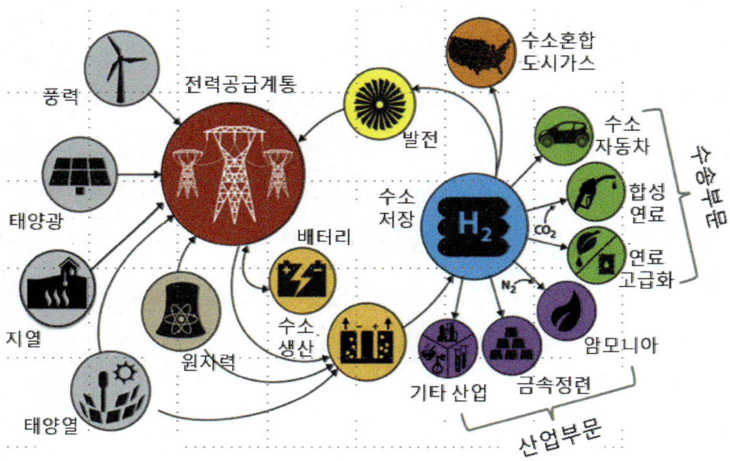


미국의 에너지성(U.S. Department of Energy, DOE)에서도 "$H_2$@Scale"이라는 선도적 계획을 발표하고 생산, 운송, 저장 및 활용 등 모든 에너지 부문에서 자금지원과 기술개발 등을 통한 수소의 부가가치 확대를 위한 계획을 세웠다.[151]

이러한 수소의 대량 생산, 대량 저장/수송, 대량 이용을 위한 비전과 계획의 배경은 지구온난화에 대비하여 지구 평균기온 상승을 산업화 이전 대비 섭씨 2도 이하로 제한하는데 필요한 에너지 전환의 중심에 수소가 그 기둥 역할을 하게 한다는 것이다. 이 "2℃ 시나리오"를 달성하려면 세계는 해마다 극적인 변화를 가져와 2050년까지 에너지 관련 CO

150) 수소위원회는 2017년 다보스(Davos) 세계경제포럼에서 당시 13개국의 에너지. 수송, 제조분야의 수소산업 관련 산업체가 참여하여 출발하였으나, 현재는 수소의 가치사슬 전 분야에 걸쳐 대규모 다국적 기업, 혁신적인 중소기업 및 투자자들을 포함한 130개에 가까운 회원이 미래 글로벌 경제의 탈탄소화를 촉진하기 위하여 활동하고 있다.

151) U.S. Department of Energy

2 배출량을 60% 줄여야 한다. 또, 이 목표에는 향후 세계 인구가 현재보다 20억 명 이상 더 늘어나고 수십억 명의 개발도상국 시민이 경제적으로 글로벌 중산층에 합류하여 에너지의 소비가 그에 상당하게 늘어 나는 것도 고려된 것이다. 구체적으로는 2050년까지 수소가 세계 최종에너지의 18%를 차지하고, 60억 톤의 이산화탄소를 줄이는 비전이다. 또, 수소와 관련된 설비나 제품의 연간 매출액을 2조5천억 달러로 되게 하고, 연간 3천만 개의 일자리를 창출한다고 비전을 제시하고 있다.[152]

**[도표 10-6]** 수소위원회의 2050년을 향한 비전

수소위원회는 또한, 이러한 에너지 전환을 위하여 수소가 다음과 같은 7가지 주요 역할을 해야 한다고 보고 있으며, 이런 역할을 통해서 수소는 미래에 경제적으로 실행가능하고 사회적으로 유익한 해결책을 제공할 수 있다고 보고 있다.[153]

- 대규모 재생에너지 전력을 이용한 수소의 생산과 저장
- 전 산업 분야, 전 지역을 커버하는 수소의 분배
- 전체 에너지 시스템의 탄력성을 높이기 위한 완충제 역할
- 수송부문의 탈탄소화
- 산업체 에너지 시스템의 탈탄소화
- 주거와 상업용 건물을 위한 열과 전기 공급 시스템의 탈탄소화
- 산업체 생산, 제조용 원료의 청정화

수소위원회는 위와 같은 비전을 달성하기 위해서는 수소의 연간 수요가 2015년 8EJ에서 2050년에는 약 80EJ로 10배 증가한다고 보는데 1EJ에 해당되는 수소의 양은 무게로 7백만 톤 혹은 기체수소 부피로 780억m3 그리고 전력 생산량으로는 278TWh와 동일 양의 에너지이다. 이런 대규모의 수요는 재생에너지로부터 수소를 생산하는데 큰 견인차 역

152) Hydrogen scaling up, Hydrogen Council, 2017

153) Hydrogen scaling up, Hydrogen Council, 2017

할을 하여 2030년까지 태양광이나 풍력으로부터 생산되는 그린수소의 양이 250~300TWh으로 늘어날 것으로 보고 있다. 또, 이런 대규모화가 실현되면 수소는 2050년까지 전 세계 소비 최종에너지의 거의 5분의 1을 차지할 수 있는데, 이는 연간 $CO_2$ 배출량을 60억 톤 줄여서 지구온난화를 2℃로 제한하는데 약 20% 기여할 수 있다고 한다.

수송분야에서는 현재까지 많이 보급되고 있는 소형 차량 뿐만 아니라 버스, 트럭, 기차, 선박, 항공기 등에도 수소를 연료로 사용하는 폭이 크게 확대될 것이다. 수소위원회는 2030년까지 수소를 연료로 하여 약 1,000만~1,500만 대의 자동차와 35만 대 이상의 수소 트럭이 물품을 운송할 수 있으며 5만 대의 수소 버스, 수천 대의 기차 및 여객선이 탄소나 다른 공해물질의 배출이 없이 사람이나 화물을 운송할 수 있다고 한다. 수소는 그 외에 불도저, 굴착기, 지게차 등과 같은 건설기계를 위해서도 공해 없는 연료로 사용될 수 있다.

산업 공정 및 공급 원료, 건물 난방 및 전력, 발전 등 다른 부문에서도 연료전지를 통한 열과 전기를 공급하는 것 뿐만 아니라 수소를 현재의 천연가스 공급망에 기술과 안전이 허락하는 한 높은 혼합비로 혼합하여 공급하는 것도 현실성이 매우 큰 수소의 대량 수요처가 된다고 보고 있다. 많은 양의 수소가 정유소에서 원유의 정제 공정에 사용되고 화공제품의 기초가 되는 메탄올 생산을 위한 원료로 사용되고, 암모니아도 현재보다 더 청정한 수소로 생산할 수 있다. 또, 제철소에서는 현재 석탄(코크스)을 원료로 하여 산화철을 환원하여 선철을 생산하고 있는데 2030년까지는 수소를 이용하여 철광석을 직접 환원하는 기술이 실증되고 2035년경에는 매우 뚜렷한 산업적 추진력을 얻게 될 것으로 보고 있다. 제철산업은 비 에너지 부문에서 탄소를 가장 많이 배출하는 산업 중의 하나인데, 이런 기술은 향후 제철산업의 탈탄소화에 획기적인 변화를 가져올 것으로 보고 있다. 수소위원회는 2030년까지 천만 톤-천오백만 톤의 화학물질이 재생가능한 원료로부터 생산될 것으로 보고 있다.

가정이나 상업적 건물과 산업을 위한 열과 전력의 경우, 수소는 기존의 천연가스 공급 기초설비를 공유할 수 있다. 건물의 경우 현재 가스공급 설비에 큰 변화 없이도 저 농도의 그린수소를 공공 천연가스 공급 네트워크에 혼합할 수 있다. 또는 도시 전체를 순수 수소 난방으로 전환할 수도 있다. 이런 열과 전력공급의 탈탄소화는 이미 시작되었으며 2030년경에는 혼합 또는 순수 수소를 사용하는 가스 공급망에 연결된 가구가 5백만 가구 이상으로 늘어날 것으로 보고 있다.

위와 같은 모든 영역의 탈탄소화에 필요한 수소의 양을 영역별로 보면 도표 10-7과 같으며 기존 화공산업의 수소 수요를 제외하면 2020년의 10EJ에서 2050년에는 78EJ로 늘어나고, 신 수요, 68EJ의 반 이상은 수송분야와 산업체 에너지 공급에 기인할 것으로 보고 있다.154)

**[도표 10-7]** 2050년까지 탈탄소화에 필요한 산업영역별 수소의 양

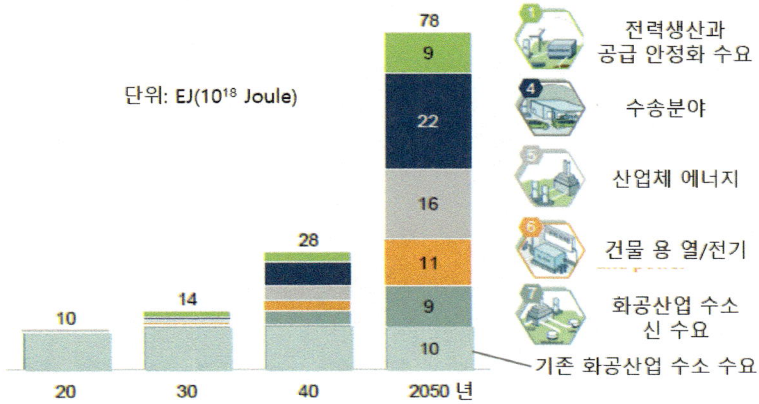


154) Hydrogen scaling up, Hydrogen Council, 2017

# 참고문헌/인용자료


**그림 10-1 수소의 원자와 분자**

- Science Blog, 2014

**도표 10-1 2050 Net Zero 대책별 누적 $CO_2$ 저감량**

- Global Hydrogen Review 2021, IEA, 2021

**그림 10-3 수소 생산방법의 종류**

- Wilton International

**그림 10-4 천연가스의 수증기 개질**

- 한화, ChemiLOG, 2020

**그림 10-5 물의 전기분해 원리 (PEM의 경우)**

- SK E&S, 에너지 백과, 2023
- 뉴스 제주, 2020 (일부 수정)

**그림 10-6 그린 수소의 생산과 활용 개념도**

- 뉴스 제주, 2020 (일부 수정)

**도표 10-3 생산방식별 수소 생산비용 전망**

- 밝아오는 그린수소의 미래, 삼일회계법인 (원본은 아래 IEA 보고서)

**그림 10-7 Power-to-Gas 시스템의 개념**

- 한국전력공사, 전력연구원

**사진 10-1 압축 기체수소 저장 / 운송 탱크**

- DOPAG(좌), CDI Products(우)

**그림 10-9 수소전기차량용 연료탱크**

- 가스신문, 2016. 11. 24

**사진 10-2 액체수소 저장탱크**

- FSEC

**그림 10-11 금속 수소화물의 수소 흡착 / 탈착 원리도**

- 안병민, 아주대학교, 2022

**그림 10-12 액체 유기수소 매개체의 수소저장 원리**

– ㈜에스엔

**그림 10-13 그린 암모니아 에너지 매개체 이용**

– T. Zhang 외, ACS Appl. Energy Mater. 2018

**그림 10-15 연료전지의 구조**

– Netzwerk Brennstoffzelle und Wasserstoff NRW, 2009

**도표 10-4 연료전지의 종류와 출력범위 및 용도**

– U.S. Department of Energy

**도표 10-5 세계 연료전지 시장 전망**

– Markets and Markets, Forbes, 2023

**그림 10-16 대규모 수소경제의 산업영역**

– U.S. Department of Energy

**도표 10-6 수소위원회의 2050년을 향한 비전**

– Hydrogen scaling up, Hydrogen Council, 2017

**도표 10-7 2050년까지 탈탄소화에 필요한 산업영역별 수소의 양**

– Hydrogen scaling up, Hydrogen Council, 2017

# Chapter 11

# 지속가능한 에너지

- 에너지의 이용과 지구환경
- 지속가능한 개발
- 지속가능한 에너지의 이용

## 11-1 에너지의 이용과 지구환경

지구환경이란 국지환경(지역환경)에 대비되는 말로서 한 지역 혹은 한 국가의 경계 내에서 배출된 공해물질이 지구 전체에 확산되어 자연계의 순환작용이나 기후변화, 그리고 공기, 물, 동식물 등의 이동현상에 영향을 주는 것을 말한다. 또, 공해물질 혹은 병원체의 확산에 의하여 범세계적으로 광범위하게 영향을 미치는 것도 지구환경에 포함된다. 오늘날의 환경공해는 대규모의 산업활동과 도시활동으로 인하여 그 규모가 매우 크게 일어나기 때문에 대부분 지역적인 영향에 그치지 않고 전 지구적인 문제(global issue)로 확대된다. 지구환경 문제는 발생시키는 국가와 영향을 입는 국가 간에 매우 복잡한 이해관계가 있기 때문에 대부분 국가간 혹은 지역간 정치문제로 발전한다.

지구상의 물, 대기, 동물계, 식물계 환경은 순환의 원리에 의하여 변화하며, 45억 년 전 지구의 탄생 후 매우 느린 속도로 변화되고 있으나 500만~600만 년 전 인간이 농경생활을 시작하고 지구의 모든 생물계를 지배하면서 이런 순환작용은 심각한 수준으로 파괴되고 있다. 특히 18세기 중반에 시작된 산업혁명 이후 과거 100년 동안에 인구는 빠른 속도로 성장하여 인류의 자연이용 속도는 매우 빠르지만 자정능력에 한계가 있는 지구의 생태계는 이런 빠른 변화를 감당할 수 없게 되었다.

**[그림 11-1]** 인류의 사회경제 활동과 지구환경

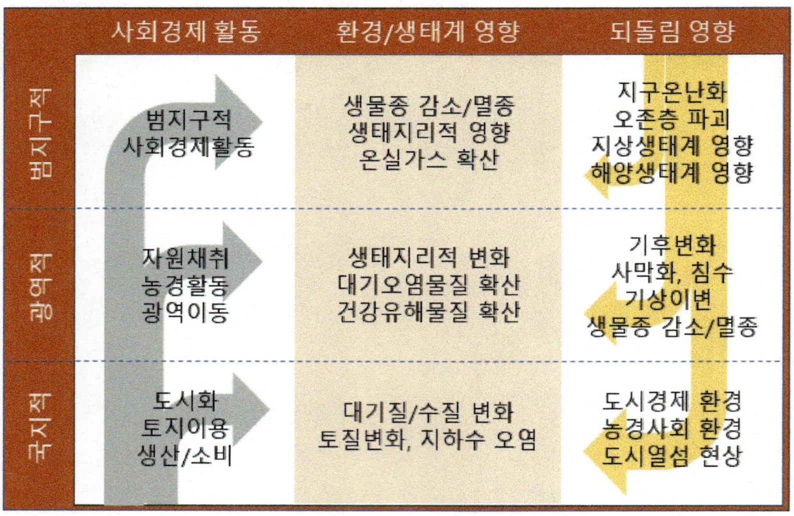

인류의 사회경제활동(생산/소비활동과 도시생활)은 대량의 천연자원을 필요로 하고 집약된 농경활동을 위하여 지표면을 변화시키고 또, 도시를 만들기 위한 큰 규모의 형질변경을 하고 있다. 인간의 생산활동은 무수히 많은 공장을 필요로 하고, 이런 공장에서는 대기의 공기질을 오염시키는 많은 종류의 물질을 배출하여 대기환경을 악화시키고, 지상의 수계를 오염시키는 수질 오염물질을 배출하여 수질환경을 나쁘게 만든다.

인간의 소비활동도 자연계가 수용할 수 없는 화학물질이 많이 포함된 공해물질과 폐열 등을 배출하여 국지적으로 생태지리적 변화와 수계변화, 생물 다양성 변화 그리고 도시의 열섬현상을 불러온다. 이런 영향은 국지적인 소규모에만 그치지 않고 넓은 범위의 지역에 영향을 미치고 더 큰 규모로는 전 지구적으로 확산되어 전지구의 생태지리적 환경, 기후, 수계, 그리고 생물종에 변화를 가져온다. 변화된 지구환경은 역방향으로 지역과 도시의 환경, 그리고 인간의 이동과 사회적 활동에 되돌림 영향(피드백, feedback)을 준다.

여기서 매우 중요한 점은, 이런 역방향으로 영향을 미치는 되돌림 영향은 그 양상이나 규모를 예측하는 것이 불가능하다는 점이다. 인류의 사회경제 활동에 의해 배출되는 환경오염물질이나 온실가스의 양은 계측이나 예측이 가능하지만 그 영향은 지구의 대기권으로 규모가 확대되면서 전체 지구의 생태지리적 변화나 지구 기후의 변화가 일어나고 자연의 순화작용에 예측할 수 없는 영향을 가져온다.

또, 이런 피드백 영향의 또 다른 특징은 시간적으로 매우 길게 지연되고 또, 규모가 증폭되어 돌아온다는 것이다. 이런 영향의 대표적인 것이 지구의 기후변화이다. 특히, 바다는 대기와 달리 열용량이 매우 커서 수온이 서서히 올라가고 축적되는 에너지의 양도 엄청나기 때문에 지구 대기온도가 어느 수준으로 안정된다고 하더라도 해수 온도의 상승으로 인한 지연된 되돌림 영향, 또 그로 인한 지구의 기후변화는 가히 추정할 수 없고 짐작할 수도 없다. 지구의 온난화와 기후변화를 포함해서 인류의 환경파괴에 의한 오늘날 인류사회의 지구 환경문제는 다음과 같이 매우 다양하고 심각하다.

- 지구온난화와 기후변화
- 폭우와 가뭄 등 기상이변
- 산성비와 토양오염
- 오존층의 파괴
- 습지의 소멸
- 지하수 및 식수의 부족과 오염
- 지구 사막화
- 해수면의 상승
- 해수의 산성화 및 해양 생태계의 파괴
- 생물종의 감소 및 멸종
- 농산물의 생태지리적 변화
- 독성물질 확산에 의한 인류 건강 위협

지구의 온난화 현상은 보통 식물의 성장을 돕는 온실에 비교해서 설명하고 있는데, 그래서 그 원인이 되는 물질을 '온실가스'라고 부른다. 온실의 투명한 벽을 통하여 들어오는 햇빛은 차단되지 않지만 내부의 따뜻한 공기는 온실의 벽으로 차단되어 외부로 방출되지 못하고 갇혀 있기 때문에 온실 내부의 온도가 외부 기온에 비하여 높은 현상을 보인다. 이와 비슷한 현상으로 지구의 대기권은 태양으로부터 오는 고온 복사열(단파장 에너지)은 차단하지 않고 투과되지만 지구로부터 방출되는 저온 복사열(장파장 에너지)의 일부는 대기권 가스층에 갇히는 현상이 일어난다. 지구대기의 열차단 현상은 지구 생물계의 이불과 같아서 대기권의 이런 현상이 없으면 지구 대기의 기온은 낮에는 너무 높고 밤에는 너무 낮아서 지구상에 생명이 존재할 수 없다.

이런 온난화 현상이 문제가 되는 것은 대기권의 일부 기체가 인간의 경제사회 활동에 의해서 점점 더 증가하고 있어서 열차단 현상을 점점 더 심하게 만들고 있고, 따라서 지구대기의 평균기온이 지속적으로 올라가는 '변화되는 현상'이기 때문이다. 지구의 생태계는 일정한 소규모 변화에는 다시 적응할 수 있지만 지속적으로 변화되는 환경에는 적응이 불가능하다.

지구 대기의 온도는 지구의 오랜 역사로 보면 '자연현상'에 의해 변화될 수도 있지만(예: 태양의 활동이나 지구의 지각변동 혹은 화산활동 등) 현시대의 지구 기온 상승의 원인은 인간이 배출하는 온실가스 때문이며, 대표적인 온실가스는 이산화탄소, 메탄 등으로 알려져 있다. 온실가스 증가의 대부분은 비교적 짧은 기간에 급속도로 일어난 인류의 산업활동에 그 원인이 있다고 보고 있으며 따라서, 이 현상을 '인간에 의한 지구온난화'라고 부른다. 지구온난화의 원인이 온실가스의 상승에 기인하느냐는 것에 대해서는 아직도 논란이 되고 있으나 많은 과학적 증거가 이를 뒷받침하고 있어서 이제는 이론의 여지가 없고, 유엔 기후변화 협약을 통한 온실가스를 줄이는 데는 세계 대부분의 국가가 동참하고 있다.

'지구 평균 기온의 상승'이란 인류가 관측을 시작한 1880년 이후 지구의 평균 표면온도 변화를 기록한 것으로, 그 기준값은 산업혁명 직후 1850~1900년 사이 반세기 동안의 지구 평균기온, 14°C로 정하고 있다.

2006년부터 2015년까지 10년 사이에 관측된 지구 평균 표면 온도는 그 기준값보다 0.87°C 더 높았고, 2020년 기준으로는 1.2°C 상승했다. 또, 최근에는 10년마다 평균 0.2°C씩 상승하고 있으며 2030년에서 2050년 사이에 1.5℃에 도달할 것으로 알려져 있다.[156]

156) Global Warming of 1.5°C. An IPCC Special Report on the impacts of global warming of 1.5°C, 2018

[그림 11-2] 온실가스에 의한 지구 온난화의 원리

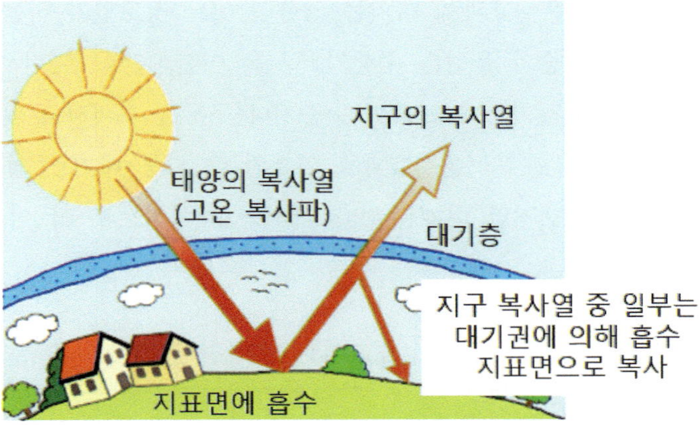


그리고, 일부 전문기관들은 2023년에 벌써 지구 평균기온은 산업화 이전[157]에 비하여 1.48℃나 상승했다고 주장하고 있다.[158] 최근 IPCC 보고서에 요약된 기후 모델 예측에 따르면 21세기 동안 지구 표면온도는 2~4.℃까지 상승할 가능성이 있다고 하는데, 이런 정도의 지구온도 상승은 1장에서 정리한 것과 같이 그 영향이 매우 심각한 수준이다. 그래서 유엔기후변화협약에 가입된 당사국들은 매년 개최되는 당사국총회를 통하여 지구 평균기온을 1.5℃ 이하로 안정화 하는 것을 목표로 하고 있다.[159]

[도표 11-1] 지구 평균 표면온도의 상승

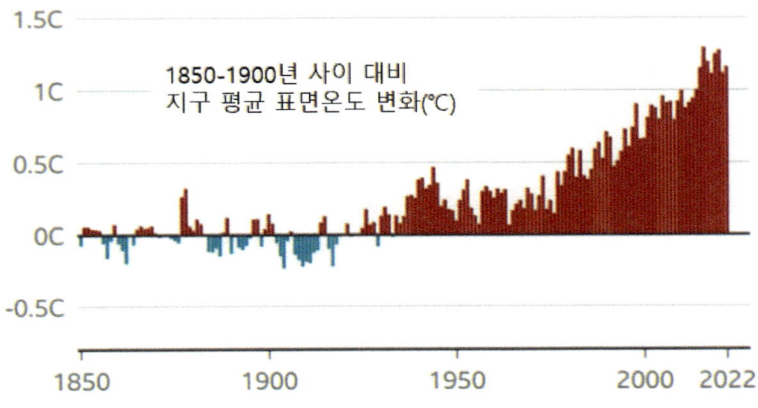


157) 우리가 보통 '산업화 이전'이라고 하는 시점은 산업혁명이 일어난 18세기 중반 이전이라고 이해할 수 있으나 기후변화협약이나 IPCC는 체계적인 지구평균온도 상승 분석을 위해 1850년~1990년 기간 동안의 지구평균온도를 기준값으로 사용하고 있다.

158) European Climate Agency, 2023

159) 기후변화에 관한 정부간 패널(IPCC, Intergovernmental Panel on Climate Change)은 유엔기후변화협약 (United Nations Framework Convention on Climate Change, UNFCCC)의 실행에 관한 보고서를 발행한다. COP(Conference of Parties)란 UNFCCC의 최고 의사결정기구로써 협약에 가입된 당사국들의 총회이며 2022년 기준 197개국(196개국+EU)이 가입되어 있다.

지구온난화 현상에서 문제가 되는 것은 인간활동으로 인해 대기 중 온실가스 농도가 증가할 때 온실효과에 미치는 영향이 어느 정도인가 하는 것이다. 온실효과에 영향을 미치는 대기 중의 물질은 수증기, 구름, 이산화탄소, 메탄, 아산화질소, 오존 등이다. 그러나, 보통 온실가스라고 하면 수증기나 구름을 제외하고 아래 표에 정리된 여섯 가지의 가스를 말한다. 지구 온실효과를 일으킬 수 있는 대기 중의 화학물질은 향후 더 많이 알려질 수도 있겠지만 현재는 IPCC에서는 공식적으로 이 여섯가지 물질을 온실가스로 정하고 있다.

**[도표 11-2]** 지구 온실가스의 종류와 그 특성

| 가스 종류 | 이산화탄소 ($CO_2$) | 메탄 ($CH_4$) | 아산화질소 ($N_2O$) | 불화가스 | | |
|---|---|---|---|---|---|---|
| | | | | 수소불화탄소 (HFCs) | 과불화탄소 (PFCs) | 육불화황 ($SF_6$) |
| 지구온난화 지수(GWP) | 1 | 21 | 310 | 120~ 14,800 | 7,400~ 12,200 | 23,900 |
| 지구온난화 기여도 (GWC) | 55 | 15 | 6 | 24 | | |
| 배출원 | 화석연료, 시멘트 산업, 산림 벌채 | 화석연료, 유기 폐기물, 농업, 축산업 | 산업공정, 비료, 소각, 가축분뇨 | 공조기 냉매, 스프레이 분사물 | 반도체 세정용 | 전기 절연용 |
| 대기 중 수명 | 50~200 | 10 | 150 | 수 주~50,000년 | | |

이 여섯가지 기체는 공통적으로 서로 다른 원자들이 결합한 분자인데 이런 기체는 지구에서 복사되는 적외선 에너지를 흡수한다. 반면에, 대기 중 기체의 대부분을 차지하는 질소($N_2$)와 산소($O_2$)처럼 동일한 원자로 구성된 이원자 분자와 아르곤(Ar)과 같은 단원자 분자는 지구가 복사하는 적외선 에너지를 흡수하지 않는다.

지구 대기 중 이산화탄소의 평균 농도는 빙하기에는 180ppm, 간빙기 때는 280ppm를 기록했다. 대기의 이산화탄소의 농도는 그 후 지속적으로 증가하여 1900년대 초에 300ppm을 넘어섰고 2020년에는 413ppm에 이르게 되었고, 미국국립해양기상청(NOAA)에 따르면 2022년도 평균치는 418ppm으로 최고치를 기록했으며 일시적으로는 2023년 5월 424ppm에 달했다고 한다.[160][161]

**[도표 11-4]** 지구 대기 중 $CO_2$ 농도와 세계 연간 $CO_2$ 배출량 변화

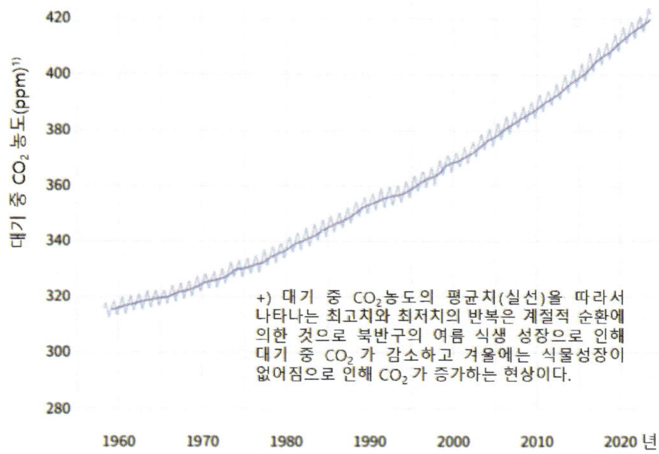


대기 중에 증가된 $CO_2$는 지구 표면온도를 올리는 효과뿐만 아니라 그 중 많은 양(약 1/4 이상)이 바닷물에 흡수되면서 해수의 산성도가 높아지는 현상을 가져온다. 해수가 산성화되면 몇 세기 안에 열대해역에서는 산호가 사라지고 극지해역에서도 탄산칼슘 골격을 가진 많은 해양생물이 멸종될 것으로 보고 있다. 이러한 변화는 궁극적으로 해양의 먹이사슬과 생물다양성, 수산자원에도 심각한 영향을 미치게 될 것이다.[162)]

도표 11-4는 산업화 이후 지구 대기 중 $CO_2$ 농도와 세계 연간 $CO_2$ 배출량의 변화를 보여 주는데, 앞의 도표 11-3에서 보는 지구 대기 평균온도 변화와 같은 경향을 나타내고 있어서 지구의 기후변화가 인류의 산업활동에 의한 것임을 입증하고 있다.

**[도표 11-4]** 지구 대기 중 $CO_2$ 농도와 세계 연간 $CO_2$ 배출량 변화

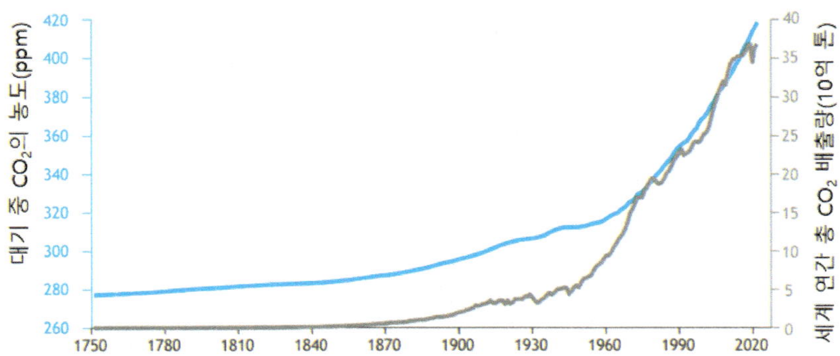


---

160) ppm(parts per million): ppm은 100만 분의 1을 나타내는 단위이며, 공기(기체) 속에 있는 특정 기체의 농도(부피의 비)를 나타낼 때는 공기(표준상태 1기압, 25℃ 기준)에 포함되어 있는 특정 가스(여기서는 $CO_2$)의 부피 농도를 나타낸다.

161) NOAA(National Oceanic and Atmospheric Administration)는 미국 상무부 산하 미국국립해양 기상청이며, 대기 중 $CO_2$농도는 이 기관의 글로벌 모니터링 연구소가 하와이에 있는 마우나로아 관측소에서 1958년부터 관측, 기록하기 시작했다.

162) 해수의 산성화란 약 염기성인 해수가 완전히 산성이 된다는 뜻은 아니고 수소이온의 농도가 증가되어 더 약한 염기성이 된다는 뜻이다. 표층해수의 수소이온 농도지수(pH)가 약 8인데 0.2~0.4정도 낮아지는 현상.

도표 11-2에서 보는 GWP 즉, 지구온난화지수는 온실가스가 온난화에 미치는 영향을 지수로 나타낸 것인데, 이것은 온실가스가 대기 중에 방출된 후 100년 동안 일으키는 지구 온난화 효과를 이산화탄소의 경우 1로 정하고 다른 온실가스가 지구온난화에 기여하는 정도를 그것과 비교하여 나타낸 것이다 즉, GWP는 메탄, 아산화질소 등 개별 온실가스 1kg의 태양에너지 흡수량을 이산화탄소 1kg의 태양에너지 흡수량으로 나눈 값, 즉 상대적 흡수능력을 말한다. 또, 이렇게 계산된 온실가스의 양을 '등가 이산화탄소 양($CO_2$ equivalent)' 이라고 하고 $CO_2e$로 표시한다. UN 기후변화협약이나 다른 국제적인 기구에서 공식적으로 온실가스 배출량을 계산할 때는 이 등가치를 사용하고 있으며, 한 국가의 온실가스 배출량이라고 하면 그 국가의 $CO_2$ 배출량과 다른 온실가스의 배출량을 GWP를 이용해서 $CO_2$ 배출량으로 환산한 값을 모두 합산한 수치를 말한다.

도표 11-2에는 지구온난화지수 외에 GWC 즉, '지구온난화기여도'라고 있는데 이는 개별 온실가스가 대기로 배출되는 양을 감안하여 그 영향도를 나타낸 것이다. 대기 중 기체가 온실효과에 미치는 영향은 각 기체의 특성과 그 대기중 양에 의해 영향을 받기 때문이다. 예를 들어, 분자 대 분자 기준으로 볼 때 메탄은 이산화탄소보다 약 21배 강한 온실가스이지만 대기 중에 훨씬 더 낮은 농도로 존재하므로 총 기여도는 이산화탄소의 경우보다 더 적다. 이산화탄소는 GWP가 다른 가스보다 낮지만 그 배출량이 다른 온실가스의 배출량 보다 훨씬 많기 때문에 온난화 기여도가 50%를 넘는다. 메탄은 화석연료를 사용할 때도 배출되지만 식물이나 다른 유기 폐기물이 썩을 때 혹은 가축의 소화작용으로부터 발산되는 양이 많아서 온난화 기여도가 CO2 다음으로 높다. 그리고, 특정 가스가 온실효과에 미치는 영향을 정확한 비율을 계산하는 것은 불가능하다. 그 이유는 일부 가스가 다른 가스와 동일한 주파수로 복사 에너지를 흡수하고 방출하므로 전체 온실효과가 단순히 각 가스의 영향을 합한 것이 아니기 때문이다.

도표 11-5는 2021년을 기준으로 세계 온실가스 배출량을 발생원별로 나타낸 것인데 전체 여섯 가지의 온실가스의 발생양을 등가 이산화탄소 양($CO_2e$)로 환산한 양이다.

**[도표 11-5]** 2021년 기준 발생원별 세계 온실가스 배출량1)

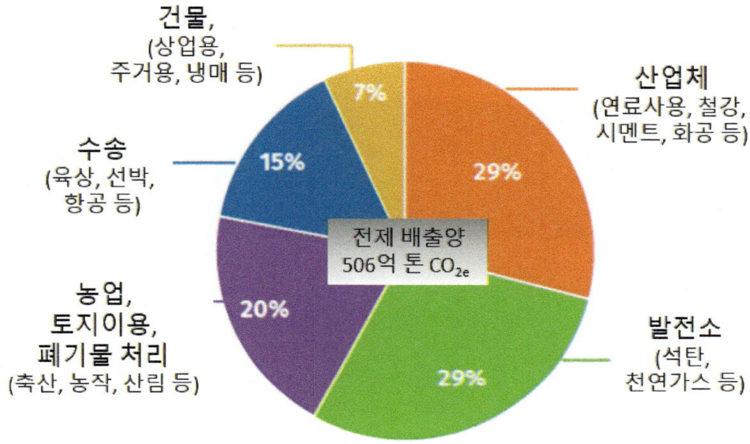


세계 온실가스 발생량은 1990년부터 2019년까지 30년 동안 여섯 가지 종류의 온실가스 모두 꾸준히 증가하고 있는데 특히 석탄, 석유, 천연가스 등 화석연료의 연소 때문에 발생되는 양과 산업체에서 연료 혹은 원료로 이용하는 화석연료 때문에 발생되는 CO2의 점유율 증가세가 뚜렷하다. 그러나, 그 30년 동안에 10년 간격으로 본 평균 증가세는 2010년 이후 감소된 경과를 보여주고 있다. 이런 감소는 최근에 와서 세계 각국의 온실가스 감축정책이 효과를 보고 있기 때문인 것으로 짐작된다.

**[도표 11-6]** 세계 연간 온실가스 배출량의 변화

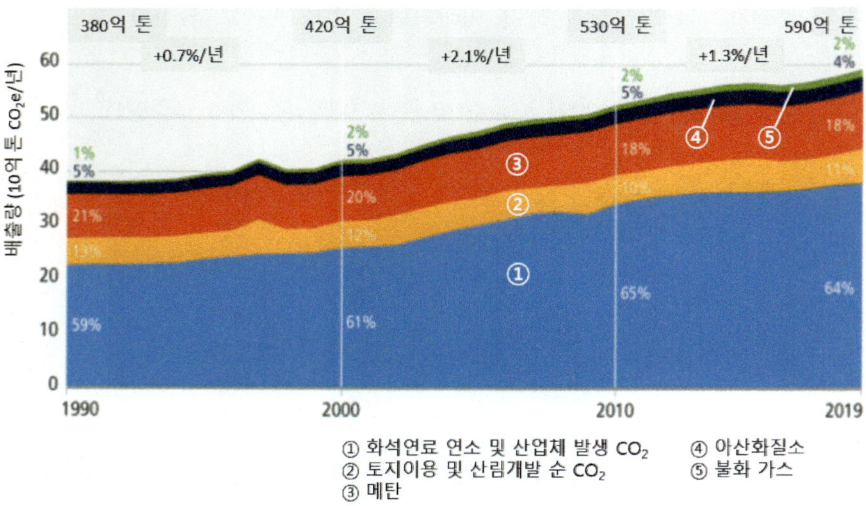


온실가스 발생량을 국가별로 보면 중국, 미국, 인도, 유럽연합 27개국, 인도네시아, 러시아 그리고 브라질이 최대 발생 7개국에 속한다. 2020년도에 이 7개 국가의 온실가스 발생량과 국가 간 수송(항공, 선박 등)에서 발생되는 양을 합하면 세계 전체 발생량의 55%를 차지했고 경제 선진국 G20 국가 전체가 차지하는 비율은 세계 전체 발생량의 75%에 달했다고 한다.

1인당 온실가스 배출량을 국가별로 보면 국가마다 크게 다르다. 2020년 1인당 세계 평균 온실가스 배출량(LULUCF 포함)[163] 은 6.3 CO2환산 톤/인 이었는데, 미국은 14톤/인으로 이 수준을 훨씬 웃돌고 있으며, 러시아 연방이 13톤/인, 중국이 9.7톤/인, 브라질과 인도네시아에서는 각각 약 7.5톤/인, 유럽연합은 7.2톤/인의 수준을 보였다. 인도는 2.4톤/인으로 세계 평균보다 훨씬 낮은데 미국의 약 17% 수준이다. 평균적으로 세계 최빈 개발도상국은 연간 1인당 약 2.3톤/인을 배출했다고 한다.[164]

지구 대기 중의 탄소(이산화탄소, $CO_2$를 편의 상 줄여서 '탄소'라고 한다.)를 줄이고자 하는 세계적인 노력은 유엔기후변화협약을 통하여 이루어지고 있다. 그 결과는 매년 개최되는 '당사국 총회(COP)'에서 평가되고 있으며 매년 발간되는 유엔의 '탄소 배출량 격차 보고서'에 공개되고 있다. IPCC는 2018년에 발간한 '지구온난화 1.5℃ 특별보고서'에서

163) LULUCF(Land use, land-use change and forestry): 인간의 직접적인 토지이용과 토지의 용도변경 및 산림개발행위에 의한 온실가스의 발생량. 산림개발행위의 종류에 따라 $CO_2$를 저감하거나(식목) 증가시키는(벌채) 효과가 있다.

164) Emissions Gap Report 2022, United Nations Environment Program, UNEP, 2022

[도표 11-7] 국가별 온실가스 배출량

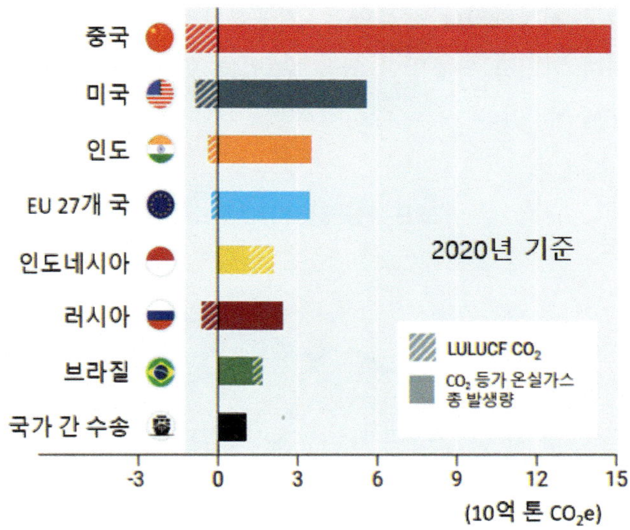


인류 생존을 위해 지구평균온도 상승폭을 1.5℃로 억제해야 한다는 중요성을 강조했는데 그 후 산업화 전 대비 1.5℃ 상승은 현재 기후변화와 관련된 다양한 국제적 논의와 협상에 있어서 기준이 되고 있다.[165)]

그 후 COP-21에서 채택된 '파리 협정'[166)]에 따라 산업화 이전 대비 지구 평균온도 상승폭을 2℃보다 현저히 낮은 수준으로 유지하고, 동시에 1.5℃ 이하로 상승폭을 억제하는 목표를 세웠다. 지구온난화 수준을 2℃ 미만으로 제한하기 위해서는 2030년 온실가스 배출량을 2019년 대비 27%(13~45%), 2050년 대비 63%(52~76%)로 줄여야 한다. 그에 비해서 지구온난화 1.5℃ 제한을 목표로 하면 2030년 온실가스 배출량은 2019년 대비 43%(34~60%), 2050년 온실가스배출량은 84%(73~98%)로 감축해야 한다.

그런데, 이런 세계 탄소의 배출량 목표치와 실제 배출되고 있는 경향에는 아직도 그 격차가 매우 크다. 2019년을 기준으로 세계 탄소 배출량은 590억 톤인데 온도 상승폭을 산업화 이전 대비 1.5℃ 이하로 제한하려면 2020년 이후에는 세계 탄소 배출량이 감소세로 접어들어야 하고, 2050년에는 현재보다 84% 줄어든 94억 톤까지 줄어야 한다. 즉, 2050년까지 탄소의 순배출량을 '제로' 즉 '탄소중립' 수준으로 만들어야 한다.

탄소중립은 '넷제로(Net Zero)'라고도 하며, 인간 활동으로 배출되는 여섯 가지 온실가스와 그 발생 요인을 최소화 하고, 이미 배출된 온실가스는 산림흡수나 이산화탄소 포집 등의 방법으로 제거해서 실질적인 온실가스 배출량을 '0'으로 만드는 것을 뜻한다. 대기

165) IPCC의 '1.5℃ 상승에 대한 특별보고서(Special Report on 1.5 degree warming)'는 2018년 우리나라 인천에서 개최된 제48차 IPCC 총회에서 채택한 보고서이며, 이는 유엔기후변화협약 제21차 당사국총회(2015년, 프랑스 파리)에서 IPCC에 요청한 1.5℃의 영향과 온실가스 배출경로에 대한 보고서이다.

166) 파리협정(Paris Climate Agreement)은 2015년 12월, 프랑스 파리 인근 르부르제에서 개최된 COP-21에서 채택되었다. 이 협정은 지구의 평균온도 상승폭을 2℃ 아래로 억제하되, 가능하면 1.5℃를 넘지 않도록 노력하는 것을 목표로 내걸고 있다. 세계 각 국가는 국가자발적기여(Nationally Determined Contributions, NDCs)를 통해 이 목표 달성을 위한 노력을 하고 있다.

중으로부터 이산화탄소를 제거하는 방법에는 지질, 토양, 해양 등에 저장소를 만들어서 영구 저장하거나 생물학적, 지구화학적, 혹은 다른 화학적 과정을 통하여 제품으로 만들어서 격리하는 방법이 있을 수 있고 또, 신규 조림, 재조림, 산림경영, 혼농 임업 등이 활용될 수 있다.

**[도표 11-8]** 2050 탄소중립 목표에 준한 온실가스 배출량 예측

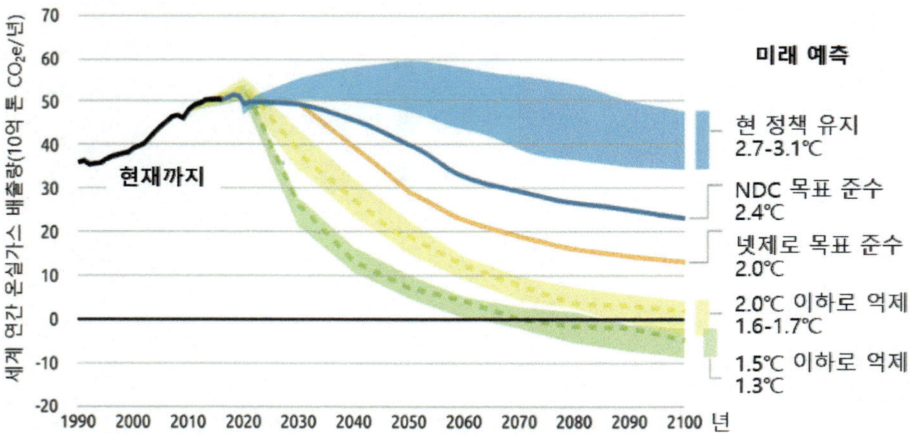


도표 11-8에서 2050 탄소중립을 위한 온실가스 배출량 예측을 보면 2020년까지 탄소 배출량 경향을 고려할 때 문제는 모든 국가가 파리협정에 따른 국가별 탄소 배출량 감축 목표를 달성하더라도 21세기 후반(2050년부터 2100년까지)에 파리협정의 목표는 실현 가능성이 크지 않다는 점이다. 또, 앞에서 정리한 것과 같이 최근 지구의 평균기온 상승 경향을 보면 상승폭 1.5℃는 매우 가까운 장래에 도달할 것으로 보인다. 게다가, 일부 전문기관들은 2023년에 벌써 지구 평균기온 상승폭이 이미 1.48℃에 도달했다고 주장하고 있어서 온도 상승폭을 1.5℃ 이하로 유지하는 것은 이미 불가능한 것으로 보인다. 이 말은 감축 목표를 준수하는 탄소배출의 감축 뿐만 아니라 이미 대기 중에 배출된 탄소를 적극적으로 제거하기 위한 노력도 필요하다는 뜻이다.

우리나라를 포함한 세계 각 국가의 파리기후변화협정에 따른 탄소감축 방법은 각 당사국이 자체적으로 온실가스감축목표(NDC)[167]를 정하여 5년마다 IPCC에 제출해야 하며,

167) 국가 온실가스 감축목표(Nationally Determined Contribution, NDC)란 파리협정에 의해 매 5년을 주기로 각 회원국이 자발적으로 결정한 국가 온실가스 감축목표를 말한다. 기후변화협약 모든 당사국은 NDC를 제출할 의무를 갖고 있지만 법적 구속력은 없다

그 이행상황을 점검 받도록 하는 것이다. 2021년 7월을 기준으로 192개 당사국이 1차 NDC를 제출했고 11개 국가는 2차 NDC를 제출했다. 예를 들어 유럽연합은 1990년 대비 40-55%를 감축하기로 했고, 미국은 2005년 대비 2025년까지 26-28%를 감축하고 2030년까지 50-52% 감축하기로 했다. 한편, 우리나라는 2023년 3월 '2050 탄소중립 달성과 녹색성장 실현'을 위한 '제1차 국가 탄소중립•녹색성장 기본계획'을 발표했다. 이 기본계획에서는 2030까지 국가 온실가스 배출량을 2018년의 국가 온실가스 배출량 대비 40%로 감축하는 것을 목표로 하고 있다.[168)]

## 11-2 지속가능한 개발

환경이란 넓은 의미로 인간의 주위를 둘러싼 자연과 인공 생활주변 전체를 말하는데. 환경의 영역은 나와 내가 속하는 지역, 국가, 국제사회 그리고 지구 전체가 될 수 있고 환경을 구성하는 요소는 사람과 동/식물, 물, 공기, 쓰레기, 소음 등이다.

축소된 의미에서 환경이란 인간과 산업사회의 관계이며 우리의 생산, 소비활동과 관련된 경제사회 전체이다. 첫 장에서 엔트로피 개념을 설명한 것과 같이 지상의 어느 곳에서든 부가가치가 높은 생산물을 만들어내면 동시에 동일한 장소에서 반드시 그에 상응하는 무질서한 공해가 발생된다. 즉, 우리는 인류의 복지를 목적으로 산업생산 활동을 하지만 그 과정에서 필연적으로 자연의 질서를 위반하고 균형을 파괴하며, 결국 자연과 인간생활의 부조화를 유발하고 불균형을 가져와서 건전한 발전, 지속 가능한 발전은 불가능하게 된다.

**[그림 11-3]** 에너지 이용의 양면성

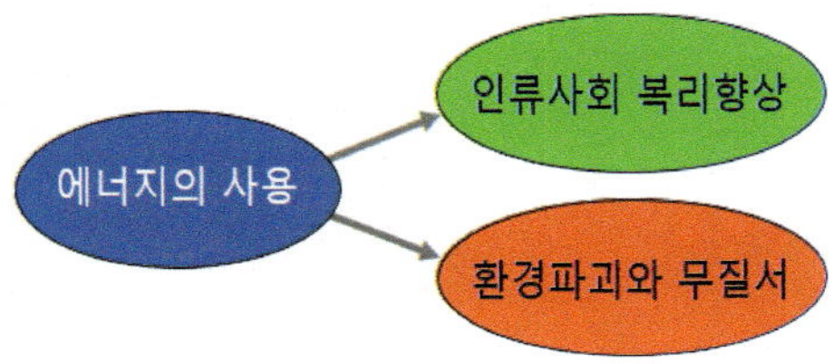


현대의 문명사회는 경제사회활동의 목표인 인간의 복리증진과 풍요로운 물질사용을 달성하기 위하여 다량의 화석에너지 자원과 광물자원의 투입을 필요로 한다. 지하에 매장된 화석원료는 태고적 동식물의 탄소 동화작용에 기인한 것이며 , 오랜시간을 통하여 안정적인 상태를 유지하는, 낮은 엔트로피 상태에서 자연적 균형을 이루고 있는 것이다.

168) 2030 국가 온실가스 감축목표(NDC) 상향 안, 관계부처 합동, 2021

우리는 기술산업적 생산을 위하여 바로 이 낮은 엔트로피의 에너지 자원을 채굴하여 태워서(연소반응) 높은 온도의 에너지를 이용하여 왔으며, 이는 필수적으로 폐열, 폐기물을 발생시켜 환경파괴와 무질서를 가져왔으며 환경의 영속성을 파괴해 왔다.

환경의 지속성이란 영속적으로 환경의 역할을 올바르게 수행할 수 있는 능력이다. 지속할 수 없는 상태는 자연자원이 보충될 수 있는 속도보다 빠르게 사용될 때에 발생한다. 지속이 가능하려면 인류는 그 활동에서 자연적으로 보충될 수 있는 한도 내에서 자연자원을 사용해야 한다. 원래 '지속 가능한 발전'이라는 개념은 '적재량(carrying capacity)'의 개념에 그 근거를 두고 있다. 이론적으로 적재량의 초과 상태 즉 환경의 퇴보가 장기적으로 지속되면 인류의 삶은 지탱될 수 없게 된다. 이러한 전 지구적인 규모의 퇴보는 인류의 멸종을 초래할 수 있다.

독일 속담에 "지구는 사람이 필요치 않지만 사람은 지구를 떠나 하루도 살 수 없다."는 말이 있다. 지구의 역사는 40~50억년 전으로 거슬러 올라가는데 인류의 조상인 호모 사피언스가 출현된 것으로 짐작되는 15만~5만년 전 지구의 인구는 200~300만 명이었다고 하고, 2,000년 전에는 2~3억이었다. 현재 세계 인구는 80억에 육박했고 2050년대에는 100억을 넘어설 것으로 보고 있다. 반면에 지구의 적재량은 자연원리에 따라 늘어나는 것이 아니기 때문에 태고적부터 지금까지 일정하고 인류가 사용한 만큼씩 줄어들고 있다. 인구가 기하급수적으로 늘어나기 때문에 지구의 적재량은 그에 따라서 기하급수적으로 감소해 왔다.

**[사진 11-1]** 로마클럽의 엠블렘과 보고서

지구 적재량의 기하급수적 감소에 대해서 처음으로 경고한 것은 1968년 6월에 창립된 로마 클럽이었다. 로마클럽은 무분별한 물질성장은 지구의 파멸을 초래한다고 경고하면서 환경파괴로부터 자연회복, 인간회복을 제창했다.[169] 천연자원의 고갈, 환경오염, 지구온난화, 기상이변 등 인류의 위기 타개를 모색하고 경고하는 것을 목적으로 한 로마클럽의 이념은 '하나뿐인 지구보호'였다. 이 클럽은 1972년 "성장의 한계(The limit to growth)"라는 보고서를 발표하고

169) 로마클럽(Club of Rome)은 1968년 이탈리아 사업가 아우렐리오 페체이 박사의 제창으로 지구의 유한성이라는 문제의식을 가진 유럽의 경영자, 과학자, 교육자 등이 로마에 모여 회의를 가진 데서 붙여진 명칭이다.

제로성장의 실현을 주장하여 세계적으로 큰 주목을 받았다.

로마클럽은 그 당시까지 지구상태의 대표적 요소인 산업생산량과 식량, 그리고 인구의 증가와 공해 발생량을 기초로 한 전산 모델을 이용하여 미래를 예측했다. 이들 모든 요소의 양은 인구증가에 따라 기하급수적으로 증가 혹은 감소한다는 전제였다. 이런 예측은 많은 근거를 통해서 오늘날까지도 그 타당성을 인정받고 있다. 자원이 고갈되는 미래에는 산업생산도 급감하고 식량도 줄어들고, 급기야 인구도 그 때문에 감소한다는 것이다.즉, 환경파괴가 지구의 적재량을 초과하는 경향은 지속가능하지 않고 그 반대 혹은 최소한 균형을 이루어야 지속성이 유지된다는 것이다.

**[도표 11-9]** 로마클럽의 지구상태 예측(예)

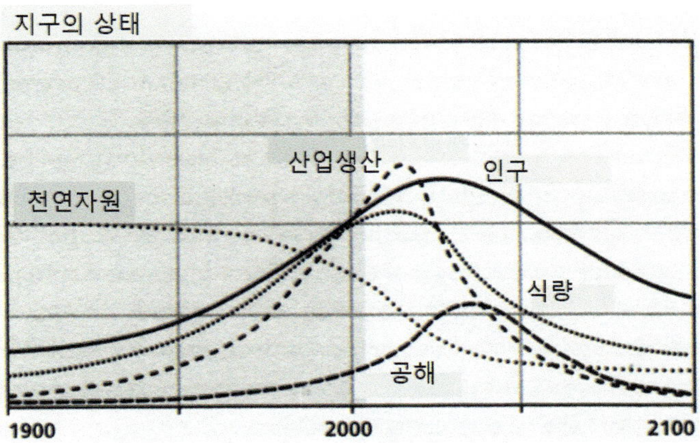


로마클럽의 이런 예측과 경고는 그 이후 1972년 6월 스웨덴 스톡홀름에서 열린 제1차 유엔인간환경회의[170]로 연결되었고, 그로부터 20년 후, 1992년에는 브라질의 리우데자네이루에서 유엔환경개발회의[171]가 열렸었다. 이 회의에서는 지속가능한 개발(Sustainable Development)을 처음으로 지구인의 행동강령(리우선언)으로 채택하여 150여개국 대표가 서명했으며, 인류 사회의 영속적인 과제는 자연생태계와 조화를 이루는 경제 시스템을 개발하는 것이라고 주장했다.

리우선언의 요지는 세계 모든 국가와 사회는 새롭고 공평한 파트너십을 구축한다는 목표를 가지며, 현세대와 미래 세대의 모든 인간을 위한 이익을 존중한다는 것이다. 또한, 지구적 규모의 환경 및 개발 시스템의 일체성과 균형을 유지하는 국제적 합의를 향하여 활동하며, '하나뿐인 지구' 즉 인류사회와 지구의 불가분성과 상호 의존성을 인식한다는 것이다.

---

170) 유엔인간환경회의(UN Conference on Human Environment, UNCHE)는 환경보전과 경제개발의 문제를 연계시킨 최초의 국제회의였으며 '환경적인 제약을 적절히 배려하지 못한 경제개발은 낭비적이고 지속 불가능하다'고 선언하고 원칙과 행동계획 등을 발표했다.

171) 유엔환경개발회의(The United Nations Conference on Environment and Development, UNCED, Rio de Janeiro, 1992년 6월 3-14일. 유엔지구정상회의(UN Earth Summit라고도 함)

'지속가능한 발전'이라는 개념은 1987년 유엔총회에서 설립한 세계환경개발위원회[172]가 보고한 '우리 공동의 미래(Our Common Future)'에서 처음으로 제시되었고 '미래 세대의 필요를 충족시킬 능력을 저해하지 않으면서 현세대의 필요를 충족시키는 개발'[173]이라고 정의하고 있다. 이 개념은 1992년 브라질 리우에서 개최된 환경과 개발에 관한 정상회의(유엔환경회의에서 '환경적으로 건전하고 지속 가능한 발전'이라는 이념으로 채택되어 미래 경제사회 발전의 기본 원칙으로 사용되었다. 이 개념은 현세대와 미래세대의 복지와 안녕에 대한 권리를 동일한 가치로 본다는 것에 그 핵심이 있는데, 현세대의 과도한 자원사용과 환경파괴가 후세대의 복지를 위협하지 않도록 배려하는 개발을 의미한다. 이는 또한, 세계 모든 국가가 사회경제 등 모든 분야의 정책 수립에서 지속성, 형평성, 효율성을 토대로 경제와 환경을 동일한 가치(coexist on equal basis)로 봐야 한다는 것을 의미한다.

**[사진 11-2]** 유엔환경개발회의

리우환경회의는 '환경과 개발에 관한 리우선언'을 지구헌장으로 채택하고 지속가능한 발전을 달성하기 위한 행동강령으로 '의제 21(Agenda 21)'을 발표했다. 이 회의는 또한 지구온난화 방지를 위한 기후변화협약과 생물종의 감소를 막기 위한 생물다양성협약 등 지구환경 보전을 위한 각종 국제협약도 제안했다.

의제21은 환경사안에 대한 해결방안과 이를 위한 국가와 각계의 역할, 법과 제도, 기술이전 및 재정지원 등의 포괄적인 이행체계를 권고하며, 국제사회의 지속가능발전 이행계획을 마련한 첫걸음이다. 구체적으로는 정치, 경제 및 사회의 모든 주체들이 해당 분야의

172) 1987년 유엔 총회에서 설립한 세계환경개발위원회(World Commission on Environment and Development: WCED) 일명 브룬트란트위원회(Brundtland Commission)

173) Sustainable Development, SD: Development that meets the needs of the present without compromising the ability of future generations to meet their own needs.

전략을 수립함에 있어서 지속가능한 발전을 고려하기 위하여 환경에 관한 위기관리, 생태환경 보호, 사회적 윤리규범 및 직업윤리, 재무, 조직관리 등 매우 다양하게 세분화되어 있다.

지속가능한 발전은 사회발전과 경제성장, 환경보호를 세개의 기본축(triple bottom line)으로 하여 이 기본축들이 서로 의존적이고 상호증진적인 발전을 한다는 것이며, 각각의 축은 다음과 같은 목표를 실천하고 그에 따른 책임을 지도록 하고 있다. 또, 이 세개의 축은 서로 부정적 간섭이나 불균형이 없이 조화롭게 공정하고 균형적이며 영속적으로 견딜 수 있어야 지속성이 보장된다는 뜻이다. 환경보호와 경제성장 두 축은 경제성장에 따른 환경 서비스를 보장하고 환경 불평등이 없어야 하며, 자원의 순환적 사용으로 고갈을 방지해야 지속적인 경제성장이 가능하다. 사회/환경 축에서는 자원이용의 효율성을 높이고 지속가능한 소비생활과 도시구축이 그 핵심이 된다. 또한, 빈곤퇴치와 식량안보를 달성하고, 교육 및 건강보장과 의무교육을 실천하며 성평등 사회를 구축해야 한다.

사회발전은 건전한 지역사회와 국가발전을 추구하는 것이 목표이며, 사람의 건강과 안전을 보장하고 이해관계자들의 투명하고 민주적 공동 참여를 유도하며 모든 개체의 평등한 교육에 대한 책임을 진다.

환경보호는 물리적 자연 환경자원과 그 취약성을 이해하고, 인간의 활동과 결정이 자원과 환경에 미치는 영향을 인식하면서 자원과 환경공해 그리고 산업생산 제품에 대한 책임을 진다.

**[그림 11-4]** 지속가능한 발전의 3개의 축

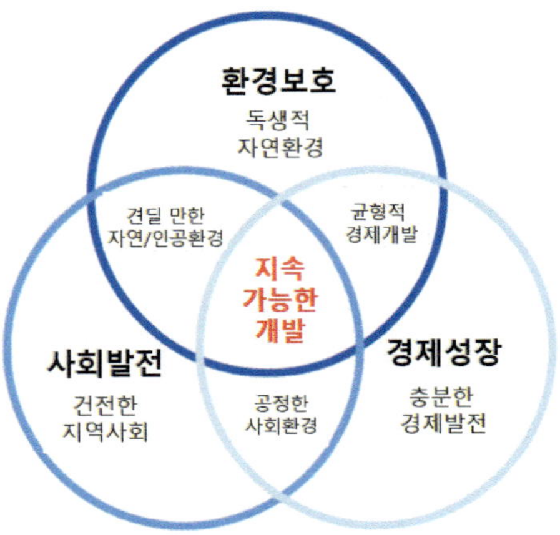


경제발전은 경제성장의 한계와 잠재적 가능성이 사회와 환경에 미치는 영향을 인식하면서, 투자자의 수익보장과 국가와 지역사회 발전에 대한 책임을 진다. 기업간 건전한 상생을 보장하며 항상 소비자의 입장에 서야 한다.

지속가능한 개발의 핵심이 되는 요소는 현재 세대가 누리는 환경자산을 미래 세대도 동일하게 누릴 수 있도록 하는 세대간의 형평성이 그 핵심이다. 또, 우리의 경제적 번영은 환경파괴를 담보로 해서 이루어 져서는 안되며, 경제성장과 환경파괴의 종속된 고리를 끊어야 한다. 지속가능한 경제개발은 또, 천연자원의 투입과 환경파괴가 최소화된 전제 하에서 이루어 져야 하며 그렇게 함으로써 우리의 환경에 대한 적응능력과 회복능력이 보장된다는 개념이다. 균형적 경제개발이라고 하는 것은 환경과 경제의 동일한 가치를 뜻하며, 특히 경제개발 때문에 부당하게 환경적 부담을 안게 되는 환경취약 계층이나 지역이 없어야 한다는 뜻이다. 공정한 사회환경은 한 국가의 내부 뿐만 이나라 체제와 문화를 달리하는 다른 국가에도 동일한 가치로 적용되어야 하며, 한 국가의 경제개발이 다른 국가의 존속에 부정적 부담을 줘서는 안된다. 환경과 경제가 균형을 이루는 조화로운 발전이 범지구적 의제로 채택됨에 따라 청정한 에너지 뿐만 아니라 생태계를 보전하고 자원투입을 줄이는 생태효율, 순환경제와 같은 핵심적인 개념들이 등장하였다.

생태효율성이란 기업이나 국가가 경제성장을 추구하는데 있어서 무차별적인 환경파괴를 지양하고 생태계 파괴를 최소화한다는 개념이다. 경제발전을 추구하면서 에너지와 천연자원, 생태계 자원을 사용할 때 지구의 적재능력을 넘지 않도록 최대한 적게, 효율적으로 사용하며 개발과정에서 발생하는 오염 물질의 발생을 최소화하면서 최대한의 경제적 성과를 창출한다는 개념이다. 따라서 자연에 부담을 적게 주는 제품이 생태효율성이 높은 제품이다.

자본주의적 개념의 효율성은 제품의 제조비용과 수익성, 시장가격만이 효율성의 잣대가 되고 생산단계만 기준이 된다. 그러나 생태효율성은 제품생산에 들어가는 원료에서부터 제품의 사용 후 폐기까지의 전 과정이 기준이 된다. 생태효율성은 향후 모든 산업계와 공공기관 및 개인의 의식주 생활에서 지속가능한 개발을 실현하는 척도로 쓰일 것이다.

생태효율성(eco-efficiency)은 산업 제품 및 용역의 효용가치를 그 제품의 생산이나 서비스 활동으로 인한 환경영향으로 나눈 값으로 표시되는데, 따라서 생태효율성 향상은 제품 및 서비스의 가치 상승 또는 환경영향 저감 또는 이 두 가지를 모두 달성함으로써 이룰 수 있다. 원래 생태효율성은 1992년 유엔환경개발회의 때 제안된 행동강령, Agenda 21을 실천하기 위하여 설립된 '지속가능발전을 위한 세계기업협의회'[174]가 도입한 개념이다. 산업생산 과정에서 최소한의 자원으로 최대한의 가치를 창출한다는 이 개념은 그 후 많은 국가에서 생태효율성을 국가경제 전체에 적용하는 개념으로 확대한 '녹색성장' 개념으로 정립되었다.

174) 지속가능발전을 위한 세계기업협의회(World Business Council for Sustainable Development, WBCSD)는 기업의 발전과 지속가능발전을 동시에 추구하는 약 200개의 글로벌 기업으로 구성되어 있고, 각 기업의 CEO가 주도한다. 22개 주요 산업 부문으로 구성되어 있으며, 회원은 36개국인데 약 60개의 국가 및 지역 비즈니스 협의회와 파트너 조직으로 구성된 글로벌 네트워크를 이루고 있다.

[그림 11-5] 지속가능한 개발과 생태효율성 관리

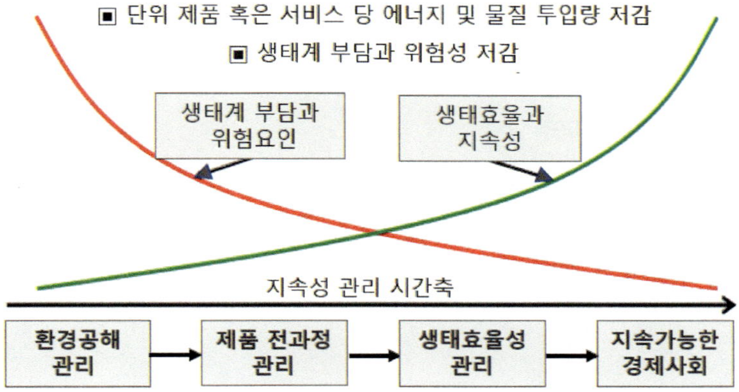


현대 사회의 경제성장 패러다임(인식체계)으로는 모든 자원의 배분과 사용이 시장가격에 의해 결정되고 있기 때문에 시장가격 패러다임이라고 할 수 있다. 이런 경제활동에서는 가장 근본적인 원리가 되는 시장가격이 생산과 소비에 의해 결정됨에 따라, 생태비용을 반영하지 않고 있으며, 그에 따라, 시장가격과 생태비용 간에는 차이가 있을 수 밖에 없다. 따라서 시장가격 패러다임 측면에서는 가장 효율적인 활동이 생태효율성 측면에서는 가장 나쁠 수도 있는 것이다.

예를 들어 대형 자동차를 타는 것은 시장가격 측면에서는 해당 소비자가 시장에서 지불한 가격에 비해 보다 큰 만족을 얻고 있는 한 아무런 문제가 없다. 그러나, 생태효율성 측면에서는 이런 기준에서의 경제활동은 소형 자동차, 또는 대중교통 수단에 비해 훨씬 나쁘다고 하겠다. 이는 동일한 목적을 위한 활동에 훨씬 많은 자원을 사용할 뿐만 아니라 더 많은 오염까지 배출하기 때문이다. 따라서 경제와 생태 간의 조화와 지속가능성을 달성하기 위해서는 경제사회의 패러다임이 현재의 시장가격 패러다임에서 생태효율성 패러다임으로 바뀌어야 하고 또, 시장가격이 생태비용을 감안한 가격이어야 한다.[175]

산업 제품과 서비스 활동의 생태효율성 평가관점에는 다음과 같은 항목들이 기준이 된다.

175) 허탁, Auto Journal 2021

- 산업 제품과 서비스 활동에 투입되는 물질(원료) 집약도를 줄이는 것
- 산업 제품과 서비스 활동에 투입되는 에너지 집약도를 줄이는 것
- 독성물질의 확산을 줄이는 것
- 제품의 재활용성을 증가시키는 것
- 재생가능한 자원을 최대한 많이 사용하는 것
- 생산제품의 내구성을 높이는 것
- 산업 제품과 용역활동의 유효성(기여도)을 높이는 것

**[그림 11-6]** 유럽 에코라벨

유럽에서는 2023년 9월 현재 유럽연합(EU) 시장에서 통되는 88,900여개의 산업제품(용역활동 포함)에 더하여 공인기관에 의한 생태효율성 검증(Ecobalance)하고 2,580여 건의 생태효율성 증서(license)를 부여했으며, 이런 제품은 '유럽 생태효율성 라벨(EU Ecolabel, 에코라벨)을 부착하고 있다. EU 에코라벨을 많이 부여 받은 선두 국가에는 이탈리아, 스페인, 프랑스, 독일 등이 포함되어 있다.

유럽연합에 속하지 않는 EU외 국가들(예: 노르웨이, 파키스탄, 스위스, 터키, 영국 및 미국)도 1,800여 개 제품(전체의 2%)에 대한 109개 라이선스(전체의 4%)에 대하여 EU 에코라벨을 획득했고, 이러한 라이센스의 상당 부분은 섬유(30), 경질 표면 청소 제품(14), 윤활유(13) 및 관광 숙박 서비스업(12)에 속한다.[176)]

지속가능한 개발의 방향은 우리의 모든 경제활동에서 생태계에 주는 부담과 위험요인을 줄이는 길이고 생태효율성과 지속성을 높이는 길이다. 산업계에서 생산하는 제품이나 제공하는 용역(서비스)활동에 필요한 에너지나 물질 투입량을 줄이는 방향이다. 과거에 산업체들이 생산활동에서 공장 내 혹은 공장의 경계 밖으로 직접 배출되는 공해물질의 관리에만 초점을 둔 환경관리를 했다면 미래에는 제품의 전과정(life cycle)을 두고 공해뿐만 아니라 자원관리, 생태계 관리를 해야 한다.

생태효율성을 높이는 길과 함께 지속가능한 경제사회를 이룰 수 있는 또 하나의 길은 순환경제를 달성하는 길이다. 순환경제(circular economy, CE 혹은 closed-loop econo

176) EC(European Commission)

my)란 생산된 소재와 제품을 최대한 오랫동안 사용하기 위하여 공유, 임대, 재사용, 수리, 개조 및 재활용하는 생산/소비 체계이다. 순환경제는 자원순환이 그 핵심이고 제품의 수명주기가 연장되고, 따라서 천연원료의 투입을 줄일 수 있고 폐기물의 발생이 최소화되는 친환경적 경제체계이다.

산업혁명 이후 수백 년간 우리의 경제사회는 대량 생산, 대량 소비를 추구하면서 자원의 조달, 생산, 소비, 폐기에 이르는 과정이 일방통행식으로 이루어진 선형경제(linear economy)이다. 선형경제는 채취한 천연자원을 이용하여 물건을 생산하고, 생산한 물건을 사용한 뒤 폐기하는 일방향적인 경제체계인데, 그에 반하여 순환경제는 이런 선형경제 체계의 생산과 소비 방법을 근본적으로 바꾸고 궁극적으로 폐기물이 없는 혹은 최소화하는 지속가능한 사회를 실현하기 위한 길이고 자원의 고갈, 기후변화, 생물 다양성 손실, 폐기물 및 오염과 같은 글로벌 문제를 해결하는 길이다.

순환경제는 단순한 재활용(recycling)과는 다르다. 재활용은 수명이 다한 기존 제품의 폐기재료를 다른 제품의 2차 원료로 재투입하는 반면, 순환경제는 생산된 산업제품을 지속적으로 이용하며 물건이나 자산의 생성 및 폐기를 짧고 빠르게 순환시켜 그 잠재 가치를 극대화하는 것이 목표라는 데 그 차이점이 있다. 또, 재활용은 서로 다른 종류의 폐기재료를 낮은 수준으로 분리하여 기능과 품질이 기존 제품보다 떨어지는 2차 제품으로 다운사이클링(downcycling)이 되지만, 순환경제 체계에서는 처음부터 다음 사용 주기를 고려해 제품을 설계, 생산하기 때문에 재료의 품질저하를 최소화 하는, 높은 품질의 제품을 만들 수 있다.

**[그림 11-7]** 순환경제 체계와 선형경제 체계의 차이

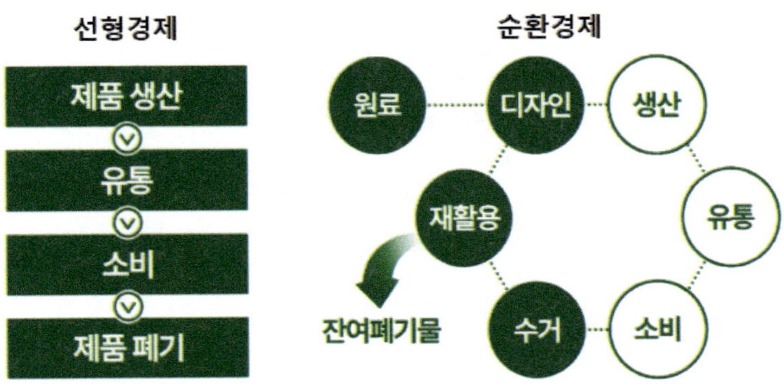

순환경제의 자원순환 사이클은 디자인 단계부터 시작되는데, 자원의 순환을 염두에 두고 제품의 내구성을 높여서 오래 사용할 수 있도록 하고 또, 수명이 다하기 전에 생산자가 회수하여 소재나 부품을 물리적, 화학적 변환을 거쳐서 재활용하거나 부품을 수리, 재생하여 재이용할 수 있도록 설계한다. 이런 제품설계는 특히 생산보다는 해체, 분리를 염두에 두고 단일 부품, 단일 소재로 불순물이 없이 회수할 수 있도록 디자인한다. 특히, 재활용할 수 없는 잔여 폐기물을 최소화 할 수 있도록 설계하여 천연원료의 투입을 최소화 한다.

순환경제 체계에서는 제품의 유통이나 소비가 과거 소비자가 폐기하는 책임을 지는 '사용 후 폐기'라는 개념에서 생산자가 '사용 후 회수'를 하는 일종의 공유자산 형태로 산업제품의 전 수명주기를 생산자가 책임지는 체계로 바뀐다. 이런 체계에서 소비자는 단지 제품을 이용할 수 있는 권한만 구입하게 되고, 사용이 끝난 제품은 반드시 생산자에게 다시 돌려줘야 하는 책임을 진다. 이런 소비를 '녹색소비'라고 부르기도 하는데 녹색소비는 기존의 '사용 후 버리는' 단방향의 반 환경적 소비로부터 탈피하여 '사용 후 돌려주는' 소비제의 전 과정을 고려한 환경친화적이고 자원효율적인 소비를 말한다.

순환경제는 유럽을 중심으로 시작되었지만 이제는 전 세계로 확산되고 있다. 유럽연합(EU)은 산업제품의 제조와 소비에 필요한 자원과 에너지의 80%는 제품의 자원순환적 설계를 통하여 줄일 수 있다고 보고 있다. 또, EU는 연합국 전체 온실가스의 9.1%가 산업제품의 생산과 소비에 의한 양이고, 3.32%가 그 폐기물의 처리 때문에 발생되는 것으로 보고 있다.[177)]

유럽연합의 폐차처리지침(EU ELV Directive)[178)] 은 2000년에 채택되어 의무화되었다. 이 지침에 의하면 2003년부터 자동차 부품에 납, 수은, 카드뮴, 6가크롬 등 유해물질의 사용이 제한되고, 2015년 이후에는 금속소재를 포함한 전체 차량중량의 95%를 회수(recovery)하고 85%를 재활용(recycle) 해야 한다. 이 지침은 생산자 책임제도 (Extended Producer Responsibility, EPR)를 통해 ELV의 재사용, 재활용 및 회수에 대한 명확한 목표를 설정하여 수명이 다한 차량과 그 부품의 폐기물 발생을 예방, 제한하고 차량의 전 수명주기와 관련된 해체업자, 파쇄업자를 포함하는 모든 경제주체에게 단계별로 구체적인 재활용 목표를 부과하여 환경성과를 개선하는 것이 목적이다.[179)]

---

177) News of European Parliament, 2023-05-24

178) EU Directive: EU 경제공동체에서 채택한 강제규정 지침이며, 가맹국은 국내 법이나 규제를 그에 따라 개정하여야 하나, '최저 한도의 요구'이기 때문에 덜 엄격하게 할 수는 없다. ELV Directive는 수명이 다한 폐자동차(End-of-life vehicle)의 재사용, 재활용 및 회수에 대한 지침이다.

179) 재이용(reuse)이란 기존 제품이 폐기물이 되기 전에 그 제품이나 부품을 동일한 목적으로 다시 사용하는 것을 말하며, 회수(recover)란 사용 후 제품을 이용하여 자원(물질)이나 열(에너지)의 얻는 것, 그리고 재활용 (recycle)은 사용 후 제품의 폐기물을 이용하여 만든 새로운 제품으로 다시 활용하는 것을 말한다.

[그림 11-8] 유럽연합의 폐자동차 자원순환

플라스틱 제품, 특히 포장재는 매우 심각한 환경적, 사회적, 경제적 문제를 야기하고 사람의 건강을 해치고 생태계를 파괴한다. 세계적으로 생산되는 플라스틱 제품의 반은 일회용으로 사용되며, 매년 4억 톤의 폐플라스틱이 발생된다고 한다. 또, 생산되는 플라스틱 제품의 36%는 식품이나 음료 등을 담는 일회용 용기를 포함한 포장재로 사용되며, 포장재의 85%는 관리가 되지 않는 폐기물로 매립되고 있다.[180] 유럽은 이런 폐플라스틱 문제를 해결하기 위하여 플라스틱 제품을 위한 자원순환 체계를 도입하고 있다.

독일의 화학회사, BASF는 ChemCycling®이라는 프로젝트에서 가치사슬 파트너와 함께 플라스틱 폐기물이나 수명이 다한 타이어를 열분해 방법[181]으로 분해하여 오일로 회수한다. 이를 통해 얻은 열분해 오일은 BASF의 '화학제품 통합생산 네트워크'인 '페어분트(Verbund) 시스템'의 가치사슬에 원료로 공급하여 여러가지 플라스틱 제품을 생산하고 있다. 이런 자원순환을 통하여 재투입 되는 원료는 천연자원에서 얻어지는 원료보다 그 품질이 떨어지지 않고 또, 에너지 투입면에서 더 효율적이라고 한다. 이 프로젝트는 기술적으로나 경제적, 환경적인 이유로 기존의 재료와 동일한 것으로 재활용되지 않는, 예를 들어 불순물이 많이 섞인 것, 여러가지 종류의 플라스틱이 혼합되어 있으며 기계적으로 단순 분리가 어려운 폐플라스틱을 대상으로 하고 있다.

---

180) UNEP 홍보, Our planet is choking on plastic

181) 열분해(pyrolysis/thermal decomposition)란 어떤 물질을 산소 차단 하에 높은 온도(보통 400°C 이상)로 가열하여 분해하는 방법이다. 폐플라스틱 열분해는 고분자인 물질을 무산소 조건에서 직간접 가열(300~800℃)하여 가벼운 분자의 액체 혹은 기체 탄화수소로 분해하는 기술이다. 이를 통해 얻는 열분해유로 납사, 경유 등 석유화학제품을 만들 수 있고 합성가스는 개질 · 추출해 수소 등을 생산할 수 있다.

BASF는 이런 원료물질을 회수하여 화공원료로 재사용함으로써 화석자원을 절약할 수 있으며(2톤의 폐플라스틱으로 부터 1톤의 열분해 오일 생산) 석유나 천연가스 등의 화석자원을 이용하여 생산한 기존의 제품보다 온실가스를 더 적게 배출하고 또, 폐플라스틱을 소각하는 것 보다 $CO_2$의 발생을 50%로 줄일 수 있다고 한다. BASF는 현재는 폐플라스틱의 약 20%만이 소재로 재활용되고 있지만 ChemCycling®을 통하여 주로 포장재로 사용된 혼합 폐플라스틱을 75%까지 재활용할 수 있다고 한다.[182]

**[그림 11-9]** BASF의 폐플라스틱 자원순환 방법

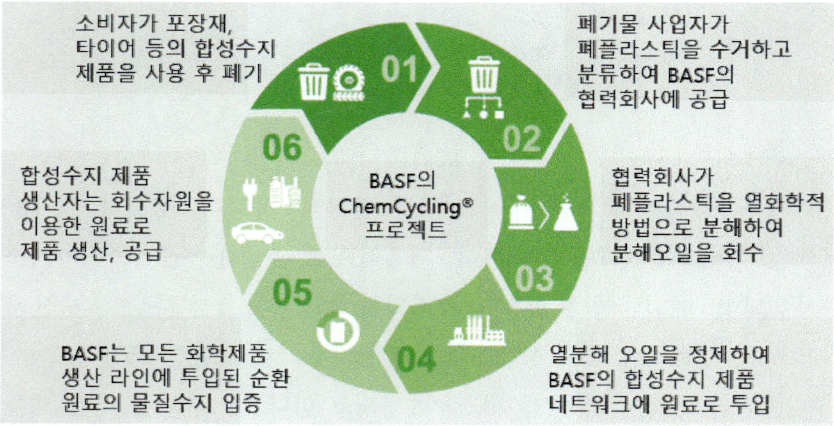


## 11-3 지속가능한 에너지의 이용

초기 인류역사에서 불의 사용과 먹을 것에 대한 욕구가 식물과 동물 공동체의 자연적 구성을 변화시켰을지라도 그 규모는 매우 적었을 것이고, 수렵채집을 하는 인간집단이 환경에 미치는 영향은 극히 적었을 것이다. 기원전 8,000~12,000년 경 신석기 시대는 농경과 정착 공동체의 출현과 토기, 마제석기, 궁시 등의 도구사용을 문화적 지표로 하는 시대였다. 구석기시대의 채집경제로부터 신석기 시대의 정착 생산경제로의 발전은 빙하기 이후 일어난 기후의 변화 때문이고, 그 후 오늘날과 같은 기후로 변해 농업생산에 적합한 시기에 돌입할 수 있었으며 안정적이고 대규모인 공동체를 구성할 수 있었기 때문이라고 한다.

182) Chemical recycling of plastic waste, BASF SE, 2024

수천 년에 걸친 기술의 발전으로 인해 인간의 환경에 대한 통제력은 더욱 강하게 되었고 점점 더 정교해지고 규모가 커가는 기계에 동력을 공급하기 위해 화석연료 에너지를 사용하게 되었다. 이런 막대한 생산 잠재력을 활용한 것은 18세기 후반과 19세기 초에 서구에서 일어난 산업혁명이었다. 이러한 상황은 인구의 폭발과 전례없는 산업, 기술, 과학적 성장을 가져왔고 오늘날까지 계속되고 있다. 20세기에 이르러서는 건강과 부의 증가에 따라 인구가 급격히 늘어나고 자원소비가 기하급수적으로 늘어나면서 그와 더불어 대규모의 환경공해와 지구 생태계의 교란을 가져오고 있다. 20세기 후반이 되자 환경문제는 전 세계적인 규모로 커졌고, 1973년과 1979년의 에너지 위기는 지구촌이 재생 불가능한 자원에 어느 정도로 심하게 의존되어 있는지를 보여주었다.

인류 경제사회의 이런 지탱할 수 없는 환경 때문에 생태학은 일반적으로 새로운 과학 분야로 받아들여지고 있으며, 인류를 포함한 생명체의 상호 연결성, 지구 자연순환의 중요성을 고려한 에너지 흐름에 대한 새로운 인식을 하게 되었고, 지속가능성이 인류의 세대를 초월한 복지, 안녕의 절대적 조건임을 알게 되었다. 한경 환경오염, 인구 폭발, 소비주의 및 한정된 자원의 고갈에 대한 이런 우려는 1975년 글로벌 싱크탱크인 로마클럽이 출판한 성장의 한계(The Limits to Growth)에서 표현되었다. 1987년 유엔 세계환경개발 위원회(브룬트란트 위원회)는 보고서 '우리 공동의 미래'에서 환경문제를 증가시키지 않으면서 인간의 필요를 충족시키기 위해서는 지속가능한 개발이 필요하다고 제안했다.

그 후 이런 지속성에 대한 대중의 인식이 증가되고 국제사회에 널리 확산되었으며, 자원의 재활용 및 재생가능 에너지를 기반으로 한 지속가능한 삶을 추구하게 되었다. 1970년대와 80년대 주로 풍력 터빈과 태양광 발전을 중심으로 한 재생 가능 에너지원의 개발과 수력발전의 사용은 화석연료와 원자력 발전에 대한 보다 지속 가능한 대안으로 제시되었다.

21세기에는 인간이 유발한 지구온난화로 인한 위협에 대한 인식이 높아졌으며, 이를 방지하기 위하여 전통적 시장우선 경제체계에 환경보전의 가치를 보완하여 생태보전을 우선적으로 포용하는 윤리적인 경제 모델을 제안하고 있다. 경제사회 모든 활동의 수명주기를 평가하고 '요람에서 무덤까지' 혹은 '요람에서 새로운 요람'까지 생태발자국을 분석하여 많은 새로운 기술을 개발하고 있다. 앞에서 정리한 것과 같이 지속가능한 개발의 방향은 우리의 모든 경제활동에서 생태계에 주는 부담과 위험요인을 줄이는 길이고 생태효율성과 지속성을 높이는 길이다. 산업계에서 생산하는 제품이나 제공하는 용역(서비스)활동에 필요한 에너지나 물질 투입량을 줄이는 방향이다.

브룬트란트 위원회의 보고서는 '우리 공동의 미래'에서 지속가능한 개발은 '미래 세대의 필요를 충족시킬 능력을 저해하지 않으면서 현세대의 필요를 충족시키는 개발' 이라고 정의하고 있다. 에너지 이용의 관점에서 이 개념을 적용하면 지속 가능한 에너지는 현재 뿐만 아니고 앞으로 먼 미래에도 지속성이 보장되어야 하며, 모든 세대의 에너지에 대한 욕구(필요)를 충족시킬 수 있어야 한다는 뜻이다.

또, 1992년 브라질의 리우에서 있었던 유엔환경개발회의에서 제창한 '환경친화적이고 지속가능한 개발'[183]을 지속가능한 에너지 세상을 표현하기 위하여 옮겨 놓으면 지속가능한 에너지 세상은 자연생태계와 경제개발이 어느 한쪽으로도 기울지 않는 조화로운 균형[184]을 이루어야 한다는 뜻이 된다. 그래서 지속가능한 에너지 체계는 최소한 다음과 같은 조건을 만족시켜야 한다.

- 세대를 초월하여 장기간 사용해도 항구적이며 고갈되지 않을 것
- 생산, 이용할 때 지구 생태계에 해를 주지 말고 사람의 건강을 해치지 말 것
- 에너지의 보급과 혜택으로 인류사회에 불평등을 초래하지 않을 것

**[그림 11-10]** 지속가능한 에너지 체계의 조건

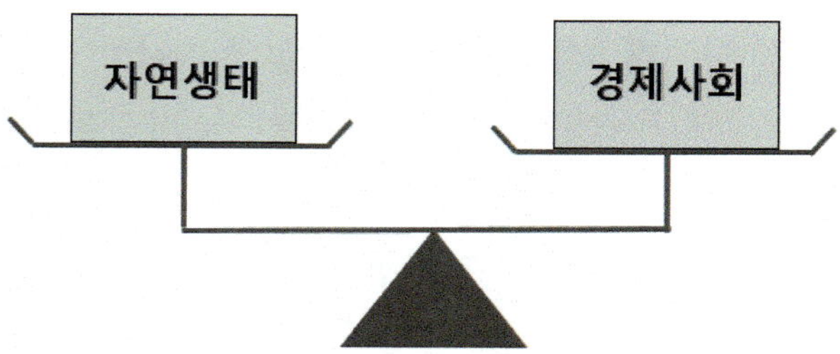


현재 우리가 의존하고 있는 천연 화석에너지는 고갈되는 에너지원이기 때문에 장기간 지속적으로 사용할 수 없다. 그래서 위의 조건을 만족시키는 에너지원은 결국 자연의 순환작용에 의존하고 지구의 생명과 같이하는 항구적, 순환적 에너지여야 한다. 또, 위에서 말하는 인류사회의 불평등이란 경제개발 수준에 따른 불평등, 지리적 조건에 의한 불평등, 그리

183) 환경 친화적이고 지속가능한 개발: Environmentally Sound and Sustainable Development

184) Achieving a balance between economic development and preservation of ecology 혹은 Developing a healthy economic system in tune with the ecology 로도 표현한다.

고 특히 현세대와 미래세대 간의 불평등을 말한다. 현세대의 복지, 안녕에 대한 욕구와 미래 세대의 욕구를 평등하게 본다는 것은 곧 지속적이라는 것이다. 좀 다르게 표현하면 지속가능한 에너지는 모든 사람을 위한 에너지 집약적 산업재화와 서비스의 공평한 이용과 미래 세대를 위한 지구자원과 생태계 보전 사이의 역동적인 조화라고 할 수 있다.

그린에너지는 일반적으로 세계 에너지 안보에 기여하고, 화석연료 자원에 대한 의존도를 줄이고, 온실가스를 줄일 수 있는 기회를 제공하므로 지속가능한 에너지에 필수적인 기여자이다. 그린에너지 기술의 초기는 19세기 말 산업 혁명 직후에 등장했으며 수력발전, 바이오매스 연소, 지열의 직접 이용과 지열발전 등이었는데, 이러한 기술의 대부분은 매우 소규모였으며 그 기술도 매우 원시적이었다.

그러나, 1970년대 석유위기와 관련된 에너지의 안보쟁점으로 인해 에너지 자급자족 문제가 크게 대두되면서 그린에너지는 환경적 이점을 넘어서 자원 불평등 해결책으로 이어졌다. 1980년대 이후에는 소위 2세대 그린에너지 기술이라고 할 수 있는 태양열 냉/난방, 현대적 형태의 풍력과 바이오 에너지, 태양광 발전 등에 많은 연구, 개발 및 시범투자가 있었고, 그 결과로 국가 간의 기술이전도 이루어져서 그린에너지 시장의 세계화가 시작되었다. 이때 유럽에서는 '에너지의 전환'[185]이라는 개념을 사회에 확산하고 국가 정책에 반영하기 시작했다.

그린에너지의 3세대 기술에는 첨단기술에 의존한 바이오매스의 가스화/액화 및 정제기술, 집광형 고온 태양열 발전, 고온 심층 지열 에너지 그리고 해양 에너지 등이 포함된다. 또, 간헐성이 강한 에너지를 수요에 맞추어 공급하기 위한 전력저장 기술도 매우 중요한 역할을 한다. 또한, 정보기술이 재생에너지의 자원기발과 분배에 중요한 역할을 할 수 있다. 예를 들어 한 도시의 전력 수요를 예측하고 재생에너지의 간헐적 생산량을 예측하여 초과 전력을 저장 후 공급함으로써 기초전력의 공급을 최소화 하는 것도 정보기술의 몫이다.

에너지의 지속가능한 조건들을 만족시키기 위해서는 현재 우리가 가지고 있는 도덕성을 바꿔야 하며, 사회경제 체계를 바꿔야 하고 더 많은 국제협력도 해야 한다. 또 그런 지속가능한 에너지 체계를 위하여 필요한 기술을 위한 기술개발 투자도 가까운 장래에 더 집중적으로 개발해야 한다. 여기서 '가까운 장래' 라고 하는 것은 현재 우리가 의존하고 있는 화석에너지 자원이 그 생산 정점이 오기 전이라는 자원고갈 측면과 화석에너지

185) 에너지 전환(energy transition 혹은 energy system transformation)란 에너지의 공급과 이용을 위한 체계(구조)를 혁신적으로 바꾸는 것을 말한다. 여기서는 특히 자원고갈과 지구환경 때문에 화석에너지 체계에서 그린에너지 체계로 전환하는 것을 말한다.

의 이용 때문에 우리가 겪는 기후위기가 더 이상 심각한 수준에 이르기 전이라는 지구환경 측면에서 '너무 늦어지지 않도록' 이라는 뜻이다.

오늘날에는 많은 국가가 자국의 에너지 안보와 청정 환경, 그리고 지구온난화에 대응하기 위하여 그린에너지를 많이 생산할 수 있는 환경을 가진 국가와 협력하여 청정에너지 공급 네트워크를 만들어서 상생의 길을 가고 있다. 그린에너지를 개발할 수 있는 기술과 자본을 가진 선진국들과 태양 에너지, 풍력, 그리고 바이오 에너지 자원을 거의 무한으로 가지고 있는 경제개발 도상국 사이의 이런 협력은 위에서 말한 전체 인류사회에 평등한 에너지의 보급과 혜택을 실천할 수 있는 길이다.

그린에너지는 화력 발전소나 원자력 발전소에서 공급되는 중앙집중식에 비하여 극도로 분산된 지역, 멀리 떨어진, 보통은 도시생활에서 소외된 지역에서 생산되는 에너지 자원이다. 이 말은 에너지의 생산지역과 소비지역이 협력하여 에너지 혜택과 경제 혜택을 평등하게 나눌 수 있다는 뜻이다. 또, 이런 분산 에너지 체계는 서로 독립적이고 안전한 소규모의 에너지 수급망을 가능하게 하여 중앙 공급방식에 의한 대규모의 환경파괴와 정전으로 인한 대규모 피해를 막을 수 있다. 또, 그린에너지 체계에서는 에너지 주체가 정부나 공공기관이 아닌 민간이나 소규모 민간기업에 있다. 따라서, 공공-민간 파트너십을 통하여 자원개발, 전문지식 및 기술을 활용하여 에너지 빈곤을 해결하고 일자리를 창출하는 지속가능한 프로젝트를 구현할 수 있다. 이러한 협력은 청정에너지 접근을 위한 사회적 범위의 확장이 가능하고 모든 지역사회의 생성을 가능하게 하여 지속가능한 지역사회를 만드는 데도 기여한다.

에너지 전환(energy transition 혹은 energy system transformation)란 에너지의 공급과 이용을 위한 체계(구조)를 혁신적으로 바꾸는 것을 말한다. 여기서는 특히 자원고갈과 지구환경 때문에 화석에너지 체계에서 그린에너지 체계로 전환하는 것을 말한다.

그린에너지는 단순히 전기나 에너지를 공해없이 제공하는 것만은 아니다. 그린에너지 세상은 지금까지 경제적 혜택에서 비교적 소외된 지역사회에 힘을 실어주고, 지속가능한 발전을 촉진하며, 더 밝은 미래를 향한 길을 만드는 것이다. 그린에너지 접근을 우선시하는 사회를 만듦으로써 모든 개인나 소규모 기업이 미래의 어려움을 극복할 수 있는 지역사회를 구축하고 번영을 추구할 수 있는 기회를 갖는 공평한 세상을 만드는 것이다.

국제에너지기구와 국제재생에너지기구는 지구온난화를 1.5°C로 제한하고 2050년까지 탄소배출 제로(넷제로)를 달성하기 위해 세계는 2030년까지 2022년의 용량의 3배 더 많은 재생에너지 용량이 필요하다고 주장하고 있다. 이에 따라, 2023년 아랍에미리트에서 열린 유엔기후변화협약의 제 28차 당사국 총회, COP-28에서는 세계 그린에너지 설비용량을 2030년까지 약 11TW($10^{12}$W)까지 늘리는 것에 합의했다.[186)]

이 목표를 한 조사기관의 장기 시나리오와 비교해보면 세계 재생에너지 용량은 지속적으로 늘어나서 위 목표에 긍정적으로 접근하고 있으며, 2030년까지 총 탄소 배출량을 에너지 전환정책을 실현하지 않는 시나리오(경로)에 비하여 62%까지 줄일 것으로 보고 있다. 또, 그린에너지에 대한 설비투자는 2022년 5,640억 달러에서 2023년부터 2030년까지 매년 평균 1조 1,750억 달러씩 증가되야 한다고 보고 있다. 이런 투자는 태양 에너지, 풍력 등의 재생에너지 보급을 위한 산업제품 공급사슬에 대한 투자 뿐만 아니라 생산되는 전력의 안정적인 공급을 위한 전력 저장설비의 투자도 포함된다.

전력공급망에 연계된 대규모의 태양광 설비와 육상 풍력은 전 세계 대다수 국가에서 활발하게 투자하는 그린 전력생산을 위한 가장 저렴한 길이다. 전 세계 태양광 발전 용량은 2022년 이후 5년 동안에 거의 세 배로 늘어나 최대의 그린 전력 공급원이 될 것이다.

풍력설비 투자도 같은 기간에 두 배로 늘어나는데 그 중에서 해상 풍력설비가 1/5을 차지할 것이라고 한다. 태양광과 풍력 에너지 설비는 향후 5년 동안에 투자되는 전체 재생에너지 설비용량의 90%를 차지할 것이라고 전망하고 있다.[187)]

**[도표 11-10]** 세계 재생에너지 설비용량 예측

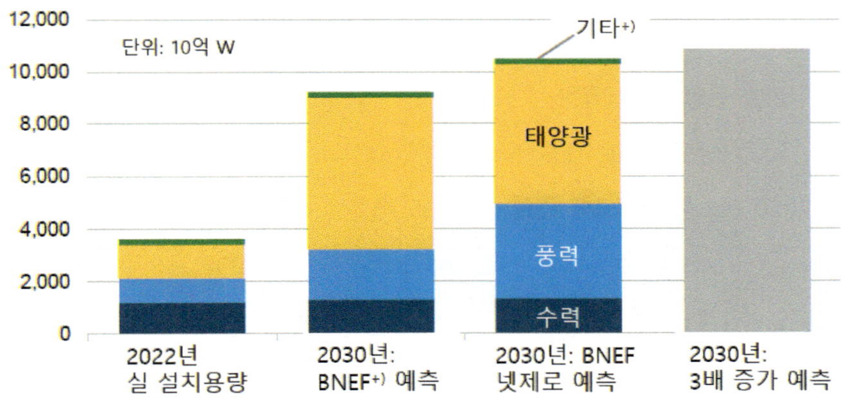


+) 기타는 바이오 에너지, 지열 에너지, 태양열, 해양 에너지
+) BNEF: Bloomberg NEF

186) COP-28, UAE (https://www.cop28.com/en/global-renewables-and-energy-efficiency-pledge)

187) Tripling Global Renewables by 2030, BloombergNEF, 2023

# 참고문헌/인용자료

**그림 11-2 온실가스에 의한 지구 온난화의 원리**

– http://www.korearth.net/

**도표 11-1 지구 평균 표면온도의 상승**

– 영국기상청, Met Office

**도표 11-2 지구 온실가스의 종류와 그 특성**

– 도표에 적힌 수치들은 발표되는 자료마다 조금씩 다르다.

– GWP(global warming potential): 지구온난화 지수; GWC(global warming contribution): 지구온난화 기여도

**도표 11-3 지구 대기 중 이산화탄소의 농도 변화**

**도표 11-4 지구 대기 중 CO2 농도와 세계 연간 CO2 배출량 변화**

– Climate.gov, NOAA, Science and Information for a Climate-Smartnation

**도표 11-5 2021년 기준 발생원별 세계 온실가스 배출량**

– Rhodium Group, 2022

**도표 11-6 세계 연간 온실가스 배출량의 변화**

– IPCC, WG 3, Summary for Policymakers, 2022

**도표 11-7 국가별 온실가스 배출량**

– Emissions Gap Report 2022, United Nations Environment Program, UNEP, 2022

**도표 11-8 2050 탄소중립 목표에 준한 온실가스 배출량 예측**

– Climate Action Tracker, Warming Projections Global Update, 2021

**사진 11-2 유엔환경개발의회**

– UN Photo, Rio de Janeiro, Brazil, 13 June 1992

**그림 11-4 지속가능한 발전의 3개의 축**

– Research Gate의 원본을 저자가 번역, 재편집

**그림 11-6 유럽 에코라벨**

– EC(European Commission)

**그림 11-7 순환경제 체계와 선형경제 체계의 차이**

- 포스코퓨처엠

**그림 11-8 유럽연합의 폐자동차 자원순환**

- Heinrich Boell Stiftung

*** 철, 비철과 비금속 물질을 자력, 바람으로 선별**

- ASR(Automobile shredder residue): 폐자동차에서 부품회수와 금속물질을 분리한 후 잔류물을 파쇄하여 얻어지는 경량 물질이며 ,주로 시트, 바닥재 등의 비금속 소재이며 fluff라고도 한다.

**그림 11-9 BASF의 폐플라스틱 자원순환 방법**

- Chemical recycling of plastic waste, BASF SE, 2024

**도표 11-10 세계 재생에너지 설비용량 예측**

- Tripling Global Renewables by 2030, BloombergNEF, 2023

## 저자 소개

### ■ 최재우

저자는 기계공학, 공정공학을 전공했으며 국내외 대학과 연구기관에서 환경 · 에너지 분야 특히 에너지의 전환과 공해방지를 위한 기술개발 활동을 해왔다. 국내 수학과 독일 유학 후 산업기술 연구개발기관에서 연구활동과 연구조직 관리에 오랫동안 종사했었고, 대학 강의활동과 국제적인 기술고문 활동도 겸해 왔었다. 특히, 최근에는 수소기술 국제표준화기구에 파견되어 국가대표 전문가로 활동하면서 수전해 안전기술 국제표준화 프로젝트를 책임지고 있다.

■ 약력

영남대학교 기계공학부 수료

(독일) RWTH Aachen 공과대학교 Diploma Engineer/공학박사 학위 취득

포항산업과학연구원 수석/펠로우 연구원

포항공과대학교 겸직교수

동남아철강협회 환경분과위원장

POSCO 유럽연구소 수석연구원

(現) 포항공과대학교 연구교수

(現) ISO TC 197 WG 34 Project Leader

세상을 바꾸는 **그린에너지**

초판인쇄 | 2024년 5월 28일
초판발행 | 2024년 5월 31일

저　　자 | 최재우
발 행 인 | 이성범
발 행 처 | 문운당
주　　소 | 서울시 종로구 혜화로5길 16 (명륜1가 45-3)
전　　화 | (02)762-6010
팩　　스 | 영업 (02)745-0265 / 편집 (02)762-8758
이 메 일 | 영업 munun2@chol.com
편집 mundang@naver.com
홈페이지 | http://munundang.co.kr

ISBN 979-11-5692-705-1 93530



**정가 26,000원**